● 高等院校应用型专业心理学系列教材

心理与教育统计学及SPSS运用

PSYCHOLOGICAL AND EDUCATIONAL STATISTICS AND SPSS APPLICATIONS

李祚山　赵晨鹰　主　编

汤舒俊　副主编

扫描二维码，获取本书教学资源

西南大学出版社

SWUP 国家一级出版社 全国百佳图书出版单位

图书在版编目(CIP)数据

心理与教育统计学及SPSS运用 / 李祚山，赵晨鹰主编. — 重庆 ：西南师范大学出版社，2019.7
ISBN 978-7-5621-9859-8

Ⅰ.①心… Ⅱ.①李… ②赵… Ⅲ.①心理统计－高等学校－教材②教育统计－高等学校－教材 Ⅳ.①B841.2②G40－051

中国版本图书馆CIP数据核字(2019)第118717号

心理与教育统计学及SPSS运用
XINLI YU JIAOYU TONGJIXUE JI SPSS YUNYONG

主　编　李祚山　赵晨鹰
副主编　汤舒俊

责任编辑：任志林
责任校对：郑持军
封面设计：尚品视觉 周　娟　钟　琛
排　　版：重庆新综艺图文广告有限责任公司
出版发行：西南大学出版社（原西南师范大学出版社）
地址：重庆市北碚区天生路1号
邮编：400715　市场营销部电话：023-68868624
http：//www.xdcbc.com
经　　销：新华书店
印　　刷：重庆共创印务有限公司
幅面尺寸：180mm×230mm
印　　张：21
字　　数：409千字
版　　次：2019年8月　第1版
印　　次：2023年7月　第3次印刷
书　　号：ISBN 978-7-5621-9859-8

定　　价：45.00元

前　言

应用统计是心理学、教育学和社会学等学科研究领域中不可或缺的科学工具和方法学训练中的重要内容，同时也是让初学者感觉到非常困难的学科。如何克服学生学习统计的畏难情绪，提升学习兴趣，必然要求在教材的编写中充分考虑应用统计的特点，着重强调帮助读者掌握统计思想及其操作运用，不要求对公式进行推导和死记硬背，努力贯彻“学以致用”。因此，本书强调应用性，注重结合心理学和教育学的基础实例、统计原理的梗概和统计软件 SPSS 应用三方面的统一。以统计软件 SPSS 作为实现统计分析与计算的工具，强调统计思想的学习与计算机操作实践相结合，培养学生的实际动手操作能力，提升在学习中的获得感和成就感，从而激发读者学习统计的兴趣。本书特色在于其“精简且实用”，突出“接地气的实用性”“低门槛”“简而精”，让学习者既可以将此书当成一门课程的教材而深入学习，也可以作为一本工具书来参考使用。

本书针对普通高校心理学、教育学、社会学等专业的应用统计学课程而编写，适合人群为一般高校的心理学、教育学、管理学、社会学、医学等专业的专科生、本科生、研究生，也可以作为人力资源管理、市场调查等行业人员的参考书。

本书编写团队具有多年的教学实践经验，对该课程内容有很鲜明的认识与见解。李祚山、赵晨鹰、汤舒俊共同拟定了全书的框架，并与本书编写成员充分讨论后确定了相应内容。全书共分为十三章，各章作者分别为：第一章“概论”，李祚山（重庆师范大学教育科学学院）、赵晨鹰（重庆师范大学教育科学学院）；第二章“数据整理与图表制作”、第三章“集中量数与差异量数”、第九章“相关分析”、第十章“回归分析”，汤舒俊（江西师范大学马克思主义学院）；第四章“概率分布”，徐宏图（黄山学院教育科学学院）、王熹（贵州健康职业学院）；第五章“抽样分布和参数估计”徐宏图、罗姝（重庆师范大学经济与管理学院）；第六章“假设检验”、第十二章“因素分析”、第十三章“问卷编制中常用分析的统计操作”，赵晨鹰；第七章“单因素方差分析”，陈晓科（重庆师范大学教育科学学院）、高俊杰（巴南职教中心教务处）；第八章“多因素方差分析”，彭文波（重庆师范大学教育科学学院)；第十一章“χ^2 检验”，周静(重庆工程学院数字艺术学院)。全书最后由李祚山、赵晨鹰完成了初稿的修订和最终统稿工作。

感谢西南师范大学出版社的任志林先生为本书的出版付出的诸多努力！本书的出版也得到重庆师范大学教育学市级重点学科及市级应用心理学“三特”专业建设的经费支持。感谢已有的很多专家学者的研究成果！由于各位作者在学术上存在着不足，难免会在写作中出现缺陷与瑕疵，恳请各位专家、同行和读者批评指正。

李祚山　赵晨鹰

2018 年 7 月

于重庆师范大学励志楼

目　录

第一章 概 论

心理学和教育学是要了解人的心理与行为的活动规律，并将这种规律应用于实践，因此，在研究的过程中，经常采用实验或者测验的方法收集相应的数据，而且希望从采集到的众多数据中找出更多的有用信息并得出相应的结论，这必然要使用到统计的方法。心理与教育统计就是一种用于数据科学分析的工具。除此以外，统计学还广泛应用于众多学科：社会学、生物学、医学、语言学、管理学，等等。

第一节　统计在心理与教育科学研究中的作用

一、统计学是心理与教育科研中的必需工具

心理学、教育学及其他学科，均会进行大量的行为科学研究，以证实某研究假设的正伪。其研究方法决定了所得研究是何种结果，而该研究方法是否可以得出此结果，则需要统计来检验。

做实证研究时，研究者通常会接触到大量的具有随机性的数据资料，而这些随机性的数据资料背后，却蕴藏着某种规律性和必然性，即研究所需要揭示的事物本质。因此，统计是帮助研究者通过分析所收集的数据资料，客观、准确地验证其研究假设是否成立，从局部、个别的数据资料，推论出全局、总体的情况，得出其事件的本质规律。

针对一个完整、合理的科学研究，它至少需要由合理的理论构想、合理的研究设计、合理的统计分析三部分组成，三者相辅相成，缺一不可。初次涉及心理学和教育学研究的学生，经常会有如下的遭遇：在一个研究中，已经做好了资料查阅和整理、文献翻译与综述、拟定题目、设计研究方案，辛辛苦苦实施了方案，也收集到了“宝贵”的数据，到了分析数据时却“卡壳”了。此处的“卡壳”可能存在两方面的原因：一是拿着数据不知道该分析些什么，即说不出该分析的目的；二是知道目的却不知道该如何分析，即不知道该选哪种统计方法。这就需要研究者有严密的科研思想和扎实的统计基础。而其中最“悲惨”的结局是，当学生拿着自己辛辛苦苦所收集的数据求助于其导师时，导师看了一下，淡淡地说出一句：你这研究设计所得数据资料，不符合统计学的要求，不能进行有效的统计分析。这可是“晴天霹雳”，等同于对其研究宣布“死刑”了。因此，统计学不但是心理与教育科研中的必需工具，合理、正确的统计分析反过来还决定着其研究的成败，研究者的统计水平在一定程度上制约着他所能设计的研究水平。

二、统计学是科研成果交流的有效语言

心理与教育统计是心理学和教育学专业的学生必须要掌握的一门技能性课程，一方面有利于帮助我们组织和总结研究信息，与他人交流研究结果；另一方面也可以通过得到的数据来判断结论是否合理，从而帮助研究者回答想要研究的主要问题。如当我们查阅文献，看到如下的研究结果：“采用重复测试的多因素方差分析，结果发现：聋童和听力正常被试的被试间主效应不显著，$F(1,31)=1.072$，$p=0.308$；不同时距间再现相对误差率的主效应显著，$F(2,62)=3.246$，$p=0.046$；时距和被试的交互效应

不显著，$F(2,62)=1.156$，$p=0.322$。”阅读这样的文献，就必须具有统计学的知识、才能明白作者数据背后的本质意义。[1]

相类似的这些有关统计学的语句在科研论文中很常见，完全是心理学和教育学研究报告撰写中的“行话”，其基本符号单位、专业术语、统计结果的解释与表达方式等都已经是专业科研成果报告中语言要素的重要组成部分了。也就是说，统计学术语是心理学和教育学科研成果交流的有效语言。

[1] 张凤琴，王庭照，方俊明．听觉经验缺失对时距估计影响的实验研究[J]．心理科学，2005，28(4)：806～808。

第二节　心理统计学中的基本概念

一、随机变量、变量名、变量取值

所谓变量(variable)，就是指实验、观察、调查中想要获得的数据资料。数据获得前用“X”表示，即为一个可以取不同数值的物体的属性或事件，其数值具有不确定性，因此称它为变量。如头发的颜色、身高、体重、性别、温度，等等。头发的颜色，它是头发的一个属性，可以取黑色、棕色、黄色、红色等不同的值。在心理学与教育学研究中，像自信心、智力、学业成绩等都能成为研究的变量。与变量相对的量叫常量(constant)，又称常数，它在一定范围内其数值不会随意改变。如圆周率约为3.14。在心理与教育研究中，多数变量在测查之前是不能准确预料所获得的数值的。在统计学上，把这种测查之前不能预料其取值的变量，称为随机变量。

通常我们讲某研究中的变量时，是指该变量的名称，即变量名。比如，研究“高中生学习压力在年级上的差异”，那么其中就有两个变量：年级、学习压力。而变量取值则是指该变量在理论上所能测量到的数值。比如该研究中，“年级”这一变量的取值可以为“高一”“高二”“高三”，“学习压力”这一变量的取值则是用于测量该变量的量表的得分。而实际研究中所测得的变量取值即为“数据”，也叫观测值、原始取值。

由于变量的变异性，测量时数据不是绝对精确的，特别是连续变量，其数值只是表示连续数量的中央点值，在数轴上表示的是一段距离，或一个区间。因此，一个随机变量不管是写成整数或小数，实际上都是用一个单位的中央点表示在它以上和以下各有一段距离，这牵涉数的上、下实限问题。在心理与教育统计中也有特殊的情况。如年龄的表示，一般5岁是指5岁开始到5岁11个月零30天，即从5周岁到6周岁生日之间，在这里年龄的数值不是代表中间点，而是指开始点。另外，计数数据属于离散的随机变量，用来描述离散变量的数据值表示的也只是一个点值。

二、数据类型

对研究数据进行分类，了解数据类型和测量水平，选用恰当的统计方法至关重要。因为不同类型的数据，适用的统计方法完全不同，也就是说，各种统计方法各有其适宜的数据测量水平。根据其变量取值的测量精确程度，斯蒂文斯(S. S. Stevens)将数据由低级到高级划分为四个水平：定类数据、定序数据、定距数据、定比数据。

(一)定类数据(nominal data)

定类数据也叫称名数据、名义数据、类别数据,它只说明某一事物与其他事物在属性上的不同或类别上的差异。它具有独立的分类单位,其数值一般都取整数形式,只计算个数,并不说明事物之间差异的大小,比如性别(男、女)、颜色类别(红、橙、黄、绿、蓝、紫等)、兴趣爱好(足球、跑步等)、对某事物的态度(赞成、反对、没有意见)等,这些变量的取值不能排序,更不能进行加减乘除四则运算,只能对具有相同属性的个体数目进行计数。在教育和心理类调查研究中,有关被试属性的调查资料,大多属于此类数据。

(二)定序数据(ordinal data)

定序数据也叫顺序数据、等级数据,它是指无相等单位,但能对取值大小进行区分的数据,比如职务(科员、副科长、科长、副处长、处长等)、受教育程度(文盲、小学、初中、高中、大学专科、大学本科、研究生等)等。此类数据可以进行排序,不能进行加减乘除四则运算。

(三)定距数据(interval data)

定距数据也叫等距数据,它是能表明取值的大小,具有相等单位,但无绝对零点的数据,如摄氏温度、智商、多数能力测验的得分等。此类数据可以进行加减运算,但由于无绝对零点,不能使用乘除运算。例如在某次考试中,学生 A 得了 80 分,学生 B 得了 75 分,学生 C 得了 70 分。鉴于这类数据的特点,在这个例子中,比较三个学生之间的能力分数时,可以说学生 A 的分数高于学生 B,学生 B 的高于学生 C,而且还可以说学生 A 的分数与学生 B 的分数之差等于学生 B 的分数与学生 C 的分数之差,因为等距数据在某个区间里具有相等单位。但由于这类数据不是从绝对零点算起的,所以不能认为在该能力测验中得零分的学生,在这方面的知识、能力就为没有。因此,在此例中,也不能说学生 A 的成绩是学生 B 的多少倍。

绝对零点是指没有其测量意义的值,通俗来讲就是“没有”的含义;而相对零点则是有具体测量意义的值。比如摄氏温度中的零摄氏度并不是没有温度,所以这个“零”是相对零点而言的;绝对零度是不可能达到的最低温度,自然界的温度只能无限接近。

(四)定比数据(ratio data)

定比数据也叫比率数据、比例数据,它既能表明量的大小,又有相等的单位,同时还具有绝对零点,如身高、体重、反应时等都属于这种数据类型。此类数据不但能够排序,还可以进行加减乘除四则运算。例如,在一个家庭中,父亲的身高是 1.80 m,母亲的身高是 1.65 m,5 岁儿子的身高是 0.90 m。在这个例子中,既可以说父亲比母亲高

0.15 m，也可以说父亲的身高是他儿子身高的两倍。

此外，按照数据是否具有连续性，研究者又习惯把数据划分为离散数据(discrete data)和连续数据(continuous data)两大类。其中离散数据就是各取值之间是不连续的。对应于上述四种数据类型，定类和定序数据就属于离散数据。连续数据是指理论上任意两个取值之间都可以细分出无限多个大小不同的数值，定距和定比数据就属于连续数据。比如受教育程度，两个取值如大学专科、大学本科之间就不能再细分出其他取值，因此属于离散数据，相应的变量也叫离散变量。而年龄、长度、质量、学业成绩等，至少在理论上两不同取值之间都可以进行进一步的细分，因此属于连续数据，相应的变量也叫连续变量。

正如之前提到的，研究所得的数据类型决定着其适用的统计方法，而测量水平越高的数据，更适用于越高级、越精确的统计方法。因此，在心理和教育的观察、问卷调查、访谈等研究的实践操作中，尽量让所收集到的变量取值能够达到定距数据的水平。也就是说，某变量如果能收集到高测量水平的数据，就别收集低测量水平的数据。比如，调查变量“年龄”，实际调查中宜让被调查者直接填写具体年龄，而不要一开始就按年龄段来区分，前者至少为定距数据，而后者为定序数据。

三、次数、比率、频率与概率

在一项研究中，如果我们对某随机变量进行多次观测，就会出现不同的取值数据。次数是指某一取值出现的数目，又称为频数、频次(frequency)，用 f 表示。例如观测100位新生儿，结果男婴52人、女婴48人，52，48就是两取值的次数，此类数据资料也叫计数资料。

两个取值数目的比称为比率。上述一例中，男女出生比率就是52∶48。

频率又称相对次数，即某一取值发生的数目除以总事件数目。频率通常用比例(proportion)或百分数(percent)表示。上述一例中，男婴出生率为52%，女婴出生率为48%。

以上三个概念均是根据实际观测数据得到的，而概率(probablity)是由理论期望值得到的，它是指某一取值在无限多次观测中所能预料、出现的相对次数，也就是某一事物或取值在其所代表的总体中出现的相对次数。上述案例中，尽管实际观测得到的男女婴出生率分别是52%和48%，但通过无限多次观测，其理论期望值应该各为50%，而这50%即为概率。概率有的可知，有的不可知。不可知的概率可以用有限次观察得到的某取值的频率作为估计值。如果知道了某取值事件的概率，就可知道该事件在观测中出现的可能性，因此概率又是反映某一取值事件发生的可能性大小的量值。

四、总体、样本与个体

总体(population)指具有某种特征、符合研究者所要求的所有研究对象的全部。总体及其大小会随着研究课题的改变而改变。在心理与教育研究中，通常情况下其总体为无限总体或相对无限的总体。构成总体的每个基本单元称为个体(individual)。从总体中按照一定的抽取方式获得的那部分用于研究的个体，称为该总体的一个样本(sample)。

在心理与教育研究中，个体可以是指"人"或"动物"(即一个被试)，有时也可以是指某种条件下的一个反应。这两种情况下的样本，前者称为"被试样本"，后者称为"行为样本"。例如，如果你研究的是人类的视觉简单反应时，那么，所有人类为总体，每一个人即每个被试为一个个体，你所研究的那部分人为样本，属于被试样本。而如果你研究的是你自己的视觉简单反应时，那么，理论上你可测得的无限多次视觉简单反应为总体，每一次测定的视觉简单反应为一个个体，你所测得的那部分视觉简单反应为样本，属于行为样本。

研究中所观测到的个体的多少，称作样本容量(capacity of sample)，样本总容量通常用 N 表示，样本分组容量用 n 表示。一般情况下，在心理与教育统计学中，把样本容量超过 50 的样本称为大样本，小于或等于 50 的样本称为小样本。这些判断标准属于经验标准，研究者按实际情况可以进行合理的调整。相对来说，样本容量越大，对总体的代表性就越强。同时，样本容量不同，对应的适宜统计方法也不同。

五、参数和统计量

在科学研究中，我们都是通过对样本的数据分析，探寻其关于该现象所有事物总体的说明和解释。用于表示总体的那些特性的统计指标称为参数(parameter)，也叫总体参数，常见的如总体平均数 μ、总体标准差 σ、两总体相关系数 ρ。与此相对，用于表示样本的那些特征的统计指标叫作统计量(statistics)，也叫样本统计量，常见的如总体平均数 M(或 $\overline{X}$)、样本标准差 SD、两样本相关系数 r。参数代表总体的特性，它是一个常量；统计量代表样本的特性，它是一个变量，随着取样的不同而发生变化。

细心的读者可能已经看出，参数和统计量之间最明显直接的区别就是，参数常用希腊字母表示，而样本统计量则用英文字母表示。在统计分析中，每个量值都对应于特定的符号，学习时一定要加以区别，还要注意大、小写字母的区别。如"t 检验"中的字母一定要用小写字母，"F 检验"中的字母一定要用大写字母。

当已知某一总体参数时，该总体所有数据——随机变量的分布特点，也意味着已知。总体分布常用分布函数表示,决定这个分布函数的主要变量就是总体参数。总体参数与统计量之间还有一定的关系。从数值计算上讲,当总体大小已知并与实验观察的总次数相同时,它们是同一统计指标。当总体无限时,统计量与总体参数不同,但统计量可在某种程度上作为总体参数的估计值。通过样本统计量,对总体参数能够做出预测和估计。究竟如何估计,公式有何不同,这是心理与教育统计学所要讲述的内容之一。

六、描述统计和推论统计

心理与教育统计学是应用统计学的一个分支,它是在对已有数据资料进行整理和描述的基础上,对这些数据所代表的总体信息进行分析和科学推论,从而找到客观普遍存在的规律与本质。

在讨论心理与教育统计学的基本内容构成时,以往学者通常将其划分为三个部分:描述统计、推论统计和研究设计。其中研究设计更多是讨论如何设计调查或实验方案,使收集到的数据更真实可靠并且更具代表性,其设计思想更多属于"研究方法"的内容,因此本书中将较少提及研究设计这部分内容。

描述统计(descriptive statistics)主要研究如何将实验或调查得到的大量数据进行图表整理或简缩成有代表性的数字(即样本统计量),使其能客观、全面地反映这组数据的全貌,将其所提供的信息充分显现出来,为进一步统计分析和推论提供可能。其中包括数据分组、图表制作、集中量数、差异量数、相关量数和回归量数的描述与计算,等等。再次提醒,描述统计只限于对试验样本观测所得数据的统计分析,不考察其所代表的总体特性。

相对应的,推论统计(inferential statistics)则是以描述统计为基础,用于解决由样本数据到该样本所代表的总体特征的推论应用问题,即通过对一组或多组样本统计量的计算分析,推论这些样本所代表的总体特性,进而得出普遍存在的本质规律。其中包括参数估计、假设检验中的参数检验(如 Z 检验、t 检验、F 检验等)和非参数检验(χ^2 检验、秩和检验等),等等。

七、参数分析和非参数分析

参数分析要比非参数分析对适用资料的要求更多,按两个术语的称呼可简单理解为,参数分析需要考虑总体分布情况、总体参数的信息,而非参数分析则不需要考虑这些信息。

其中,参数分析要求数据必须满足以下一些条件,才能做准确的检验。

1. 总体正态分布。

2. 数据类型达到定距数据及以上的测量水平。

3. 总体方差具有稳定性，即方差齐性。

4. 各个体数据之间相互独立。

相对来说，这 4 条中又以第 2 条有关数据类型的要求最为关键，即通常情况下，参数分析要求数据类型为定距数据及以上，而非参数分析只要求数据类型为定序或定类数据。

需注意的是，在条件都适用的情况下，参数分析要远比非参数分析更具有精确性，因此，能适用参数分析的，绝不能把数据降级之后做非参数分析。

第三节 SPSS简介

一、SPSS的诞生与发展

SPSS全称为Statistical Package for Social Sciences，即"社会科学统计软件包"。它最初是由斯坦福大学的三名大学生为了完成毕业论文，统计分析其社会调查数据时所开发的统计软件分析系统，其后在建立SPSS公司的基础上，经过不断地改进与完善，目前已更新出现20余个版本，并且还在持续更新。虽然该软件的初衷是强调社会科学的一面，但实际上其应用领域已经非常广泛了(后来SPSS的全称更改为"Statistics Product and Service Solutions"，意为"统计产品与服务解决方案")。只要涉及数据统计的应用领域，均可用该软件来代劳其繁复的统计计算过程。因此，SPSS已是目前国际上最著名和使用最广泛的统计分析软件，也是心理学、教育学研究中最常用、最有效且必需的资料分析工具。

二、SPSS的基本视窗和菜单

目前SPSS所使用的版本均为视窗版，在数据输入的基础上，大多数操作都是通过"菜单""对话框""图形按键"来完成的。因此，SPSS具有操作简明易懂、功能成熟强大、适用范围广泛等优点。但美中不足的是，它不能与其他常用软件(如Word)兼容，即SPSS所建立的各种类型的文件也只能由SPSS打开。因此，你要在另外一台计算机上打开SPSS文件，则那台计算机也必须要安装相应的SPSS软件。

(一)主要视窗

SPSS有诸多视窗，比如数据编辑器视窗、结果输出阅读器视窗、语法编辑视窗、文本编辑视窗、输出编辑窗口、帮助窗口等。根据实际操作所需要学习的内容，本书只重点介绍数据编辑器视窗、结果输出阅读器视窗。

1. SPSS数据编辑器视窗(SPSS Data Editor)：主要用于输入数据、显示数据和编辑数据等，是SPSS的工作台面，通常是启动SPSS程序后默认打开的视窗(如图1-1)。保存此视窗中的文件，其文件后缀名为".sav"。

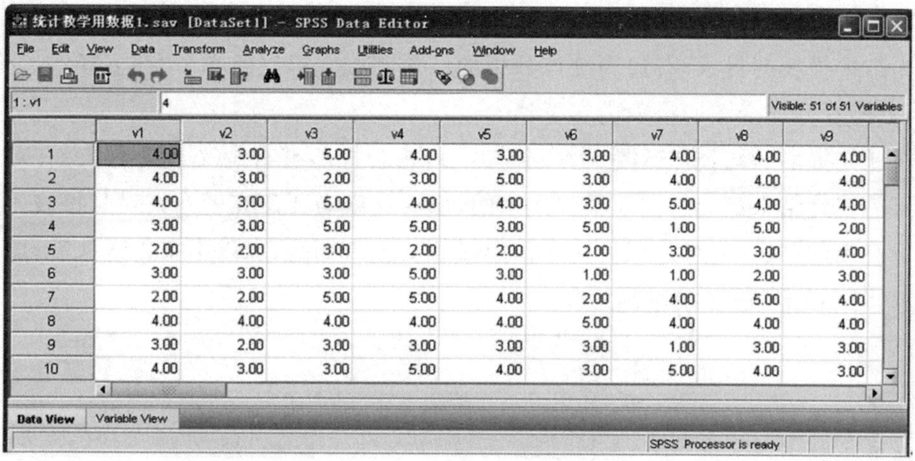

图 1-1　SPSS 数据编辑器视窗图示

该视窗的显示形式与 Excel 的非常相似，也是行列格子状。其中，SPSS 数据编辑器视窗中的行、列通常是对应于个案行和变量列，即每一行代表的是一个个案即个体的数据，每一列通常代表的是一个变量的数据。

另外，13.0 版及以前的低版本只能同时打开一个“.sav”文件，而目前常用的高版本都不存在这个问题了。

2. SPSS 结果输出阅读器视窗(SPSS Viewer)：主要用于显示统计运算结果，也叫结果报表视窗(如图 1-2)。此窗口中的文件名称为“＊.spo”(低版本)或“＊.spv”(高版本)。可同时打开多个文件，最后操作的为当前输出窗口。

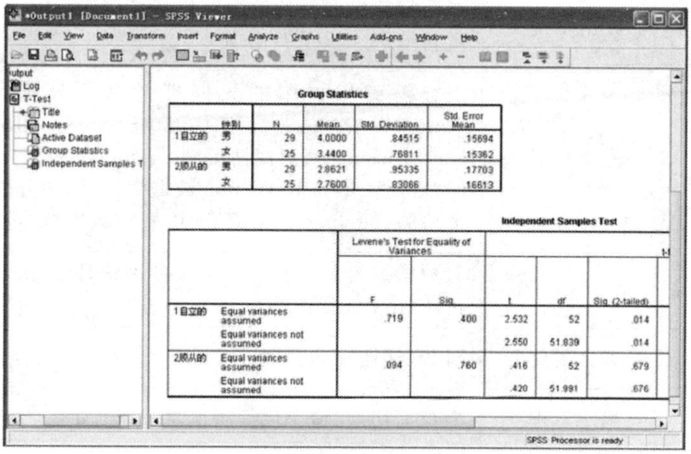

图 1-2　SPSS 结果输出阅读器视窗图示

SPSS的统计分析结果通常都是由此视窗进行显示(这与Excel完全不同),其中左侧为结果报表的目录,右边为统计分析的结果明细。等以后学了"独立样本 t 检验"之后,就能看懂这个图的报表内容了。

在此先提醒一句,SPSS是无判别能力的,它会把所有有意义或无意义、有需要或不需要的统计结果都无差别地报告出来的,而此处就需要研究者本人对其报表内的结果进行有效的判别,要知道在论文写作中必须要报告哪些、可以不报告哪些等,即千万不可直接复制SPSS的结果到论文中。

(二)主要菜单

表1-1 SPSS主要菜单及功能简介

菜单名	功　能	解　　释
File	文件操作	对文件进行基本操作与管理(如New新建、Open打开、Save保存、Save as另存为、Exit退出等)
Edit	文件编辑	对数据编辑视窗中的内容进行基本编辑(如Undo撤销、Cut剪切、Copy复制、Paste粘贴、Clear清除、Find查找等)及软件参数设置等功能
View	视窗设置	对SPSS视窗外观、显示形式等进行设置(如Fonts字体设置、Grid Lines网格线是否显示、Value Labels变量取值标签是否显示等)
Data	数据整理	对数据编辑器中的数据进行整理(如Sort Cases排序、Transpose行列转置、Selec Cases选择个案、Weight Cases加权等)
Transform	数据转换	对数据编辑器中的数据进行转换(如Compute计算、Recode重新编码、Count计数等)
Analyze或Statistics	统计分析	对数据编辑器中的数据进行统计分析(如Descriptive Statistics基本描述统计、Compare Means均值比较、General Linear Model一般线性模型、Correlate相关分析、Regression回归分析、Data Reduction数据缩减/因素分析、Scale量表信度检验、Nonparametric Tests非参数检验等)
Graphs	制作统计图	对数据编辑器中的数据生成各种统计图(如bar条形图、pie饼图、line线形图等)
Utilities	工具附件	SPSS其他辅助管理
Windows	视窗管理	如视窗切换、最小化等多视窗管理
Help	帮助	寻求帮助

File、Edit、View、Utilities、Windows 和 Help 这六个菜单是各计算机软件比较通用的菜单，而 Data、Transform、Analyze(或 Statistics)、Graphs 这四个菜单则是 SPSS 所特有的菜单。其中“Analyze(或 Statistics)”是 SPSS 所有菜单中最重要、最核心的菜单，其描述统计与推论统计等重要的功能几乎都位于此菜单中。初学者不用紧张于菜单中这么多的统计功能，其实我们只要学会了常用的一些统计分析，就能基本应对大部分统计问题了。

三、SPSS 统计分析的步骤

步骤 1：根据研究目的确定统计方法。这一步骤是根据研究目的、研究设计方案、数据类型、被试分配方式等信息，确定宜选用哪种统计方法，也就是对学习过程中的“各统计方法的适用资料”的逆应用。这一步骤其实应该在研究施测之前就要明确，即未实施实验或调查之前，研究者就必须要提前明确其收集的数据能用到哪个或哪些统计方法来检验其研究假设。只有这样，研究者(尤其是初学者)才不会出现本章开篇提到的那个“收集了数据却不能做有效统计”的悲剧。

步骤 2：数据编码与输入。这一步骤考虑的是如何将收到的纸质数据或其他文档形式的数据输入到 SPSS 软件中。在实践操作中，有时这一步并不容易，它需要你准确地理解你的研究目的、正确地识别你的数据类型等，包括对之前提到的“每一行表示一个个案、每一列表示一个变量”的合理认识。至于通常如何输入数据、定义变量，我们在以后的章节中专门进行详细介绍，此处略过。

步骤 3：调用相应的菜单、打开对话框、进行变量的选择、选项的设定等。

步骤 4：运行并查看结果。在设置完对话框之后，点击“OK”即可在报表中输出我们所进行的统计结果。

步骤 5：对结果进行合理的文字说明。SPSS 结果输出视窗中的信息是无文字说明的，即不懂统计的读者是看不懂其报表结果的。因此，在研究的论文报告写作中，我们必须要再附加上相应的文字说明，读者才能理解其结果含义。

第四节 常用统计方法适用资料的应用分析简介

数据分析必须要根据各种不同的情形来选择适宜的统计检验方法。也就是说，在面对一堆所收集的数据资料，并需要你选用统计来加以合理分析时，你该从哪几个方面来加以考虑。

一、研究目的

研究目的不同，所采用的统计方法就会不同。按常用的统计方法来区分，研究目的大致分为两类：是要确定不同数据之间是否存在差异，还是要弄清楚它们之间是否存在某种联系，即大致区分为“差异检验”和“关联分析”两大类。其中，差异检验主要包括如 t 检验、方差分析、卡方检验（χ^2 检验）等统计方法，而关联分析主要包括如相关分析、回归分析等。

例如，对收集到的 80 对夫妻的收入，如果你的研究目的是想分析到底是丈夫收入更高，还是妻子收入更高些，即夫妻双方在收入上的差异，那就属于差异检验。同样还是这 80 对夫妻收入的数据，如果你的研究目的是想分析丈夫收入高些的家庭，相应的妻子收入是高些呢还是低些呢，即夫妻双方收入上的关联（如正相关、负相关、零相关），则属于关联分析。

二、被试分配方式

此处我们要先提及两个与统计有关的非常重要的概念：独立样本和相关样本。因为许多统计方法（如 t 检验、方差分析、χ^2 检验等差异检验）都需要区分独立样本和相关样本，即被试分配方式不同，所选用的统计方法也不同。其中，独立样本是指各组数据无一一对应关系，而相关样本则是各组数据有一一对应关系（如同批被试样本或配对样本）。而此处的各组数据是指需要比较的各组数据。提醒：关联分析均针对相关样本，因此，此处区分独立样本和相关样本更多是针对差异检验。

例如，你的研究目的是检验收入在夫妻之间的差异，那么你通过调查 80 对夫妻所收集到的收入数据，对丈夫收入的一组数据与妻子收入的一组数据做均值比较，两组数据具有以每一个家庭夫妻为一一对应关系，因此属于相关样本；而如果你的研究是随机调查已婚人士，不以家庭为单位，比如，调查了 90 位已婚男士和 70 位已婚女士的收入，那么以这 90 位丈夫的收入为一组数据与以 70 位妻子的收入为一组数据做均值比较，这两组数据就没有一一对应关系了，因此属于独立样本。

三、数据类型不同

明确了研究目的和被试分配方式之后，正确判断数据类型就非常关键了。之前已经提到过，不同的数据类型适用于不同的统计方法，那么，在实际应用分析中，我们又该如何区分数据类型呢？

针对各种统计方法，我们发现，少有对定距数据和定比数据进行明确区分的统计方法（几何平均数等除外），因此，在统计中，我们常把所有数据资料区分为三大类：连续数据（即定距数据和定比数据的统称）、定序数据、定类数据。这三类也正好是SPSS统计软件中所区分的三类。

其中，各组连续数据能进行加减运算，也就意味着能计算均值、标准差等，因此更多适用于像 t 检验、方差分析、积差相关、回归分析等参数分析。例如，上述夫妻双方在收入上的差异检验，即属于参数分析。

各组定序数据不能加减运算，也就算不了均值、标准差，但可以排序，因此更适用的统计方法有：秩和检验法、等级相关等非参数分析。例如，夫妻双方在学历上的差异检验，就属于非参数分析。

各组定类数据则只能对数据进行分类，因此也只能进行计数，其适用的统计方法有 χ^2 检验等非参数分析。例如，考研意向（考与不考）在性别上的差异检验，也属于非参数分析。

由上可知，连续数据更适用参数分析，离散数据更适用非参数分析。

四、样本的多少

样本的多少对应于进行差异检验的分组数据的组数，可区分为单样本、双样本、多样本。单样本指一组数据（与已知总体参数的差异检验），双样本指两组数据，而多样本则为三组及以上的数据。如果数据均为连续数据，进行均值比较时，那么前两者用 t 检验，后者用方差分析。

例如，夫妻双方在收入上的差异检验，也就是丈夫收入与妻子收入两组数据的均值比较，属于双样本；高校教师收入与本市人均收入的比较，因为只有高校教师收入一组数据（本市人均收入为已知总体参数），所以属于单样本情况；而如果考察的是收入在高校教师、高中教师、初中教师、小学教师、幼儿园教师上的差异，那么就有五组数据，属于多样本的情况。

五、自变量的多少

上述差异检验的举例均为1个因变量（或反应变量）在1个自变量（或属性变量）

上的比较，即自变量只有 1 个，其统计方法属于单因素的情况（如 t 检验、单因素方差分析等）。但是，如果比较光的颜色与强度对视觉简单反应时的影响，收入在性别、职业、年龄段上的差异，这两例中分别是 2 个自变量、3 个自变量（或属性变量），那么其统计方法属于多因素的情况（如多因素方差分析等）。

第五节 如何学好心理与教育统计学

有些同学，特别是文科生，在不了解心理与教育统计学时，会产生畏难心理。其实大可不必，学习远没你们想象的那么困难。如何学好心理与教育统计学，以下的一些经验和建议可供参考。

一、明确心理与教育统计学的学科地位与实践意义

心理与教育统计学是心理学与教育学专业教学计划中的专业必修课。在心理学专业中，它是后续课程如实验心理学、心理测量学、心理学研究方法等的重要研究工具，也是研究生研习高级心理统计、多元统计方法课程的前提。在心理、教育和社会诸多领域的调查研究中，有着广泛的应用价值。

从实践应用来看，统计问题可以说是无处不有、无时不在。心理与教育统计学是一种工具，它并不只局限于心理与教育研究。只要你的研究中有数据，涉及数据分析，那么，无论是实际管理工作，还是理论研究工作，无论是在经济部门，还是在行政、教育、政法等部门，或其他工作岗位，就都要用到心理与教育统计学。充分认识学习统计学的重要性，提高学习的积极性和主动性，这是学好统计学原理的前提和基础。因此，在心态上要重视心理与教育统计学。

二、掌握心理与教育统计学的学习特点

每门学科都有其独特的学科特点，相应也会有其适宜的学习特点。

就心理与教育统计学而言，它的内容多数为对每种统计方法的介绍与应用，使学生了解各种统计方法的基本原理、掌握各种统计方法的实际应用。每种统计方法的学习都包含着以下三个环节。

①每种统计方法所适用的数据资料。即每种统计方法适用于什么情况。这一环节是最为关键的，也是学习中的核心内容。这一部分内容与学生的数学能力、是否是理科生几乎是无关的，完全不涉及数值计算与公式应用，是属于在理解基础上再结合实际应用的学习过程，因此，从中可知，学好心理与教育统计学，与原数学基础关联并不大。提醒一句，我们学的时候是每种统计方法对应于适用资料，但在实际应用时，则是反过来的，即收集到怎样的数据资料，再确定该用什么统计方法来分析。所以，初学者可能会出现一种现象，即感觉学得很好，但还是不会实际应用。不过，这个不要太担心，用得多了，就熟能生巧了。所以，勤加练习非常重要。当然，前提是要先学好了。

②每种统计方法的计算过程。这是学习每种统计方法的公式和对应于 SPSS 的菜单等操作。刚才说的是“用什么统计方法”，现在说的是“怎么用”。只要明确适用何种统计方法，那接下来就是应用计算公式或操作 SPSS 的环节了。

③每种统计方法计算结果(含 SPSS 报表)的合理解释。这个环节就好比我们做完一道应用题后，要“答”一句其计算结果为何意。此环节是让我们用读者也能读得懂的通俗文字来表述、说明其统计结果。同时，也附上必需的统计数值，以证明其文字说明的客观性与可信度。

由此可见，心理与教育统计学属于入门较难，但熟悉了就会变得容易的课程。在开始学习统计学原理时，很多同学都反映这门课程很难学，这种感觉完全是正常的。因为同学们之前通常是完全没接触过统计学的，初学时所接触到的概念和方法都是全新的，难以与已有知识进行联系，所以往往会感到抽象、难懂、难记。但是，随着课程的逐步深入，有关知识的逐步积累，特别是在学习各种具体统计方法时与现实生活的联系越来越密切，所学理论与方法的实用性也逐步显现出来，相应的兴趣感、规律感也就逐步增强，学习效果也会大大提高。因此，再次强调，在初学心理与教育统计学时一定要注意克服畏难情绪，增强学习信心。

三、多联系生活实际中的例子来理解心理与教育统计学

如果不联系实际研究来经常使用统计方法及 SPSS 操作，就是懂行的教师、研究者也有可能会忘了某些不常用或许久没用的统计方法，因此，多联系生活实例，勤加练习才能熟练掌握心理与教育统计学。

你在学与用的两环节中可能会发现，学的时候都能听懂，觉得自己应该是懂了的、学会了的，但一到实际研究、结合生活实例、面对收集到的数据，你就不会应用统计、无从下手了。其中的原因就是在学的过程中用少了，在学的过程中与实际研究、生活实例的结合应用有所缺乏。

由此可见，我们学习统计学，就一定要在学习时就结合自己真实进行的研究、自己真实收集到的数据资料来进行统计分析，将所学的基本概念、原理、适用资料等知识与诸多生活中的例子、专业研究中的例子相联系，把抽象的统计学专业术语和死板公式变得更具体生动、更富有实际意义。做到了这些，才能真正做到学以致用，加深印象，巩固所学的知识。

四、正确对待心理与教育统计学及 SPSS 的功用

统计只是一门研究工具，就其地位而言，统计工具要低于研究方法，即研究方法的

正确性要先于或高于统计工具的正确性。同时,研究的理论基础也一定要正确。在一个错误的研究理论假设上,或者在一个错误的研究方法上,即使你用了多么正确、多么高级的统计方法,其结论永远不可能是正确的。

同样的,SPSS是统计方法的“代算工具”,涉及的更多的只是上述的学习统计学知识中的第二环节“计算”,绝对不能将SPSS等同于心理与教育统计学这门课程。最极端的一种学习结果是,有同学仅把SPSS学得“很好”,即学会了每种统计方法如何进行SPSS操作,懂得每个菜单、对话框、按钮的含义,并且也掌握了SPSS报表结果的阅读与文字说明,他就以为学好了统计学。统计学中最核心的内容:每种统计方法的适用资料,他没学好。那就意味着即使会所有统计方法的SPSS操作,但根本不知道在什么时候用这些方法,也就是面对一堆数据资料,他根本不知道选用哪种统计方法去分析、去检验自己的研究假设。就好比加减乘除你都会算,但看到一道应用题,你审题后连用哪种方法来计算都不知道,那加减乘除都会算又有什么用呢。因此,在依赖于SPSS软件系统的过程中,一定要首先重视对心理与教育统计学本身知识体系的掌握,学好其基本概念、基本原理和适用资料等重要知识。

本章小结

本章主要从应用的角度,介绍了心理与教育统计的基本概念和应用分析思路等。

(1)统计学是心理与教育科研中的必需工具,统计学术语是科研成果交流的有效语言。

(2)心理与教育统计所涉及的数据可细分为四类:定类数据、定序数据、定距数据、定比数据。其中,前两者属于离散数据,后两者属于连续数据。

(3)随机变量、变量名和变量取值,总体、个体和样本,参数和统计量,这些概念都是心理与教育统计学的基本概念,需要准确地理解这些概念,才能更好地学习后面的统计方法。

(4)心理与教育统计学为应用统计学的一门分支,其内容主要分为描述统计和推论统计两部分。推论统计是应用统计学的重点,而描述统计是推论统计的基础。

(5)SPSS是用于完成对所收集的数据进行统计分析的计算机软件。

(6)要选择一个适宜的统计方法,我们通常需要从研究目的、被试分配方式、数据类型、样本的多少、自变量的多少等来综合考虑。

思考与练习题

1.名词辨析:①离散变量和连续变量;②总体参数与样本统计量;③总体、样本与个体。

2.举例说明四种数据类型(定类、定序、定距、定比),并进行有效区别。(一定要从变量取值去说明)

3.SPSS的功能是什么?其主要视窗、主要菜单有哪些?

4.谈谈你学完这一章后,对心理与教育统计学这门课的初始感受。

第二章　数据整理与图表制作

当翻开一些心理类、教育类的书籍与杂志，特别是一些学术性期刊时，就会发现这些研究在佐证其观点时，大多是用数据说话的，这些调查或者实验得来的数据往往是以一种非常规范的形式呈现在我们面前的，比如形象直观的统计表和统计图。可是如果我们真正自己开始做研究，常常会发现调查或实验得来的数据绝非天生“靓丽”，这些原生态数据往往是杂乱无章，甚至包含错误的。如何对这些原生态数据进行处理，变成清晰明了的图表，使其成为佐证研究论点的有力证据，这就是这一章所要讲的内容。

第一节　原始数据的收集与初步整理

一、原始数据的收集

我们都是按照教学研究或者管理的需要来收集数据的，收集的数据资料按照时间周期可分为一时性资料和经常性资料。一时性资料是在一定时限内所收集的有关问题的资料，在教育与心理研究中，大量地依赖专项或者专题的调研、测量和实验来获得一时性资料，其显著特点是不定期收集。经常性资料主要是日常教学管理工作中的记录和统计报表等，其显著性特点是定期收集，如期中教学检查表、期末学生评教反馈表、教学工作会议记录表。统计报表是教务管理部门逐级向上呈报的各种内容的报表，如教师职称变动的年报表、学生专业分流的年报表、学生入学率的年报表等。

在收集原始数据的过程中，应本着真实发生、真实记录的原则来进行，应尽量避免人为性的错误，切忌在收集原始数据的过程中预设标准进行选择性记录或者杜撰虚构数据，这不仅违背了实事求是的原则，更是违反了科研伦理道德底线。

二、原始数据的初步整理

（一）检查数据

检查数据主要从数据的准确性、完整性和及时性着手。准确性要求观测的数据是真实可靠的，统计数字的真实性是统计工作的生命，一定要准确无误。比如在心理与教育研究中的问卷调查，有的被试作答全部是某一固定位置的选项，要判定此被试作答的准确性，如果确定被试不认真作答或者乱答，可判定为废卷，不纳入统计整理分析。数据的完整性是根据项目来检查资料是否填写齐全，有无遗漏、重复现象。比如一份教育研究调查问卷，要判断是不是所有拟调研的项目被试都进行了回答，如果有遗漏，能否采取补答等一些措施。及时性是检查数据资料是否在规定时间收齐提交，有的数据特别是教育心理测量中的一些数据采集是有时间限制的，不限定时间或者不在规定时间内回收数据可能影响拟测量的教育心理指标的准确性。

（二）对原始数据进行排序

排序是将数据按照从小到大或者从大到小的顺序进行整理，至于具体按照哪种顺序来进行排序，应结合数据大小的意义以及统计工作的需要来决定。比如某体育训练小组7位同学百米冲刺的时间分别是11.23 s、12.21 s、11.43 s、11.37 s、10.09 s、

11.46 s、10.51 s，由于百米冲刺时间越短说明速度越快，于是我们按照从小到大的顺序进行排序，则得到 10.09 s、10.51 s、11.23 s、11.37 s、11.43 s、11.46 s、12.21 s。又如某班英语学习兴趣小组 10 位同学某次模拟考试成绩如下：79，93，87，81，72，89，70，77，89，76，由于考试成绩分数越高说明知识掌握得越好，所以我们按照从大到小的顺序进行排列，排列结果如下：93，89，89，87，81，79，77，76，72，70。

（三）对原始数据进行排秩

排秩，也就是我们通常所说的排定等级。如果要对原始数据进行排秩，首先要对其进行排序，从这个意义上来说，排序是排秩的先行工作。在排定等级时，等级 1 是给最大的数还是给最小的数，同样也要视数据大小的意义以及统计工作的需要来确定。比如对前面所讲的某体育训练小组 7 位同学百米冲刺的时间进行排秩就得到表 2-1。

表 2-1　某体育训练小组百米冲刺成绩排秩表

学生姓名	赵一	钱二	孙三	李四	周五	吴六	郑七
成绩/s	10.09	10.51	11.23	11.37	11.43	11.46	12.21
等级 R	1	2	3	4	5	6	7

在排秩的过程中有可能会遇到一个问题，即有相同数据出现时，等级该如何确定呢？在对重复数据给定等级时对重复等级需根据其实际的排序位置求平均等级。比如某数学学习小组考试成绩排序是：95，89，89，87，81，79，79，79，72，70。很显然其中数据有两处重复，一处是两个 89 分，另一处是三个 79 分。两个 89 分占据了等级 2、等级 3 两个等级，因此求其平均等级，两个 89 分的等级就是 2.5。三个 79 分占据了等级 6、等级 7 和等级 8，对其求平均等级 $(6+7+8)/3=7$，三个 79 分的等级就是 7，所以最后得到排秩表就如表 2-2。

表 2-2　某数学学习小组考试成绩排秩表

数字序号	1	2	3	4	5	6	7	8	9	10
分数 X	95	89	89	87	81	79	79	79	72	70
等级 R	1	2.5	2.5	4	5	7	7	7	9	10

排序、排秩是对杂乱的原始数据进行整理和呈现的基本方法，特别是数据量较大时，原始数据未经分析整理，很难对这些原生态的数据有一个基本印象。比如某教育学专业100名学生参加英语四级模拟考试，成绩如表2-3。

表2-3　某教育学专业100名学生英语四级模拟考试成绩表

54	96	99	71	97	81	72	94	80	97
92	96	95	94	88	93	71	92	91	84
91	44	50	94	90	43	76	90	47	56
99	89	89	67	83	88	87	97	90	85
91	85	82	84	42	88	82	78	77	82
82	81	44	76	80	79	78	82	76	74
75	76	68	86	74	90	73	72	66	71
91	65	68	67	65	66	61	65	63	65
55	63	64	54	59	60	60	48	56	54
52	53	90	49	87	45	90	83	43	85

但是，面对上述杂乱无章的分数，你很难对数据来一个“快照”，很难马上回答出这些问题表中到底有多少个分数？最高分是多少？最低分又是多少？得40多分的人有多少？得90多分的又有多少？得70分的人多还是得80多分的人多？这是一个看上去简单实际上却是很困难的任务。借助于排序、排秩，可以将这100名学生中得分最高的放在最前面，得分最低的放在最后面，形成表2-4。

表2-4　某教育学专业100名学生英语四级模拟考试成绩排序表

99	99	97	97	97	96	96	95	94	94
94	93	92	92	91	91	91	91	90	90
90	90	90	90	89	89	88	88	88	87
87	86	85	85	85	84	84	83	83	82
82	82	82	82	81	81	80	80	79	78
78	77	76	76	76	76	75	74	74	73
72	72	71	71	71	68	68	67	67	66
66	65	65	65	65	64	63	63	61	60
60	59	56	56	55	54	54	54	53	52
50	49	48	47	45	44	44	43	43	42

借助排序后的成绩表，就可以很清楚地知道最高分是多少，最低分是多少，对各分数段的得分也会有一个初步的判断，这就是数据初步整理的便利与好处。

第二节　统计表

统计表是以表格的形式表达统计资料数量关系的方式或工具。统计表可简化资料,可反映出事物的全貌及蕴含的内在特征,省去冗长的文字叙述,同时也便于对比、分析和计算。编制统计表应遵循两大原则:一是表的结构要简单明了,避免臃肿、包罗万象的大表;二是表的层次要清楚,项目排列要有逻辑性。

一、统计表的基本要素

一个统计表的基本要素包括标题、线条、标目、数字和表注。

标题由表题和表序构成,心理与教育科学研究中通常将标题置于统计表的上方。表题是表的名称,需用简单明了的语词表达,好的表题应让读者一看就知道表的内容,如"某教育学专业学生英语四级模拟考试成绩表"即为表题。表序为表在文章或书籍中的顺序,可用数字或符号表示,通常所见的"表 4.1"或"表 5-2"这种形式就是表序。

线条是统计表的重要表现形式。没有线条不成统计表,但一个统计表的线条要精简适当,越少越好,其基本线条主要有顶线、底线、横线,另外还可以有辅助线。另外,在统计表中常见的错线有封口线、多条的横线及总标目处斜线。

标目即分类的项目,标目的确定一定要基于分类对象的核心内容和本质特征。从位置上有横标目和纵标目。标目一般放在表的上面一行(即横标目)或左侧一列(即纵标目)。如果制表中只有一个标目,采用横标目或纵标目都可以,既可将标目放在表的上面一行,也可放在左侧一列。如果分类的标志有两个,而且二者没有隶属关系,则左列与上行各一个。如果两个分类标志有隶属关系,则要放在一个方向分两行分述。标目确定了数据组织的逻辑,并决定了栏目下数据栏的性质。

数字是统计表的基本语言,又称统计指标。数字一律用阿拉伯数字来表示,并且要求数字以个数位或小数点上下对齐、不留空格。若出现数据缺失时则需一定的符号(比如划"—"来表示数据的空白)。

表注是对表的注解,是对统计表或者表内内容进行补充说明和解释。数据来源等都可作为表注的内容,文字可长可短。表注只是表的一个补充,它并不是统计表不可或缺的部分。

二、统计表的种类

1.简单表

简单表是只罗列单位名称、地点时序或统计指标的表，如表2-5所示。

表2-5　某校教育学专业历年招生人数

年份/年	2007	2008	2009	2010	2011	2012	2013	2014
人数/人	35	32	33	40	37	39	41	43

2.分组表

先将某一变量按实际需要划分为若干个分组区间，再对原始数据进行归组并计数或统计。适用于许多心理测验或实验的结果。分组表是只有1个分类标志的统计表，也称为单向表(one-way table)，如表2-6有1个变量，即某次考试成绩，按实际需要划分出各成绩区间，通过计数进而得出各成绩区间的人数。

表2-6　某班《心理统计学》期末考试成绩分布表

分数段	59分及以下	60～69分	70～79分	80～89分	90～100分
人数/人	1	17	19	8	2

3.复合表

复合表是包括有两个以上标目(分类标志)的统计表。常见的复合表多是包括2个分类标志或3个分类标志的统计表，包括2个分类标志的复合表称为双向表(two-way table)，包括3个分类标志的统计表称为三向表(three-way table)。表2-7就是包含有年级、专业和考试成绩3个分类标志的一个复合表。

表2-7　不同年级心理学专业与教育学专业的英语考试成绩

年级	专业	不同等级人数			
		优	良	中	差
二年级	心理学	8	10	14	3
	教育学	3	14	12	5
三年级	心理学	9	11	16	3
	教育学	7	13	14	2
四年级	心理学	6	15	12	1
	教育学	5	16	10	3

三、次数分布表及其编制

心理与教育统计学中一个很重要的表就是次数分布表,次数分布表也称为频数分布表,在测量中它反映各个变量值出现的次数或某一变量值在取值区间内出现的次数。次数分布表能够显示出初步整理后一组数据的分布情况。它主要表示数据在各个分组区间的分布情况,依据次数的产生方式,次数分布可分为简单次数分布、分组次数分布、相对次数分布和累加次数分布。各种次数分布都可以用列表或图示的形式来表达,即次数分布表和次数分布图。

1.简单次数分布表

简单次数分布表(simple frequency table)是依据每一个分数值在一组数据中出现的次数或总计数资料编制成的统计表。通常如果数据本身是离散数据,那么次数分布表的编制就会很简单,如上述所提及的表 2-5、表 2-6。如果数据本身是连续数据,也可以制作简单次数分布表,即计量每个数据出现的频次。以第一节所讲的案例中某教育学专业 100 名学生英语四级模拟考试成绩编制一个简单次数分布,见表 2-8。

表 2-8　某教育学专业学生英语四级模拟考试成绩简单次数分布表

分数	次数
42	1
43	2
44	2
45	1
47	1
48	1
49	1
50	1
……	……

我们很快会发现,由于多数数据单次出现,上述的简单次数分布表如果列起来,肯定会很长,起不了太多的简化作用,所以我们就需要引入分组次数分布。

2.分组次数分布表

在教育科学研究中,大量收集到的数据分类标志是等距连续变量,而且数据量很大,我们通常把所有的数据先划分为若干分组区间,然后将数据按其数值大小划归到相应的组别内，分别统计各个组别中包括的数据个数，最后再用列表形式呈现出来，这就是分组次数分布表。

那么要编制一个分组次数分布表，其步骤包括哪些呢？下面我们仍结合“表2-4 某教育学专业100名学生英语四级模拟考试成绩排序表”绘制分组次数分布表来进行说明。

(1)求两极差

两极差(range)是指最大值与最小值两个数据之间的差距。两极差通常用大写字母 R 表示，从上述100名学生的英语成绩中找出最高分99、最低分42，二者相减即得到两极差 $R=99-42=57$。

(2)决定组距和组数

组距(interval)是指任意一组的起点和终点之间的距离，用符号 i 表示。我们要确定组距的大小，需要以两极差作为参考。两极差大，则组距可大一些；两极差小，则组距可小一些。组数(分组数目)的多少要根据数据的多少来确定。如果数据个数在100以上，习惯上一般分10～20组；数据个数较少时，一般分7～9组。这都是一些经验值，当然组数、组距会相互制约：组距小，则组数多；组距大，则组数少。如果收集的连续数据总体分满足正态分布，可用下面的经验公式来计算组数 K，以求得渐边最优关系的分组。

$$K=1.87(N-1)^{\frac{2}{5}} \quad (N\text{ 为数据个数},K\text{ 取近似整数}) \qquad (\text{公式 }2\text{-}1)$$

因为 $i=R/K$，所以最终分组组数的确定，与最低组的下限值和组距 i 有关。有关研究指出，经验和理论都证明，如果任一组观测数值被分为10～15组，全部信息就都被保留下来了。一般说来，分组数目或组距有变化时，对分组次数分布表的显示和计算的准确性不产生很大影响，因此对组数与组距并不严格界定要求。

通常在分组时有如下建议：

①组数不小于5，且不大于20；

②组距可以是偶数也可以是奇数，但是一般建议用奇数，以使组中值仍落在测量尺度上；

③组距推荐取5的倍数，如5，10，20，50，100等；

④最小组的下限应包含最小测量值，最大组的上限应包含最大测量值。

上例中，我们套用公式计算得出 $K=11.75$，所以我们取一个整数12，分为12组，两极差 $R=57$，此时我们可近似求得 $i=57\div12\approx4.8$，这里取组距为5。

（3）列出分组区间

分组区间是一个组的起点值与终点值之间的距离，又叫组限。起点值称为组下限，终点值称为组上限。组限有表述组限和精确组限两种。

表达组限即指定组限，方便省时，但没有给出实际的组限范围。我们要适应和学会表达组限的不同表达方式。下述 A、B、C 三种表述组限的方式，可能 C 是最简洁的，A 是我们最习惯的。

A	B	C
50～55	50～54	50～
45～50	45～49	45～
40～45	40～44	40～

三种表达组限虽然形式不一样，其实所表达的组限却都是一样的，我们可以看出是从 40 开始的，组距 i 也都是等于 5。

（4）登记与计算次数

依次将数据登记到各个相应的组别内，一般用写"正"字的方式。登记完毕后，计算每一组出现的频数/次数。

（5）编制次数分布表

计算好频数/次数后，就可以开始编制次数分布表了，第一列是表述组限，第二列是次数，如下表所示。

表 2-9　某教育学专业 100 名学生英语四级模拟考试成绩次数分布表

表述组限	次数
95～	8
90～	16
85～	11
80～	13
75～	9
70～	8
65～	10
60～	6
55～	4
50～	6
45～	4
40～	5

第三节 统计图

统计图是用点、线、面的位置、升降或大小来表达统计资料数量关系的一种陈列形式。统计图在表现事物的数量关系上比统计表更加形象直观，更容易加深印象，强化记忆，所以统计图在统计实务中也是十分重要的数据整理表达方式。

一、统计图的基本要素

统计图一般采用直角坐标系，通常横坐标轴或横轴表示事物的组别或自变量 X，称为分类轴；纵坐标或纵轴表示事物出现的次数或因变量 Y，称为数值轴。除直角坐标系外，如圆形图还采用角度坐标等。统计图一般包括图题和图序、图目、图尺、图形、图例和图注等要素。

教育科学研究中通常将图题和图序置于统计图的下方。图题是图的名称，需用简单明了的语词表达，好的图题应让读者一看就知图的内容。图序为图在文章或图书中的顺序，可用数字或符号表示，通常所见的“图 5.1”或“图 7-2”这种形式就是图序。

图目是写在图形基线上的各种不同类别、名称或时间、空间的统计数量值，即横坐标上所用的各种单位名称。

图尺是在统计图的横坐标及纵坐标上用一定的距离表示各种单位。图尺的分点要清楚，整个图尺大小要包括所有的数据值。

图形是统计图的主要内容，图形线条要明晰，不同的结果用不同的图形线来表示。

图例用以说明图形所表示的内容。一般图例都置于图外周边的适当地方，以保持整个图的和谐与美观。

图注是图形中需要借助文字或数字加以补充说明的注释。图注并不是统计图的必要组成部分。

二、常见的统计图形

1. 条形图

条形图又叫柱状图、棒图，通常用一个单位长度表示一定的数量，根据数量的多少，画成长短相应成比例的直条，并按一定顺序排列起来，这样的统计图，称为条形图。条形图可以清楚地表明各种数量的多少。条形图是统计图资料分析中最常用的图形之一。图 2-1 是某班春游地点调查的条形图。

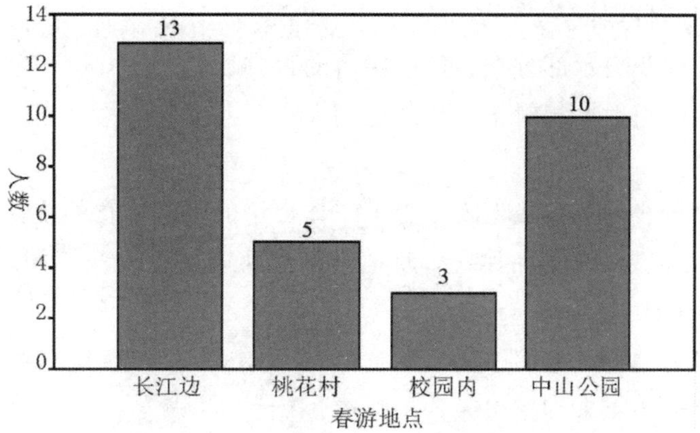

图 2-1　某班春游地点调查的条形图

条形图的突出特点是：

①能够使人们一眼看出各个数据的大小；

②易于比较数据之间的差别；

③能清楚地表示出数量的多少。

2. 圆形图

圆形图又叫饼图，是以一个圆的面积来表示事物的整体，以扇形面积表示部分占整体的百分比的统计图。因为通常用百分数表示，所以也叫百分数比较图。圆形图可以比较清楚地反映出部分与部分、部分与整体之间的数量关系。图 2-2 是某班春游地点调查的圆形图。

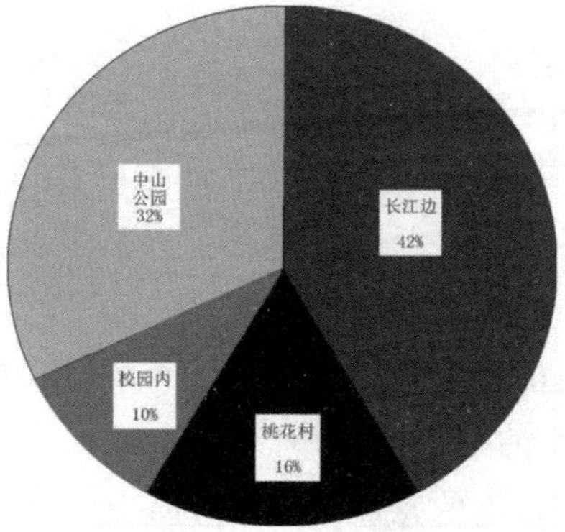

图 2-2　某班春游地点调查的圆形图

圆形统计图的特点：

①用扇形的面积表示部分在总体中所占的百分比；

②易于显示每组数据相对于总数的比例大小。

3．折线图

折线图是以折线的上升或下降来表示统计数量的增减变化的统计图，与条形图相比，折线图不仅可以表示数量的多少，而且可以反映同一事物在不同时间里发展变化的情况与趋势。

折线图最显著的特点是能够显示数据的变化趋势，反映事物的变化情况。图2-3是某校教育学专业历年来的招生人数折线图。

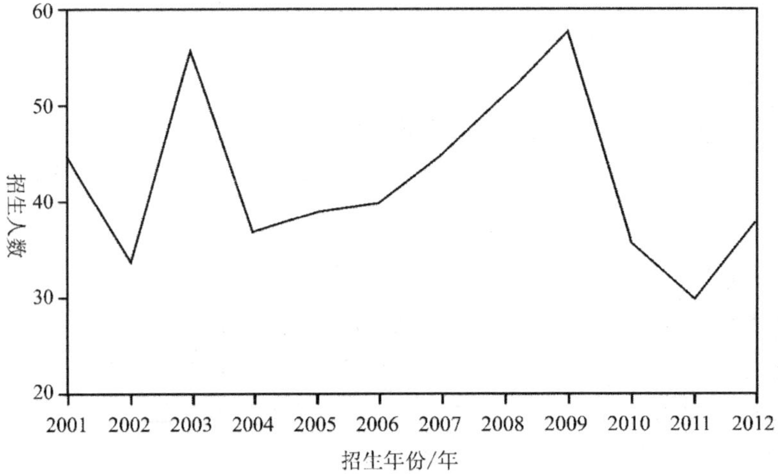

图2-3　某校教育学专业历年招生人数折线图

4．茎叶图

茎叶图又称“枝叶图”，它是将数组中的数按位数进行比较，将数的大小基本不变或变化不大的位作为一个主干（茎），将变化大的位的数作为分枝（叶）列在主干的后面，这样就可以清楚地看到每个主干后面的几个数是多少。图2-4是某教育学专业学生英语四级模拟考试成绩的茎叶图。

茎叶图有三列数：左边的一列数是频数（frequency），中间是茎（stem），最右边是叶（leaf），每一行的频数计量的是叶（leaf）有多少个数据，每一片叶子代表一个数。中间是茎的宽度，由图2-4可知，茎的宽度是10，借助于此，我们甚至可以由茎叶图将这个专业英语四级模拟考试成绩全部倒推出来，比如第一排的5个数据，就依次可由$4\times10+2$、$4\times10+3$、$4\times10+3$、$4\times10+4$、$4\times10+4$倒推计算出来。

如果茎叶图逆时针方向旋转90°，我们会发现旋转后的茎叶图在外形上与直方图的分布形状很相似。茎叶图是一个与直方图相类似的特殊工具，但又与直方图不同，茎叶图保留原始资料的信息，直方图则失去原始资料的信息。但茎叶图不适合于大量的数据，只适合于少量的数据。

```
模拟成绩 Stem-and-Leaf Plot

 Frequency    Stem &  Leaf

     5.00        4 .  23344
     4.00        4 .  5789
     6.00        5 .  023444
     4.00        5 .  5669
     6.00        6 .  001334
    10.00        6 .  5555667788
     8.00        7 .  11122344
     9.00        7 .  566667889
    13.00        8 .  0011222223344
    11.00        8 .  55567788899
    16.00        9 .  0000001111223444
     8.00        9 .  56677799

 Stem width:       10
 Each leaf:        1 case(s)
```

图 2-4　某教育学专业学生英语四级模拟考试成绩的茎叶图

用茎叶图表示数据有两个优点：

①从统计图上没有原始数据信息的损失，所有数据信息都可以从茎叶图中得到；

②茎叶图中的数据可以随时记录，随时添加，方便记录与表示。

5．散点图

散点图是在直角坐标系中用相同大小的圆点的多少或疏密表示统计资料数量大小以及变化趋势的图。散点图通常涉及两个变量，在直角坐标系中，一个变量用横轴 X 来表示，另一个变量用纵轴 Y 来表示，每一个散点都代表某一个测量对象同时在 X 轴和 Y 轴上取值的交叉点。图 2-5 为英语口语成绩训练时间的散点图。

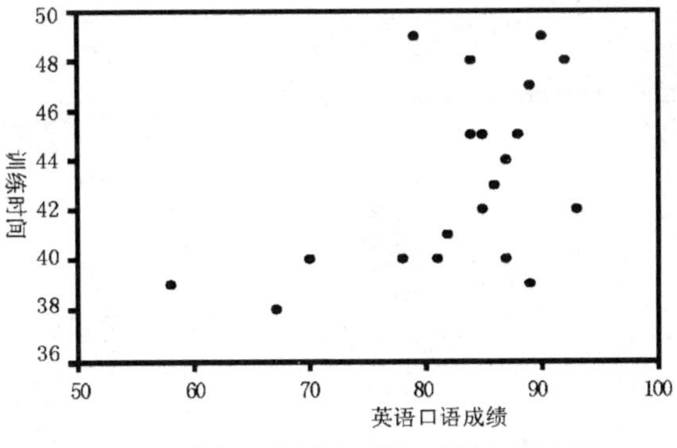

图 2-5　英语口语成绩训练时间的散点图

散点的功能是可以探索两个变量是否呈现直线关系，散点图中包含的数据越多，比较和探索的效果就越好。

6. 直方图

直方图是在初等数学中接触较少的一种图，它用来表示等距或等比数据的次数分布，直方图中每个直条都表示一个分组区间，分组区间依水平轴排列(见图 2-6)。

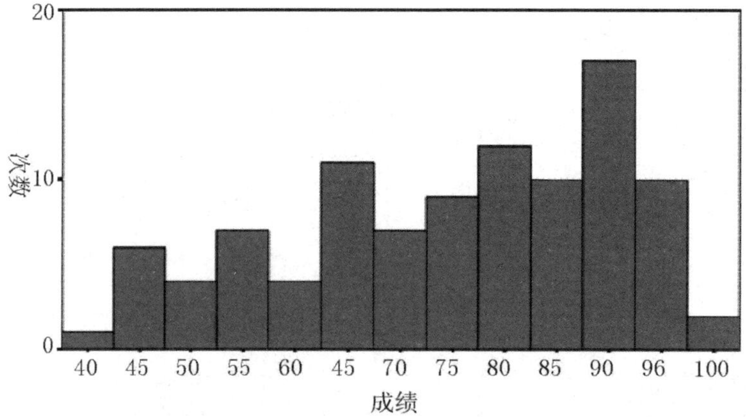

图 2-6 某教育学专业 100 名学生英语四级模拟考试成绩的直方图

直方图和条形图看上去十分形似，但两者不一样，有本质的差别。直方图适合于连续型数据(比如定距或定比数据)，而条形图适合于离散型数据(比如定类数据)，直方图由于分组区间是连续的，所以各直条之间是互相接触的，而条形图由于数据是离散的，所以各直条之间是相互分离的。

第四节　SPSS 中的数据建立与转换

当做完一个研究，那么手头就会有原始数据，这些原始数据可能是在问卷上，或者在我们的笔记本上，在进一步借助 SPSS 软件来分析数据之前，我们首先就面临将原始数据转化成 SPSS 数据文件的问题。

无论是直接建立的 SPSS 数据文件，还是从外部读入的数据文件，很多情况下都是最原始数据。这些原始数据总会存在一些问题，比如输入的错误、不可能的极端数据以及缺失值等。首先就需要对这些问题数据进行校正，否则可能会严重影响统计结果。其次就算没有错误，原始的数据和变量也可能不太适合做统计分析，这时候需要做一些新变量或者对原有变量的数据进行再次编码。此外还可能需要做一些其他的工作，比如只选择一部分数据做分析，将数据的行列互换，将不同的文件进行合并等。所以，实际在做正式统计分析之前可能有很多数据整理的工作要做，而往往这部分工作占据了很大一部分时间。

一、SPSS 数据文件的建立

将手头的原始数据转化成 SPSS 数据文件有两种途径：在 SPSS 中直接录入数据；从外部读入有关数据（包括文本和非文本数据）。

无论什么原始数据，都可以直接先在 SPSS 建立好变量，然后录入数据。在建立变量和录入数据之前，尤其要搞清楚一个问题，在 SPSS 里面，每一横行表示的是一个被试（subject）或者个案（case）的数据，而每一列表示的是一个变量的数据。

1.建立新变量

看看你的研究中有哪些变量。如果是调查问卷，那么每道题目都是一个变量；实验研究有点复杂，根据实验设计是单因素还是多因素，是组间、组内还是混合，变量的建立方法是不一样的，这会在后面详细讨论。

确定了要建立的变量名称和类型之后就可以开始在 SPSS 里建立新变量。

比如一个问卷调查的数据，有被试编号、性别、年龄、来源、第 1 题、第 2 题……总共 10 道题目。这就需要建立 14 个变量，前面 4 个是被试信息的，后面是 10 道题的。

打开 SPSS 窗口，点击“Variable View”。在变量窗口里输入 14 个变量的英文名称。如图 2-7。

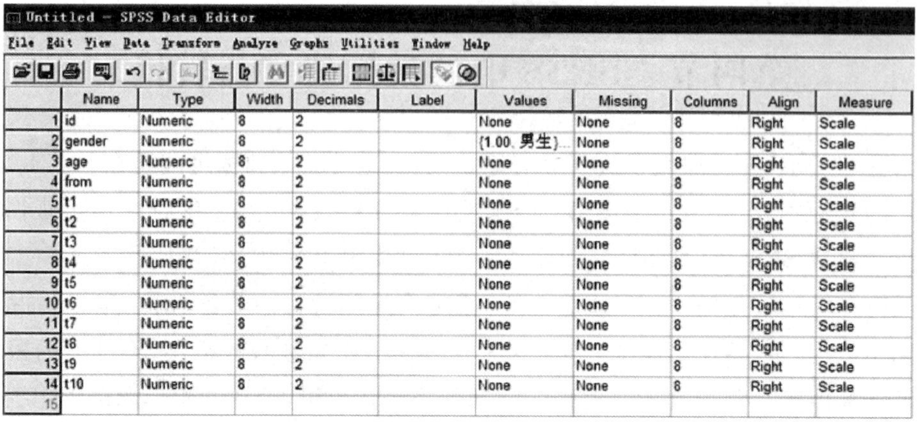

图 2-7　SPSS 软件中 Variable View 建立变量截图

输入变量名称(Name)后，再来确定变量的类型(Type)。变量类型分为两大类，数值型(Numeric)和字符串型(String)，如图 2-8。这 14 个变量都可以做成数值型，而且除非迫不得已，一般情况下都应该将变量做成数值型，但“姓名”等变量通常设为字符串型。

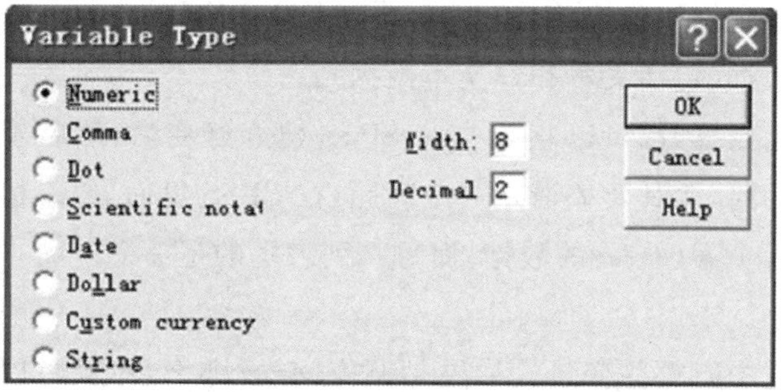

图 2-8　SPSS 软件中 Variable Type 变量类型截图

“Numeric”下面的“Comma”“Dot”“Scientific nota”“Date”“Dollar”“Custom currency”等都属于数值型，不过是其他的形式，一般可以不用。“Numeric”形式有两个属性，“Width”和“Decimal”，前者表示数据本身内在的宽度，后者表示小数点后面有几位。如果输入 2，也会变成 2.00。“String”形式只有宽度，表示字符串的字符个数，缺省是 8 个，如果变量数值的字符串长度超过 8 个，那就要改这个地方。

对于变量的属性，除了“Name”和“Type”之外，后面还有“Width”“Decimal”“Label”“Values”“Missing”“Columns”“Align”“Measure”。“Label”表示的是该变量

名的标签，有时候变量名比较简单，需要对它做进一步的说明，可以在此填写，统计分析结果出来的时候显示的是标签，比较易懂。“Values”代表值标签，不是变量名的说明，而是变量数值的说明。比如“Gender”这个变量，“Labels”是性别，“Values”有两个值 1 和 2，其中 1 代表男，2 代表女。如图 2-9。

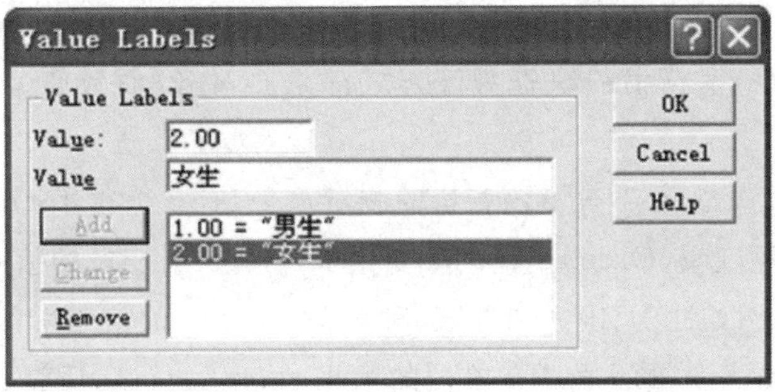

图 2-9　SPSS 软件中 Value Labels 变量赋值截图

值标签比较有用，无论是统计分析结果的显示还是日后重新看数据都比较方便。

“Missing”表示缺失值的含义。缺失值是个比较重要的概念，在数据处理时经常碰到这个问题。它包括两种，一是系统缺失值（System Missing），即空的数据或没有数据；二是用户自定义缺失值（User-defined Missing），这个地方有数据，但数据是假的，是用户自己定义的，表明它是无意义的缺失值。比如问卷调查中将所有没填的数据都输为 9 或者 0，然后在“Missing”这个地方定义 9 或 0 为缺失值，以后统计分析的时候 9 或 0 就不会参与统计分析。如图 2-10。

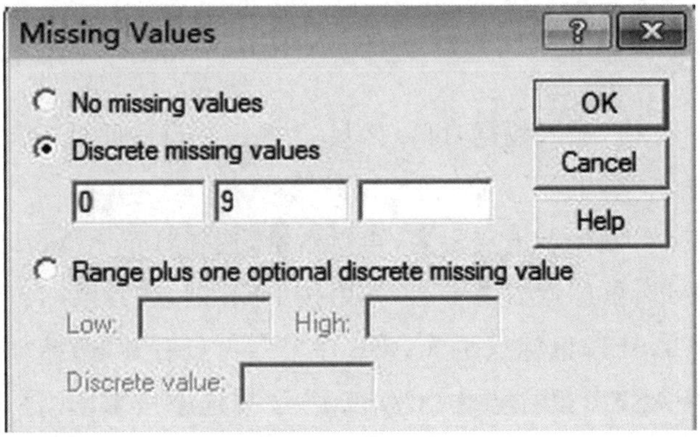

图 2-10　SPSS 软件中 Missing Values 缺失值截图

缺失值某些情况下会影响到统计分析的结果，所以需要对缺失值做一些校正和处理。这个后面会讲到。

“Columns”表示变量数据在SPSS窗口显示的宽度，注意它和变量的内在实际宽度是不一样的，显示宽度无论怎么变，也不会影响“Width”。某些时候字符串变量显示宽度太窄，看上去都是*，拉长一下就可以了。

至于“Align”表示的是数据的对齐方式，和Word的格式一样，有左对齐、右对齐和居中对齐。注意，字符串的缺省对齐方式都是右对齐，而数值型数据缺省都是左对齐。

最后一个是“Measure”，表示该变量的测量水平，有3个水平：分类变量或名义变量（Nominal）、顺序变量（Ordinal）和刻度变量（Scale）。当变量的值是不同的类别时，那么就是分类变量，如性别、国家和地区、种族等；当变量的值是等级时（如1，2，3，4，5），就是顺序变量；当变量的值是有单位的数据时（比如长度、质量、心理量表测的分数），就是刻度变量，实际它还包括等距和等比变量。顺序变量的数据没有单位，没有绝对零点，不可以做加减乘除等运算；等距变量有相等单位，没绝对零点，可以做加减运算；等比变量有相等单位，也有绝对零点，可以做任何运算。研究中的因变量类型还是很重要的，不同类型适用不同的统计模型和方法。

2.录入和编辑数据

当所有变量做好之后，就可以录入数据了，见图2-11。

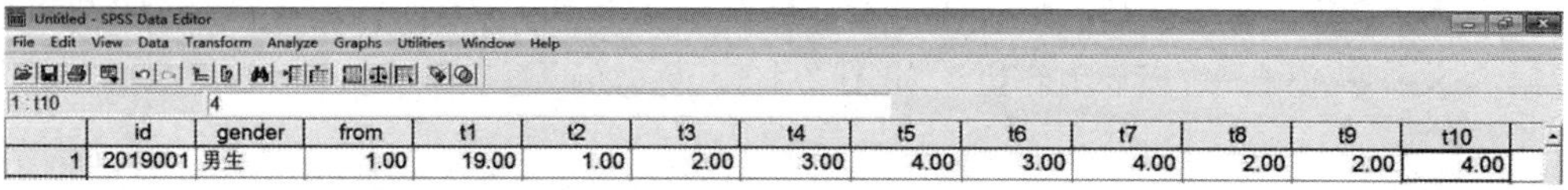

图2-11　SPSS**软件中录入数据截图**

直接点击一个方格，输入数据，可以拷贝、粘贴。注意：此处“男生”其实输入的是“1”，“值标签”就显示“男生”了。

如果要插入变量，鼠标点击变量名，再点右键，选择“Insert Variable”。

如果要删除变量，鼠标点击变量名，选中按DEL键，或者鼠标右键选“Clear”。

如果要插入“CASE”，鼠标点击“CASE序号”，再点右键，选择“Isert Cases”。

如果要删除“CASE”，鼠标点击“CASE序号”，选中按DEL键，或者鼠标右键选“Clear”。

如果要将变量换个位置，比如“From”移到“Age”之前，可以用鼠标点击“From”，选中后按住鼠标不动，拖动到“age”之前，这个过程中会出现一条竖着的红线，表示拖动的位置。

数据录入好了之后记得保存文件，养成良好习惯，每隔一段时间就保存一次，以免出现意外。保存文件点击“File-Save”。

在心理学研究中，很多情况下原始数据是现成的，比如实验研究的结果、他人提供的数据。当然可以采用前面的方法手工录入，SPSS 具有良好且丰富的数据兼容性，我们甚至可以直接将各种格式的外部数据读入到 SPSS 中。

二、SPSS 中的数据整理和转换

当我们建立好 SPSS 数据文件之后，首先就要检查数据有无问题以及有哪些问题。这个工作我们用频数分析(frequencies)来完成。频数分析能够帮助我们将变量所有值的频数做出一个统计分析，这样就可以看到问题数据了。比如问卷调查的时候，明明有 4 个选项，计分从 1～4，结果频数分析的结果里出现了 11 或者其他数据，那就是有问题了。例如，一个实验研究的反应时的数据，频数分析的结果里有一些超过10000 ms的数据，那肯定有问题，认知实验反应时数据很少会超过 2 s 的。

比如现在有一份考试成绩数据，有 3 个大题，每个大题各含 10 个小题，每小题得分为 0～2 分(如图 2-12 中的 a1～a10、b1～b10、c1～c10)。我们先检查下该原始数据有哪些问题。点击菜单“Analyze→Descriptive analysis→Frequencies”。

如图 2-12 所示，将要检查的变量放入右边框中，点击“OK”。

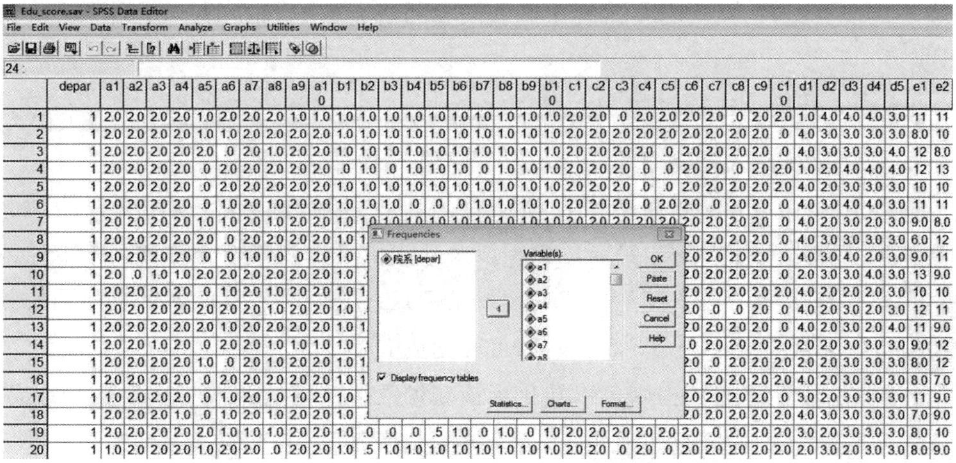

图 2-12　SPSS 软件中检核原始数据截图 1

频数分析结果如图 2-13，比如第 1 题 a1，0 分的有 48 次，1 分的有 162 次，2 分的 1234次，这都比较正常，但是有 1 个 22 分的，这个显然就是错误数据。考试题第一小题得分范围是 0～2 分，22 分是不可能的。

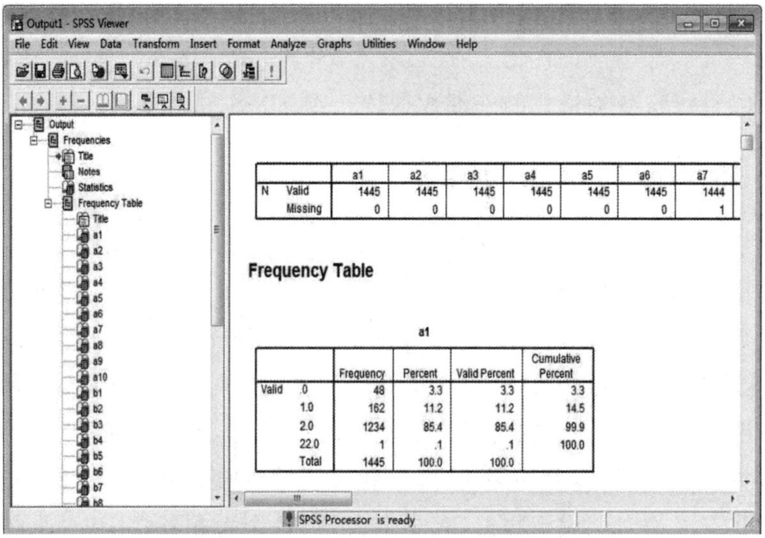

图 2-13　SPSS 软件中检核原始数据截图 2

我们可以先用 Frequencies 将有关变量做个频数分析，看看有哪些问题的存在，再采取相应的措施进行校正。一般数据的问题大致分为三类：输入错误、缺失值、极端数据（或不可能数据）。前两者多出现于调查问卷的研究数据，而后者多出现于实验研究的数据。

当我们对数据进行检查后，发现了存在的问题，那么就需要进行必要的校正。针对三类不同的问题可以有不同的方法，但大致结果一样。

通常，我们会把出错数据替换为缺失值（也是用 Recode 命令），但在有些情况下（如样本容量略有不足），输入错误的数据以及缺失值可以直接校正为该变量取值范围的中点，以保证较大的样本容量。比如题目是 7 点计分（1～7 分），那么有问题的数据转化成 4，如果是 5 点计分（1～5 分），则可转化成 3。

极端数据或不可能数据则可以转化为该变量取值范围的两端。比如反应时数据，50 ms 甚至几毫秒，这个时间太短了，肯定是抢键反应了，可以转化成 200 ms 这个下限。而 10000 ms 这个时间太长了，肯定是被试走神或干其他事情了，可以转化成 3000 ms 这个上限。这个下限、上限的确定需根据具体实验情况而定。

那么具体如何校正呢？我们不可能纯手工将问题一个一个地校正，此时就要用到“Recode”。对原有变量的数值再编码。比如将原来变量的 1 转变成 0，2 转变成 1，大于 5 的数据都变成 2，3～5 的数据变成 1，小于 3 的数据变成 0。字符串也可以转化，比如“m”变成 1，“f”变成 2。所以 Recode 是一个很重要的命令。

下面我们来看上述考试成绩的数据，把所有问题数据一次性解决。如上所述，每一题的取值范围是 0～2。我们将所有不在正确取值范围内的问题数据以及缺失数据一并转化为中点数据。将所需要分析的变量选进去，再点击“Old and New Values”，将大于 2 的问题数据转化成 1。左边是变量原有的值，右边是将要转化的新值。为什么填 2.1 呢？是因为直接填 2 会包含 2 在内一起转化。在相应位置填好数据，再点击“Add”，如图 2-14 所示。

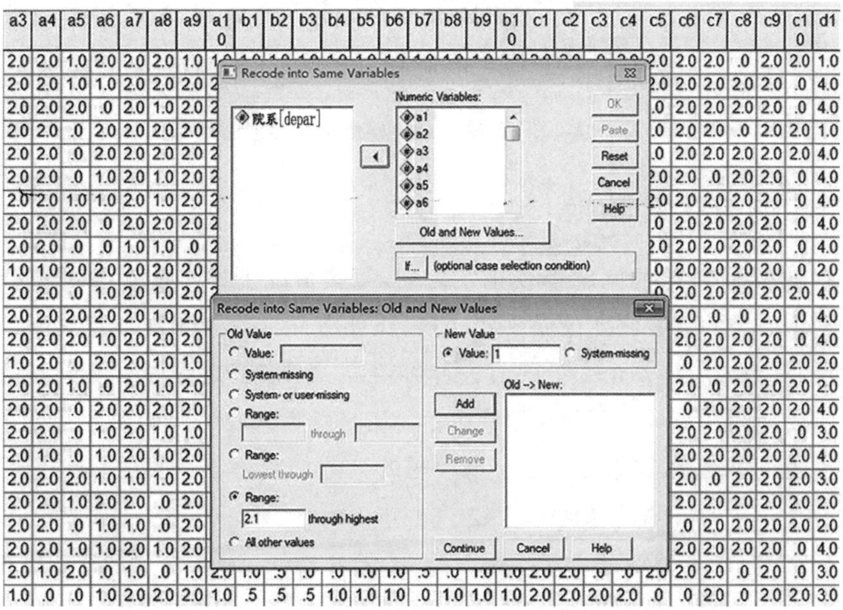

图 2-14　SPSS 软件中检核原始数据截图 3

然后再把系统缺失值转化成 1。在相应位置填好数据，点击“Add”（如图 2-15 所示）。

点击“Continue→OK”。这样就把有问题的数据都校正了。

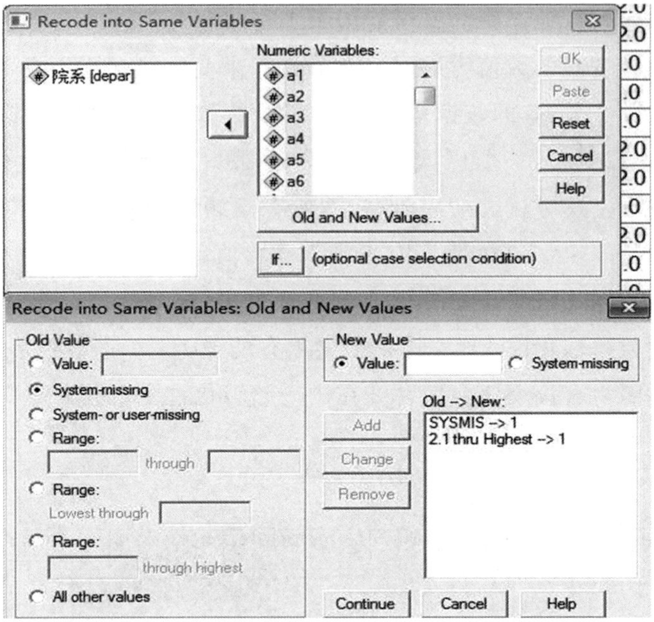

图 2-15　SPSS 软件中检核原始数据截图 4

三、SPSS 中的变量转换

当我们把原始数据的问题都校正了之后，很多情况下还不能对数据进行统计分析，可能根据研究的需要将变量做一些转换，比如将几个变量相加、两个变量相乘、取某个变量的对数或者将某个变量的值进行再编码，等等，都是在原有变量基础上建立新变量，需要使用“Compute Variable”命令。还是以考试成绩数据为例。现在需要将 5 个大题的总分求出来。那就要把 5 个大题的分数加在一起，即总共 37 个变量加在一起，做一个总分的新变量，如图 2-16。

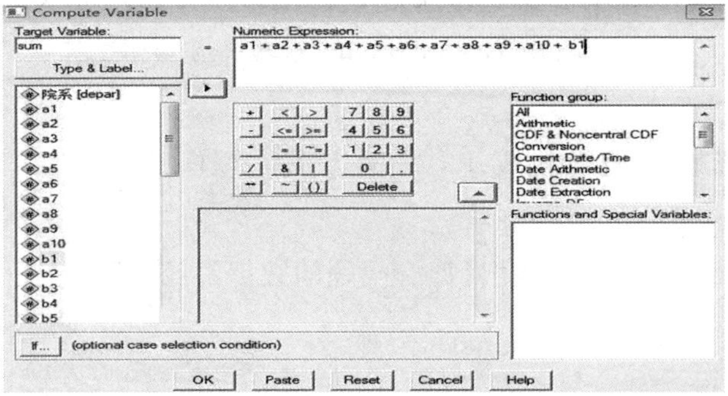

图 2-16　SPSS 软件中 Compute Variable 生成新变量举例

计算公式为 Sum＝a1＋a2＋……＋e2，最后求出总分。

除了对变量做加减运算还可以做乘除运算、函数运算等。

四、SPSS 中的其他常见转换

SPSS 软件中还有其他一些比较常见的转换功能：选择数据（Select Cases）、数据行列互换（Transpose）、分类汇总（Aggregate）、文件合并（Merge Files）。

1.Select Cases（选择数据）

很多时候我们需要选择一部分符合条件的被试做统计分析，此时就要用到“Select Cases”。

还是以考试成绩数据为例，现在要选择 depar（院系）小于 7 的被试。点击“Data→Select Cases”。

“Select Cases”下面有 4 个选项，第 2 个是条件满足设定（见图 2-17）。

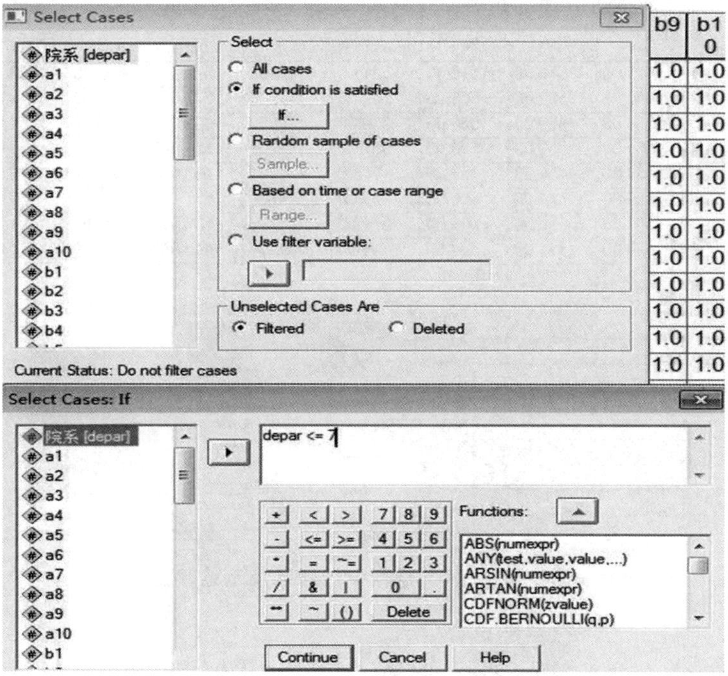

图 2-17　SPSS 软件中选择数据示范截图

点击“Continue”。然后再看“Output”那个地方，有 2 个选项，第 1 个是在原有文件里过滤掉不符合条件的被试；第 2 个是在原有文件基础上，删掉不符合条件的被试。我们可以选择第 1 个。

2.Transpose(行列互换)

有些时候我们需要把数据做行列互换，也就是数据转 90°。变量变成“CASE”，“CASE”成为变量。比如原始数据的格式本身就是行是变量，列是“CASE”，在 SPSS 里如果要做统计分析就需要做“Transpose”的工作。此外，当我们做方差分析的时候，一般都是基于被试(subject)的方差分析，但在某些研究里需要做基于项目(item)的方差分析，此时就要行列互换。

图 2-18 中的数据，8 个被试在 8 个项目上的反应时数据。

最后生成的结果，变量和 CASE 会换了 90°。

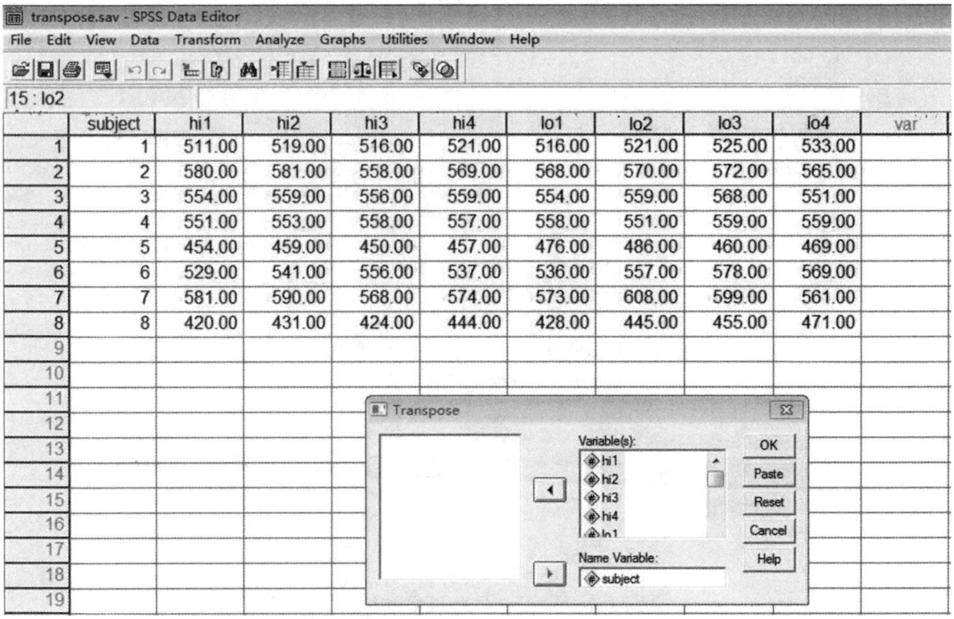

	subject	hi1	hi2	hi3	hi4	lo1	lo2	lo3	lo4	var
1	1	511.00	519.00	516.00	521.00	516.00	521.00	525.00	533.00	
2	2	580.00	581.00	558.00	569.00	568.00	570.00	572.00	565.00	
3	3	554.00	559.00	556.00	559.00	554.00	559.00	568.00	551.00	
4	4	551.00	553.00	558.00	557.00	558.00	551.00	559.00	559.00	
5	5	454.00	459.00	450.00	457.00	476.00	486.00	460.00	469.00	
6	6	529.00	541.00	556.00	537.00	536.00	557.00	578.00	569.00	
7	7	581.00	590.00	568.00	574.00	573.00	608.00	599.00	561.00	
8	8	420.00	431.00	424.00	444.00	428.00	445.00	455.00	471.00	

图 2-18　SPSS 软件中行列互换示范截图

3.Aggregate(分类汇总)

一些情况下，原始数据并不是以被试为单位的单行数据，而是包含同个被试多次测量的结果，或者说有多行数据。此时就需要用“Aggregate”将单个被试的结果进行平均，做成一行数据。点击“Data→Aggregate”。

将被试ID作为分类变量(break variable),此时会将每个被试的数据平均起来。当然也可以选择其他函数,比如中位数、总和等。在“Output”下面选择第2个,新建一个文件把合并后的数据拷贝进去。生成的结果可以看到现在的数据是以单个被试为单位,而数据则是某变量上多个数据的平均数。如图2-19。

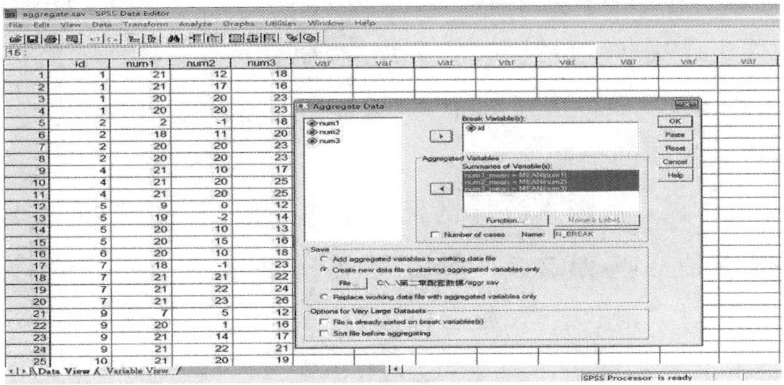

图2-19　SPSS软件中分类汇总示范截图

4.Merge files(文件合并)

很多时候我们需要对不同的文件数据加以合并,合并包括两类:CASE合并和变量合并。前者是不同被试的相同变量的数据合并,称为上下或者纵向合并;后者是同一被试不同的变量进行合并。以下面以CASE合并为例。

现有两份数据,一份是心理学系某年级男生的数据psych99_m. sav,另一份是女生的数据psych99_f. sav。数据的内容或变量都一样,现在要把两份文件合并在一起。先打开男生的数据,点击“Data→Merge Files→Add Cases”,把另外一份女生的数据加入进来。

点击“OK”。这样两份数据的“CASE”就合并到一起了。如果有不匹配的变量,那么会显示在左边的框里。如图表2-20。

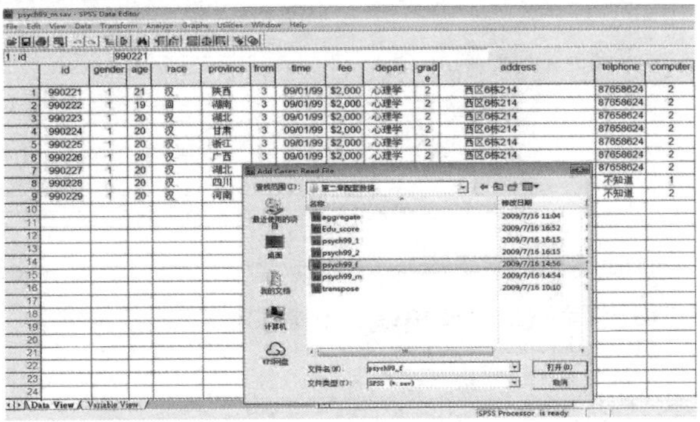

图2-20　SPSS软件中个案合并示范截图

第五节　统计图表绘制在SPSS软件中的实现

统计图和统计表我们当然可以通过手工绘制，但是在今天信息化的时代，计算机发挥了越来越重要的作用，开始逐步替代很多人工绘图，SPSS 软件提供了强大的绘图功能，不仅图像生成快、绘制的图表精美细致，而且易于编辑。下面我们就来讲一讲主要的统计图表在 SPSS 软件中是如何实现的。

1.在 SPSS 中条形图的绘制

我们以某班春游地点的调查统计结果来绘制条形图。首先在 SPSS 软件中打开数据文件，需要注意的是，应给这个变量名“春游地点”赋 4 个值，分别为：“1”赋给“长江边”，“2”赋给“桃花村”，“3”赋给“校园内”，“4”赋给“中山公园”。每一个调查的被试的选择直接填写指定代码即可。点击“Graphs”菜单，打开“Bar”条形图对话框，选择“Simple”简单条形图，将变量“春游地点”移入“Category Axis”，点击“Title”可定义图名，点击“OK”，即生成条形图。

条形图生成后，可以双击进入图形编辑状态，对生成的条形图按照自己的需要进行编辑。

最后命名保存生成的条形图。

图 2-21 是条形图在 SPSS 中绘制的过程示范截图。

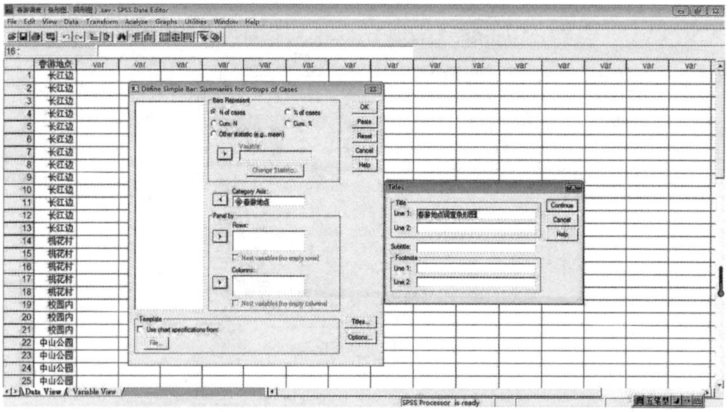

图 2-21　在 SPSS 中条形图绘制的过程示范截图

2.在 SPSS 中圆形图的绘制

我们仍以某班春游地点的调查统计结果来绘制圆形图。首先在 SPSS 软件中打开数据文件，点击“Graph”菜单，打开“Pie”圆形图对话框，将图中的数据指定为“Summaries for groups of cases”，点击“Define”，将“Slice Represent”指定为“N of cases”，将数据中的变量“春游地点”从源变量区移至“Define Slice by”区域，点击“Titles”可输入定义图名，点击“OK”，即生成圆形图。

圆形图生成后，可以双击进入图形编辑状态，对生成的条形图按照自己的需要进行编辑。最后命名保存生成的圆形图。

图 2-22 是在 SPSS 中绘制圆形图的过程示范截图。

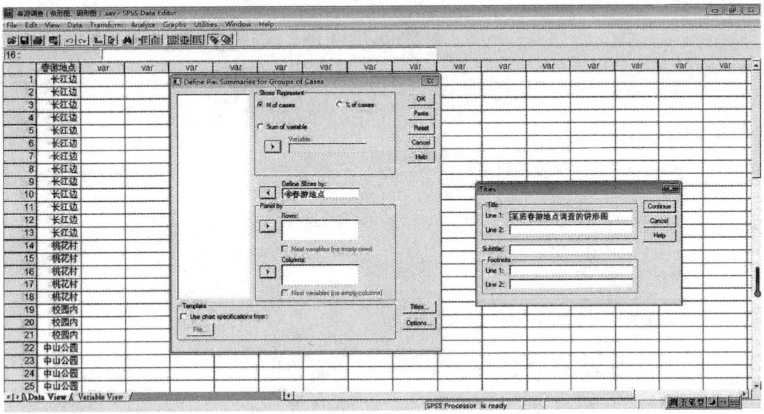

图 2-22　在 SPSS 中绘制圆形图的过程示范截图

3.在 SPSS 中折线图的绘制

我们以某高校教育学专业历年招生人数来绘制折线图。首先在 SPSS 软件中打开数据文件，点击“Graphs”菜单，打开“Line”折线图对话框，选择“Simple”简单折线图，将图中的数据指定为“Values of individual case”，点击“Define”，将变量“招生人数”从源变量区移至“Line Represents”区域，点击“Titles”输入定义图名，点击“OK”，即生成折线图。

折线图生成后，可以双击进入图形编辑状态，对生成的折线图按照自己的需要进行编辑。最后命名保存生成的折线图。

图 2-23 是在 SPSS 中绘制折线图的过程示范截图。

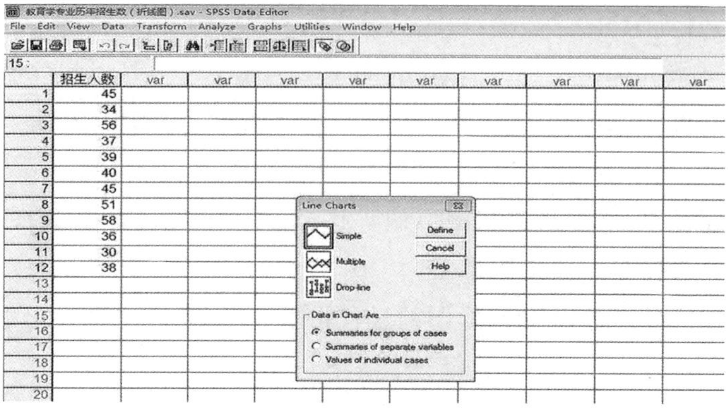

图 2-23　在 SPSS 中绘制折线图的过程示范截图

4.在 SPSS 中散点图的绘制

我们以某班同学英语口语训练时间来演示如何绘制一个散点图。首先需要在 SPSS 软件中事先建立好一个数据文件，这个数据文件应包含两个变量，一个变量名称是“英语口语”，另一个变量名称是“训练时间”。

然后，单击“Graphs”，选择“Scatter/Dot”，再选择“Simple Scattrer”。

单击“Define”，再将变量“英语口语”移入 X Axis，将另一个变量“训练时间”移入到 Y Axis，单击“Titles”进入对话框，输入图名，比如“英语口语与训练时间的散点图”。

点击“OK”生成散点图，双击生成的散点图进入“Chort Editor”，选择第四个图标“Marker”，确定散点选用哪一个风格“style”，以及其散点的尺寸“size”，点击“Apply all”。

最后命名保存生成的散点图。

下图 2-24 是在 SPSS 中绘制散点图的过程示范截图。

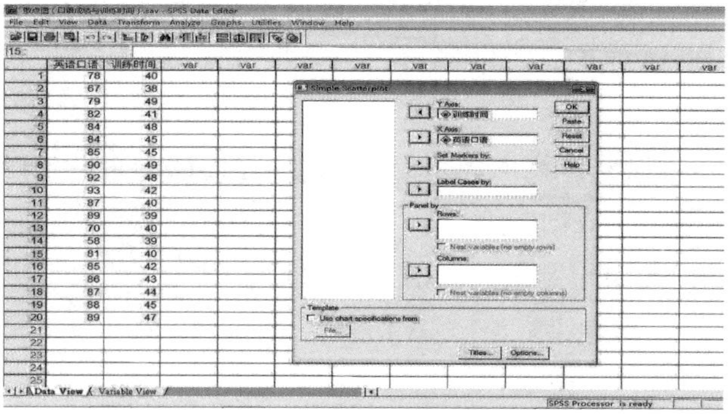

图 2-24　在 SPSS 中绘制散点图的过程示范截图

5.在 SPSS 中的茎叶图绘制

我们以某教育学专业学生英语四级模拟考试成绩为例来演示茎叶图在 SPSS 软件中的绘制。首先要打开拟生成茎叶图的 SPSS 文件,但是同制作其他图不一样,这里有一个明显的操作路径的差别,茎叶图并不在"Graphs"菜单中操作,而是要点击"Analyze→Descriptive Statistics→Explore",在"Explore"对话框中,将数据的变量"模拟成绩"从源变量区移至"Dependent List"区域,然后在对话框中单击右下方的"Plots",然后勾选"Stem-and-leaf",点击"OK"即可生成茎叶图。

最后命名保存生成的折线图。

图 2-25 是在 SPSS 中绘制茎叶图的过程示范截图。

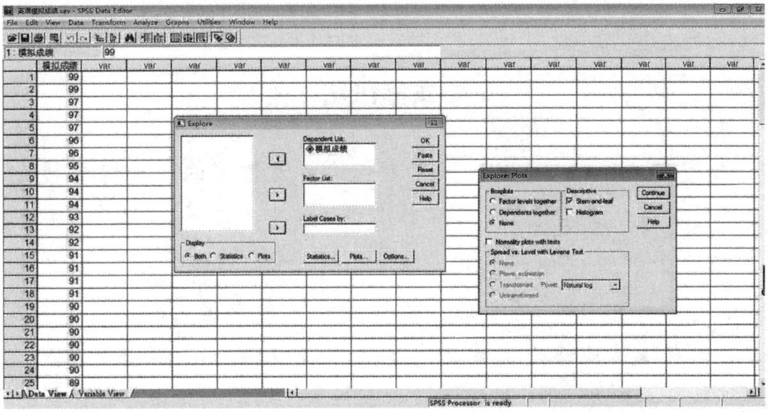

图 2-25 在 SPSS 中绘制茎叶图的过程示范截图

6.在 SPSS 中直方图的绘制

我们以某教育学专业学生英语四级模拟考试成绩为例来演示直方图在 SPSS 软件中的绘制。首先打开考试成绩 SPSS 文件,点击"Graphs"菜单,选择"Histogram",将变量"模拟成绩"从源变量区移至"Variable"区域,单击"Titles"对话框并输入图名,点击"OK",即生成某教育学专业学生英语四级模拟考试成绩的直方图。双击图形进入"Chart Editor",利用工具栏对图形进行必要的加工。

最后命名保存生成的直方图。

图 2-26 是在 SPSS 中绘制直方图的过程示范截图。

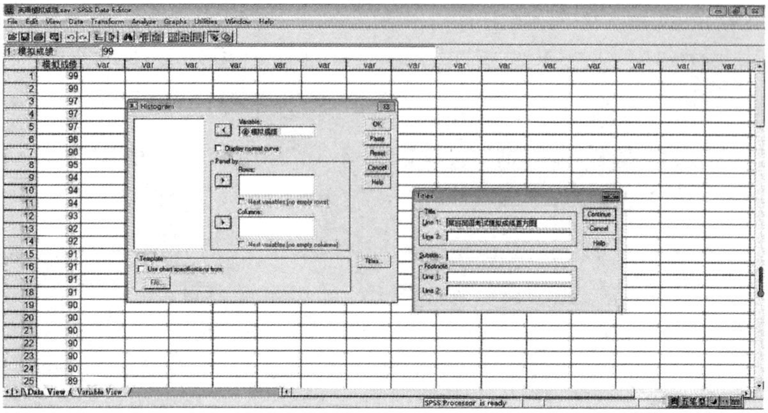

图 2-26 在 SPSS 中绘制直方图的过程示范截图

本章小结

将原始数据整理成图表，可以让研究者或读者对数据的分布特征具有直观明了的认识，有助于把握数据的差异、趋势等整体信息，为进一步统计分析指明方向。本章主要介绍了各种统计表和统计图的制作与应用。

(1)在制作统计图表之前，宜对原始数据做初步的整理，如排序、分组。

(2)心理与教育统计所涉及的表格的基本要素包括标题、线条、标目、数字和表注。统计表通常为“三线表”，即统计表的基本线条主要为顶线、底线、栏目线。

(3)统计图一般由图题和图序、图目、图尺、图形、图例和图注等要素构成。常用的统计图有条形图、圆形图、折线图、散点图、直方图等。

(4)各种统计图表都有着不同的适用性，一定要根据数据的具体情况来选择适宜的统计表和统计图。

(5)SPSS 中关于如何输入数据、如何对数据进行整理与转换、如何制作各种图和表等各种功能的操作，一定要活学活用。

思考与练习题

1.教育研究中收集到的离散型数据和连续型数据分别适合绘制哪些种类的统计表和统计图？

2.统计表包括哪些基本的组成部分？

3.以下是某年级学前教育专业的 100 名同学参加为期一周的专业考察的评定成

绩，请根据下表绘制分组次数分布表、累加次数分布表。

表 2-10　某年级学前教育专业同学专业考察评定成绩

61	93	95	73	95	81	72	93	80	95	95	95	95	91	88	93	71	92	91	84
90	74	60	84	70	83	76	82	77	76	79	89	89	87	83	88	87	91	90	85
91	85	82	84	72	88	82	78	77	82	82	81	64	76	80	79	78	82	76	74
75	76	68	86	74	90	73	72	66	71	91	67	68	69	64	69	71	75	73	85
85	83	84	84	89	76	77	68	66	64	81	82	90	79	87	75	90	83	63	85

4.统计图包括哪些基本的组成部分？

5.根据练习题 3 中的数据，在 SPSS 软件建立一个数据文件。

6.根据练习题 3 中的数据，在 SPSS 软件中绘制茎叶图和直方图。

第三章　集中量数与差异量数

“CCTV 青年歌手电视大奖赛”，是大众非常喜欢的知名栏目，我们可能会注意到一个细节：在宣布参赛选手最终得分时，往往会“去掉一个最高分，去掉一个最低分，某某选手平均得分为……”不仅青歌赛如此，其他娱乐类选秀节目和体育竞赛中（如跳水等）也多采用此种计分方法。一名选手，多个评委评分，这其中难免有“人情世故”，难免有偏爱偏见，为了消除可能的偏差，排除人为的高分或低分，同时也鼓励评委根据选手的实际表现公平公正给分，这种计分方法从统计学的意义来剖析，就是从某种程度上克服极大值或者极小值对平均数造成的影响，使评委评判结果更具公平性和可靠性。我们在日常生活中也都在自觉或不自觉地使用描述统计，比如某班某门课程的期末考试成绩出来了，看到众多分数时，可能就会想哪一档的分数较集中，哪些分数出现频次较高，全班同学的平均分数是多少。本章将走进集中量数和差异量数，学习描述统计的具体指标及其运用。

集中量数是对一组数据集中趋势的度量，通常用一组数据的中心位置来度量一组数据的集中趋势。描述一组数据集中趋势的指标有多种，包括算术平均数、中位数、众数、几何平均数、调和平均数、加权平均数等，这些表明数据分布中心的指标称为集中趋势的测量数，简称集中量数。集中量数是测量一组数据分布中心的指标，它经常作为一组数据的代表值参加统计分析。差异量数是对一组数据离中趋势的度量，是对一组数据的变异性进行描述和度量的统计量。描述一组数据离中趋势的指标有多种，包括两极差、平均差、百分位差、四分位差、标准差、方差等。

第一节　常用集中量数

一、算术平均数

1.算术平均数的定义

算术平均数(arithmetic mean)是所有观测值的总和与所有观测值总个数的比值，算术平均数是最常用的集中量数，一般简称为平均数、均数、均值，可适用于定距数据及以上。

总体的算术平均数，用符号 μ 来表示；样本的算术平均数，用 M 表示，如果是某一个具体的变量(比如变量 X,Y)取值的算术平均数，我们也可用 $\overline{X}$ 或 $\overline{Y}$ 来表示。

2.算术平均数的计算

根据算术平均数的定义，设对某变量 X 进行了多次观测记录，得到 N 个测量值，如果将这 N 个测量值依次计为 $X_1,X_2,\cdots,X_n$，则变量 X 测量值的平均数 $\overline{X}$ 表示为：

$$\overline{X}=\frac{X_1+X_2+\cdots+X_n}{N},\qquad(公式 3\text{-}1)$$

或者简写为

$$\overline{X}=\frac{\sum_{i=1}^{n}X_i}{N}。\qquad(公式 3\text{-}2)$$

算术平均数是一个比较简单却很重要的统计指标，因为它指出了数据中心在数轴上的位置，其计算也比较简单，易学好用。

【例 3-1】　某班 10 位同学参加计算机等级考试，考试成绩依次为 75,72,81,89,91,70,62,78,67,58，请计算这 10 位同学参加计算机等级考试的平均分数。

解　依题意，将所有参加计算机考试的同学得分相加再除以总人数 10 即是平均分数。

$$\overline{X}=\frac{75+72+81+89+91+70+62+78+67+58}{10}$$

$$=\frac{743}{10}$$

$$=74.3。$$

答：该班 10 位同学参加计算机等级考试的平均分数为 74.3。

前面讲到分组次数分布表，编制分组次数表时，次数分布表中的原始数据不复存在了，这也意味着如果采用算术平均数的定义式，无法计算次数分布表的每个数据总和，也无从计算其算术平均数。遇到这种情况，假定次数分布表中各个组内的数据资料都是均匀地分布在组中值的周围，使用各分组区间的组中值来代表落入该区间的各个原始数据。

基于这一假定，设某次数分布表中有 n 个分组，每组的频数依次是 $f_1, f_2, \cdots, f_n$，各组的对应的组中值依次为 $X_1, X_2, \cdots, X_n$，基于算术平均数的定义可知：

$$\overline{X} = \frac{f_1 X_1 + f_2 X_2 + \cdots + f_n X_n}{f_1 + f_2 + \cdots + f_n}, \quad \text{(公式 3-3)}$$

或者简写为

$$\overline{X} = \frac{\sum_{i=1}^{n} f X_i}{N} 。 \quad \text{(公式 3-4)}$$

【例 3-2】 某心理学专业 100 名同学参加英语四级模拟考试，成绩整理成分组次数表 3-1，请根据分组次数分布表来计算这批同学参加模拟考试的平均分数。

表 3-1　某心理学专业同学英语四级模拟考试成绩次数分布表

表述组限	组中值	次数
95～	97	8
90～	92	16
85～	87	11
80～	82	13
75～	77	9
70～	72	8
65～	67	10
60～	62	6
55～	57	4
50～	52	6
45～	47	4
40～	42	5

解 依题意，这是根据分组次数分布表求平均数，由于原始数据已无法获得，因此使用各分组区间组中值作为落入该区间的各个原始数据，假设散布在各区间内的数据围绕着该区间的组中值均匀分布，则：

$$\begin{aligned}\overline{X} &= \frac{f_1X_1+f_2X_2+\cdots+f_nX_n}{f_1+f_2+\cdots+f_n}\\ &= \frac{42\times5+47\times4+\cdots+97\times8}{5+4+\cdots+8}\\ &= \frac{7520}{100}\\ &= 75.2。\end{aligned}$$

答：该心理学专业100名同学参加英语四级模拟考试成绩的算术平均数是75.2。

3.算术平均数的性质

算术平均数是最常用的集中量数，同时也被认为是最优良的集中量数，算术平均数具有如下一些性质，这些都能给研究者的资料分析带来很多便利。

性质一：一组变量值的和等于变量的个数与其平均数的乘积，即$\sum_{i=1}^{n}X_i=N\overline{X}$。

性质二：各观测值与平均数的差叫离均差，简称离差。一组变量值的离均差之和等于零，即$\sum_{i=1}^{n}(X_i-\overline{X})=0$。

性质三：在一组变量值中，每个变量值加上（减去、乘以、除以）常数C，所得的平均数等于原平均数加上（减去、乘以、除以）常数C。

性质四：一组变量值的离均差平方和最小，即$\sum_{i=1}^{n}(X_i-\overline{X})^2$最小。

4.算术平均数的优缺点

算术平均数作为最常用、最优良的集中量数，它具有一些明显的优点。

(1)反应灵敏。根据算术平均数的定义和计算过程，它的大小与数据组中所有的数据都密切相关，数据分布中所发生的任何一个微小变化都会引起算术平均数的改变，也就是说算术平均数能够十分灵敏地反映全体数据的变动。

(2)严格确定。根据算术平均数的定义和计算过程，一组确定的数据的算术平均数是确定的和唯一的。同时，其计算公式简明易懂。

(3)适合进一步的代数运算。这一优点非常重要，这表示只有算术平均数在进一步的推论统计中最为适用，而其他集中量数适用性差或不适用。

(4)受抽样变动的影响较小。如果从某一数据总体中随机抽取多个样本数据，对这些抽取的样本数据也都分别计算算术平均数，我们会发现，不同样本间的样本平均数起伏变化较小，反映出较小的抽样误差。

当然，凡事都要辩证地看，算术平均数的优点之一是对数据变化比较敏感，但有时这恰恰也是它的缺点，容易受极端值的影响而失去代表性和典型性。这些极端值是一组数据中出现的极大值或极小值，这种极值往往导致算术平均数发生较大变动，甚至导致算术平均数明显偏离中心位置。

比如，某小型工厂有 10 名员工，他们的月薪分别为 2000 元、2000 元、2000 元、2000 元、2000 元、2000 元、2000 元、2000 元、2000 元、18000 元，计算这 10 名员工月薪的算术平均数为 3600 元。但我们可以再回顾一下这 10 名员工的月薪，9 位员工的月薪都是 2000 元，高于算术平均数 3600 元的只有 1 位，也就是最高的那一位员工为 18000 元。基于此，我们仔细地思考后甚至可以质疑这个算术平均数的代表性和典型性，因为 18000 这个极端值使得算术平均数发生了很大的波动，很大程度上拉高了算术平均数的值，因此 3600 已不能代表该小型工厂员工收入的中间趋势了。本章开篇讲到的“青歌赛”计分方法事实上也是要在计算算术平均数时尽量克服极端值的影响。

这里有必要再做说明的是，在统计学中，不同质的数据不能求和，也不能计算算术平均数。比如，一个人跑到“新马泰”去旅游，第一天在新加坡花 100 新加坡元，第二天在马来西亚花了 300 令吉，第三天在泰国花 500 泰铢，那我们不能说这位游客这三天平均花费了(100＋300＋500)÷3＝300，这 300 是新加坡元？是令吉？还是泰铢？

二、中位数

1.中位数的定义

中位数(median)又称中点数，简称中数，用符号 M_d 表示，从字面上来看就是中间位置的数，是将一组数据按照大小顺序排列后，位于中间位置的数值。因此，中位数是一组数据的“地理”中心，它将一组数据分为相等的两半，一边是较大的一组数据，一边是较小的一组数据，可适用于定序数据及以上。

理解中位数有两点必须注意：第一，要确定中位数必须首先进行排序，按大小顺序排列是先行条件；第二，中位数可能是出现在数据列中一个实际存在的数，也可能不是在现有数据列中存在的，只是一个潜在数。

2.中位数的计算

第一步：排列数据。将所有数据按照从小到大或从大到小(两者均可，不影响中位数的计算，具体按数字的内涵和统计的要求而定)的顺序排列。

第二步：确定所有数据的奇偶。确定所有的数据共有多少个，是奇数还是偶数，这直接决定中位数的计算。

第三步：确定中位数的位置。如果整个数据的个数 n 是奇数，则第 $\frac{n+1}{2}$ 个数就是中位数；若数据的总个数 n 为偶数，则第 $\frac{n}{2}$ 个数和第 $(\frac{n}{2}+1)$ 个数的中间数（即这两个数据的平均数）作为中位数。

未分组数据计算中位数还要区分中位数附近有没有重复数据的情况，下面我们结合例子来讲解。

（1）中位数附近没有重复数据

【例3-3】 有一组测量数据，依次为6，0，－2，3，7，求这组测量数据的中位数。

解 首先对这组测量数据按照从小到大的顺序排列为－2，0，3，6，7。

确定测量数据的个数，$n=5$，为奇数。

确定中位数的位置，M_d 应为第 $\frac{n+1}{2}$ 个数，即为3。

【例3-4】 有一组测量数据，依次为16，12，20，18，14，15，求这组测量数据的中位数。

解 首先对这组测量数据按照从小到大的顺序排列为12，14，15，16，18，20。

确定测量数据的个数，$n=6$，为偶数。

确定中位数的位置，M_d 应为第 $\frac{n}{2}$ 个数和第 $(\frac{n}{2}+1)$ 个数的中间数。此处第 $\frac{n}{2}$ 个数即第3个数为15，第 $(\frac{n}{2}+1)$ 个数即第4个数为16，所以 $M_d=\frac{15+16}{2}=15.5$。

（2）中位数附近有重复数据

如果中位数附近有重复数据时，需考虑重复数的影响。下面我们同样结合例子来进行讲解。

【例3-5】 有一组测量数据，依次为17，2，3，10，14，4，6，4，9，9，9，15，求这组测量数据的中位数。

解 首先对这组测量数据按照从小到大的顺序排列为2，3，4，4，6，9，9，9，10，14，15，17。

确定测量数据的个数，$n=11$，为奇数。

确定中位数的位置，M_d 应为第 $\frac{n+1}{2}$ 个数，即第6个数。此处第6个数是9，但9有重复，第7个数、第8个数也是9，所以要对9这个重复的数字进行分段确定其精确数限。

9 重复了三次，因而把 9 分为三段，9 表达的实际范围是[8.5,9.5)，将其划分为三段后，第一个 9 的精确数限是[8.5,8.833)，第二个 9 的精确数限是[8.833,9.167)，第三个 9 的精确数限是[9.167,9.5)，见图 3-1。

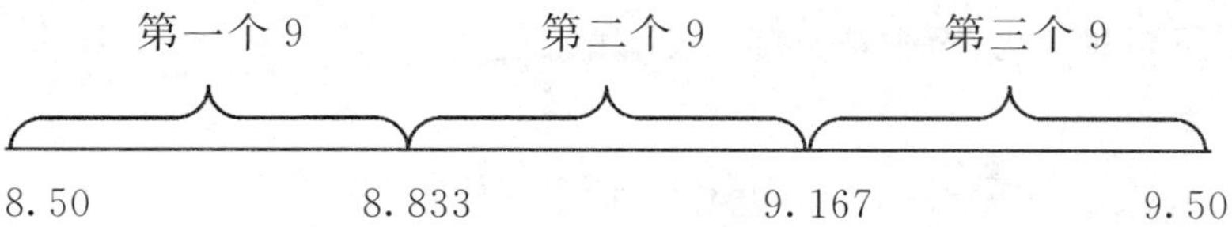

图 3-1　重复数 9 的精确数限

本题中中位数是第 6 个数，也就是第 1 个 9，其精确数限是[8.5,8.833)，因此，$M_d=\frac{8.5+8.833}{2}=8.667$。

【例 3-6】　有一组测量数据，依次为 2,3,7,2,4,3,2,8,7,3，求这组测量数据的中位数。

解　首先对这组测量数据按照从小到大的顺序排列为 2,2,2,3,3,3,4,7,7,8。

确定测量数据的个数，$n=10$，为偶数。

确定中位数的位置，M_d 应为第$\frac{n}{2}$个数和第$(\frac{n}{2}+1)$个数的中间数，即为第 5 个数与第 6 个数的中间数。此处第 5 个数是 3，第 6 个数也是 3，很明显中位数附近有重复，所以要对 3 这个重复的数字进行分段确定其精确数限：3 重复了三次，因而把 3 分为三段，3 表达的实际范围是[2.5,3.5)，将其划分为三段后，第一个 3 的精确数限是[2.5,2.833)，第二个 3 的精确数限是[2.833,3.167)，第三个 3 的精确数限是[3.167,3.5)，见图 3-2。

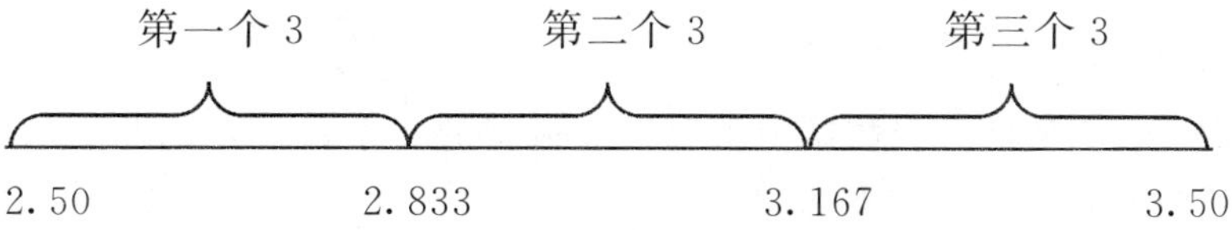

图 3-2　重复数 3 的精确数限

本题中中位数是第 5 个数与第 6 个数的中间数，也就是第二个 3 与第三个 3 的中间数，从图 3-2 观察易知，第二个 3 与第三个 3 的中间数为 3.167。

3.中位数的优缺点与应用

中位数是根据实际观测数据得出来的，概念简单、易算易解，相对于算术平均数来说，中位数不受极大值或极小值的影响，决定中位数数值的只是位于中间位置的一两个数据。如表 3-2 所示，几组观测数据，当我们显著地改变最后一个观测数值的大小，平均数发生了明显变化，而中位数却不受影响。

表 3-2　几组观测数据的平均数与中位数对比表

观测数据	平均数	中位数
3,4,6,7,10	6	6
3,4,6,7,100	24	6
3,4,6,7,1000	204	6

尽管中位数弥补了算术平均数不能计算带有极端值或模糊数据的不足，但中位数也存在着一些缺陷。比如，中位数的计算只涉及中间的少数数据，其他数据的变化对中位数不产生影响，因此中位数反应不够灵敏；另外，中位数的计算不需要每个数据的参加，因此受抽样的影响较大，不如平均数稳定；最后，中位数乘以总数与数据的总和不相等，因此中位数不能进一步再做代数运算。

因此，中位数的应用只有在如下情况下才能替代算术平均数作为集中量数：一是观测数据中有极大值或极小值；二是两端数据或个别数据不清楚；三是数据量较大，计算算术平均数较麻烦，需要快速估计一组数据的集中趋势的代表值时，也常用中位数；四是数据类型为定序数据时，不能计算算术平均数，但将就可以计算中位数。

三、众数

1.众数的定义

众数（mode）是指一群数据中出现次数最多的那个数值，又称范数、密集数，用符号 M_O 表示，可适用于定类数据及以上。

2.众数的确定方法

（1）观察法

对于一群数量较少的原始数据可以根据众数的定义直接采用观察法来确定众数，即以次数最多的数值为众数。比如一组数据的观测值为 2,6,5,5,6,3,4,2,5,9,8，这一组数据中数值 2 出现了两次，数值 6 出现了两次，数值 5 出现了三次，数值 3 出现了一次，数值 4 出现了一次，数值 9 出现了一次，数值 8 出现了一次，据众数的定义，这一组数据的众数是 5，因为 5 出现了 3 次，出现的次数最多。

但值得注意的是，众数有时可能会不止一个，有时却可能没有众数。比如下组数据 2，2，2，3，3，3，4，5，6，7，这里 2 和 3 都是众数，再比如另一组数据 2，3，4，5，6，7，8，9，这一组数据中每一个数据都匀次出现，因此就没有众数了。

(2)计算法

如果有较多的数据时，不能直接观察出众数，这时可采用皮尔逊经验公式来计算众数。

英国统计学家皮尔逊研究了平均数(M)、中位数(M_d)与众数(M_O)之间的关系，发现三者之间的经验关系为：平均数(M)与中位数(M_d)距离占平均数(M)与众数(M_O)距离的三分之一，即：

$$\frac{M-M_d}{M-M_O}=\frac{1}{3},$$

由此我们可以推导出 $M_O=3M_d-2M$。 (公式 3-5)

【例 3-7】 某一组数据，其平均数为 72.61，中位数为 73，试求其众数。

解 $M_O=3\times73-2\times72.61=73.78$。

3.众数的优缺点与应用

众数定义简单明确，计算方便快捷，不受极端数值的影响。这是众数的优点，并且它适用于定类数据。但众数作为一种集中量数，其性能不及算术平均数和中位数优良，众数不适合代数运算，受抽样变动的影响较大。

众数应用的范围不多，一般在需要快速而粗略地估计一组数据的集中趋势时，才会用到众数。另外，当一组数据出现不同质的情况时，也可用众数来表示典型性情况和中心位置，比如本章中讲到的小型工厂月薪数的集中趋势可用众数来考核该工厂收入。

四、平均数、中位数与众数的关系

平均数、中位数、众数都是描述数据集中趋势的统计量，都可用来反映数据的一般水平，也都可用来作为一组数据的典型代表。

尽管如此，平均数、中位数、众数之间仍有区别，主要表现在以下方面。

1.定义不同

平均数：一组数据的总和除以这组数据的个数所得到的商叫这组数据的平均数。

中位数：将一组数据按大小顺序排列，处在最中间位置的一个数叫作这组数据的中位数。

众数:在一组数据中出现次数最多的数叫作这组数据的众数。

2.求法不同

平均数:用所有数据相加的总和除以数据的个数,需要计算才求得出。

中位数:将数据按照从小到大或从大到小的顺序排列,如果数据个数是奇数,则处于最中间位置的数就是这组数据的中位数;如果数据的个数是偶数,则中间两个数据的平均数是这组数据的中位数;它的求出不需或只需简单地计算。

众数:一组数据中出现次数最多的那个数,不必计算就可求出。

3.个数不同

在一组数据中,平均数和中位数都具有唯一性,但众数有时不具有唯一性。在一组数据中,可能不止一个众数,也可能没有众数。

4.呈现不同

平均数:是一个"虚拟"的数,是通过计算得到的,它不是数据中的原始数据。

中位数:是一个不完全"虚拟"的数,当一组数据有奇数个时,它就是该组数据排序后最中间的那个数据,是这组数据中真实存在的一个数据;但在数据个数为偶数的情况下,中位数是最中间两个数据的平均数,它不一定与这组数据中的某个数据相等,此时的中位数就是一个虚拟的数。

众数:是一组数据中的原数据,它是真实存在的。

5.代表不同

平均数:反映了一组数据的平均大小,常用来代表数据的总体"平均水平"。

中位数:像一条分界线,将数据分成前半部分和后半部分,因此用来代表一组数据的"中等水平"。

众数:反映了出现次数最多的数据,用来代表一组数据的"多数水平"。

6.特点不同

平均数:与每一个数据都有关,其中任何数据的变动都会相应引起平均数的变动。主要缺点是易受极端值的影响。这里的极端值是指偏大数或偏小数,当出现偏大数时,平均数将会被抬高;当出现偏小数时,平均数会降低。

中位数:与数据的排列位置有关,某些数据的变动对它没有影响,它是一组数据中间位置上的代表值,不受数据极端值的影响。

众数:与数据出现的次数有关,着眼于对各数据出现的频率的考察,其大小只与这组数据中的部分数据有关,不受极端值的影响;其缺点是具有不唯一性,一组数据中可能会有一个众数,也可能会有多个或没有。

(7)作用不同

平均数:是统计中最常用的数据代表值,比较可靠和稳定,因为它与每一个数据都有关,反映出来的信息最充分。平均数既可以描述一组数据本身的整体平均情况,也可以用来作为不同组数据比较的一个标准。因此,它在生活中应用最广泛,比如我们经常所说的平均成绩、平均身高、平均体重等。

中位数:作为一组数据的代表,可靠性比较差,因为它只利用了部分数据。但当一组数据的个别数据偏大或偏小时,用中位数来描述该组数据的集中趋势就比较合适。

众数:作为一组数据的代表,可靠性也比较差,因为它也只利用了部分数据。在一组数据中,如果个别数据有很大的变动,且某个数据出现的次数最多,此时用该数据(即众数)表示这组数据的集中趋势就比较适合。

五、加权平均数

加权平均数强调权重。权重或权数,是指各变量在构成总体中的相对重要性。加权平均数常用于计算总平均数。加权平均数用符号 M_W 表示:

$$M_W=\frac{W_1X_1+W_2X_2+\cdots+W_nX_n}{W_1+W_2+\cdots+W_n}。\qquad（公式 3-7）$$

在教育科学研究中,我们从不同的样本获得不同数量的数据,每个样本的算术平均数已调查得知,这时如要计算总平均数,则需要使用加权平均数。

【例 3-8】 某系二年级五个班的同学进行“公共心理学”课程期末统考,一班有 34 人,测验的平均分为 76 分;二班有 29 人,测验的平均分为 79 分;三班有 36 人,测验的平均分为 70 分;四班有 30 人,测验的平均分为 71 分;五班有 32 人,测验的平均分为 72 分。该年级同学“公共心理学”课程期末统考的平均成绩是多少?

解 这是已知各样本平均数,求总体平均数。使用加权平均数的公式来计算。

$$\begin{aligned}M_W&=\frac{W_1X_1+W_2X_2+\cdots+W_nX_n}{W_1+W_2+\cdots+W_n}\\&=\frac{34\times76+29\times79+36\times70+30\times71+32\times72}{34+29+36+30+32}\\&\approx73.47。\end{aligned}$$

答:该年级同学“公共心理学”课程期末统考的平均成绩为 73.47。

在这里我们切忌直接将几个样本的平均数直接相加,然后除以样本数,这样也会从结果上算出一个数字,但它忽视了班级人数对各个样本平均数的加权。如果各个样本的人数都一样,这个方法会碰巧得到相同的数字结果。

六、几何平均数

如果一组实验数据有一些偏大或偏小，数据的分布呈偏态，算术平均数不能很好地反映这组数据的集中趋势，或者数据间变异较大，可能以时间先后按一定比例增加或减小，这时就应该计算几何平均数。平均数用符号 M_G 表示。几何平均数常用于求平均增长率。

几何平均数是 n 个数字连乘积的 N 次方根。

$$M_G=\sqrt[N]{X_1X_2\cdots X_n}\text{。} \qquad \text{（公式 3-8）}$$

【例 3-9】 某县由于近年经济社会发展，教师数量逐年增加，2013 年增加了 4.3%，2014 年增加了 4.7%，2015 年增加了 4.8%，2016 年增加了 5.1%，2017 年增加了 5.6%。问五年来该县教师的平均增长率是多少？

解 依几何平均数的计算公式，将每一年的增长率连乘然后再开方即可，

$$\begin{aligned}M_G&=\sqrt[N]{X_1X_2\cdots X_n}\\&=\sqrt[5]{104.3\%\times104.7\%\times104.8\%\times105.1\%\times105.6\%}\\&\approx104.89\%\text{。}\end{aligned}$$

答：五年来该县教师的平均增长率是 104.89%。

【例 3-10】 某学院实行院系两级管理，2008 年办公经费为 20 万元，2009 年办公经费为 24 万元，2010 年办公经费为 27 万元，2011 年办公经费为 30 万元，2012 年办公经费为 32 万元。问该学院办公经费的年平均增长率是多少？

解 求年平均增长率，依几何平均数的内涵，将每一年的增长率连乘，然后再开方即可。如 2009 年比 2008 年的增长率为 $\frac{24}{20}\times100\%$，依次将历年的年增长率计算出来，最后开方。

$$\begin{aligned}M_G&=\sqrt[4]{\frac{X_2}{X_1}\times\frac{X_3}{X_2}\times\frac{X_4}{X_3}\times\frac{X_5}{X_4}}\times100\%=\sqrt[4]{\frac{X_5}{X_1}}\times100\%\\&=\sqrt[4]{\frac{32}{20}}\times100\%\\&\approx112.47\%\text{。}\end{aligned}$$

答：该学院办公经费的年平均增长率是 112.46%。

七、调和平均数

调和平均数用符号 M_H 表示，在计算中先将各个数据取倒数的平均数，然后再取

倒数，故又称倒数平均数。

$$M_H = \frac{1}{\frac{1}{n}(\frac{1}{X_1} + \frac{1}{X_2} + \cdots + \frac{1}{X_n})} \quad \text{（公式 3-9）}$$

调和平均数一般用于求平均速度，在教育研究设计中，通常有两种情况：一是规定学习的工作量，记录被试完成相同学习工作量所用的时间；二是规定单位学习时间，记录被试在规定的相同时间内所完成的工作量。要求上述两种情况的平均速度，就需要使用调和平均数。

【例 3-11】 有 3 名同学参加一项英语单词记忆实验，其结果如表 3-3，试求平均记忆速度。

表 3-3　3 名同学参加英语单词记忆实验统计表

被试编号	时间/h	单词记忆量/个	单位时间记忆量/个 · h^{-1}
1	2	80	40
2	2	40	20
3	2	50	25

解　先求出单位时间的记忆量(X)，然后再将其代入调和平均数公式计算：

$$M_H = \frac{1}{\frac{1}{3}(\frac{1}{40} + \frac{1}{20} + \frac{1}{25})} = 26.09。$$

答：这 3 名同学的平均记忆速度为 26.09 个/h。

这是一个学习任务所用时间相同而学习工作量不同，求平均速度的案例，接下来我们再看一个工作量相同而所用时间不同，求平均速度的案例。

【例 3-12】 有 5 名同学参加一项学科基本能力测试，完成这项测试分别花费了 1 h、0.8 h、1.2 h、1.4 h、1.1 h、1.3 h，其结果如下表，试求平均完成时间。

解　先求出单位时间的工作量(X_i)，然后再将其代入调和平均数公式计算：

$$M_H = \frac{1}{\frac{1}{5}(\frac{1}{1} + \frac{1}{0.8} + \frac{1}{1.2} + \frac{1}{1.4} + \frac{1}{1.3})} \approx 1.10。$$

答：这 5 名同学完成此项学科基本能力测试的平均完成时间为 1.10 h。

第二节　常用差异量数

一、两极差

1.两极差的界定

两极差，从字面意思来理解，就是两个极值的差，即一组数据中的极大值与极小值的差。一组数据的极大值与极小值相减，所得正是一组数据的最大距离，所以两极差也称为全距。

两极差是说明数据离散程度最简单的统计量。我们经常在现实生活中会不自觉地运用两极差。比如一次考试结束，老师通常会向同学们这样来介绍考试成绩："我们这次考试考得不太理想，而且两极分化严重，最高分 89 分，最低分 39 分，最高分与最低分相差 50 分。"50 分就是这次测验成绩的两极差。

两极差或者全距，用符号 R 来表示，取英文 Range 的首字母。

2.两极差的计算

根据两极差的定义，设对某变量 X 进行了多次观测记录，得到 N 个测量值，如果将这 N 个测量值依次计为 $X_1, X_2, X_3, \cdots, X_n$，在变量 X 测量值中找出最大值 X_{max}，最小值 X_{min}，则两极差的计算式为：

$$R = X_{max} - X_{min}。 \quad \text{（公式 3-10）}$$

【例 3-13】 某学前教育班 10 位同学参加计算机等级考试，考试成绩依次为 75，72，81，89，91，70，62，78，67，58，请计算这 10 位同学参加计算机等级考试成绩的两极差。

解　依题意，找出这 10 位同学此次计算机考试的最高分 91，再找出此次这 10 位同学此次计算机考试的最低分 62，用最高分减去最低分即是两极差。

$R = X_{max} - X_{min} = 91 - 62 = 29$。

答：学前教育班 10 位同学参加计算机等级考试的两极差为 29。

两极差计算简单，易学好用，是最简单的离散趋势计算指标。但简单也决定了其"简陋"，因为两极差只由一组数据的极大值与极小值来决定，所以很不稳定，如果某一方向的极值有变化，两极差也随之改变。

二、平均差

1.平均差的定义

为了寻找描述一组数据离散程度的合理指标，我们借助于平均数和绝对值来探寻。一个数据与平均数的距离称为离均差,简称离差。但一组数据中,必然是一部分数据大于平均数,而一部分数据小于平均数,算术平均数的性质告诉我们所有离均差之和为0,正离差和负离差最终会全部抵消。一个数据偏离算术平均数的距离,如果取其绝对值就可以去掉离差的正负号,将其偏离平均数的距离保留下来。

平均差(average deviation)是次数分布中所有原始数据与平均数绝对离差的平均值。用符号 AD 表示。

2.平均差的计算

依定义,平均差的计算公式为

$$AD=\frac{1}{n}\times\sum_{i=1}^{n}|X_i-\overline{X}|。\qquad (公式 3\text{-}11)$$

【例 3-14】 某学前教育班 10 位同学参加计算机等级考试,考试成绩依次为 75,72,81,89,91,70,62,78,67,58,请计算这 10 位同学参加计算机等级考试的平均差。

解:首先算出这 10 位同学此次考试成绩的算术平均数为 74.3。

$$AD=\frac{1}{n}\times\sum_{i=1}^{n}|X_i-\overline{X}|$$

$$=\frac{0.7+2.3+6.7+14.7+16.7+4.3+12.3+3.7+7.3+16.3}{10}$$

$$=\frac{85}{10}=8.5。$$

答:这 10 位同学参加计算机等级考试的平均差为 8.5。

平均差使一组数据中的每一个数据都参与了运算,其计算也比较简单明确,这是它的优点,但是由于它在运算过程中取了绝对值,这限制了其进一步的统计运算与分析。

三、百分位差和四分位差

1.百分位差的定义

要理解百分位差,先要了解百分位数(percentile),百分位数属于位置量数,它是指量尺上的一个点,在此点以下,包括数据分布中全部数据个数的一定百分比。第 P 百分位数就是指位于 $p\%$ 位置的实际数据,其值以下包括分布中全部数据的 $p\%$,记为 P_p。

百分位差表示某两个百分位数之间差异程度的指标。常用的百分位差如 $P_{93}-P_7$,$P_{90}-P_{10}$。

2.四分位差的定义

四分位差(quartile deviation),也可视为百分位差的一种,它是将总体各单位标示值按大小顺序排列后,利用上四分位数(即位于 75%位次,P_{75})的标志值与下四分位数(即位于 25%位次,P_{25})的标志值之差计算,通常用符号 Q 来表示。

3.四分位差的计算

很显然,四分位差的计算离不开 P_{25} 和 P_{75} 这两个百分位数,依四分位差的定义,

$$Q=\frac{P_{75}-P_{25}}{2}\text{。} \quad \text{(公式 3-12)}$$

这里如果再加上一个 P_{50},也就是中位数,P_{25},P_{50} 和 P_{75} 这三个点值就把整个数据的次数分布划分为四部分,这些数称为四分位数或者四分值。由于 P_{25} 之下占有总次数的四分之一,P_{25} 被称为第一四分位(Q_1),P_{50} 被称为第二四分位(Q_2),P_{75} 被称为第三四分位(Q_3)。

四、方差与标准差

1.方差与标准差的定义

某体育班有甲乙两个训练小组,某学期综合训练成绩分别如下:甲组 8 位同学成绩是 8,9,10,13,13,14,14,15;乙组 8 位同学成绩是 3,5,5,7,9,13,21,33。甲乙两个训练小组综合训练成绩的平均数都是 12,但两个小组的成绩数据分布不大一样。尽管平均指标相同,却无法说它们的分布相同,因为它们的差异情况大不相同。

以两列数据的平均数作为比较标准,看每个数据(X_i)与其平均数($\overline{X}$)的差距大小($X_i-\overline{X}$),即每个数据离均差的大小。但一组数据离均差的平均和为零,因此,除了如标准差取绝对值来表示离散程度之外,还可以对每个离均差进行平方,即$(X_i-\overline{X})^2$,其大小与离散程度呈正比,所以也可以用于估计离散程度的大小,再求离均差平方的算术平均数,即为方差

$$S^2=\frac{\sum_{i=1}^{n}(X_i-\overline{X})^2}{n}\text{。} \quad \text{(公式 3-13)}$$

方差是离均差平方的算术平均数,表示一列数据平均差距的平方,其样本方差用符号 S^2 表示、总体方差用符号 σ^2 表示。标准差就是方差的算术平方根,表示一列数据的平均差距。样本标准差用符号 S 或 SD 表示、总体标准差则用符号 σ 表示。

$$S=\sqrt{\frac{\sum_{i=1}^{n}(X_i-\overline{X})^2}{n}}\text{。} \quad \text{(公式 3-14)}$$

表 3-4　方差的含义与计算表

编号	甲组	离均差 $(X_i-\overline{X})$		离差平方 $(X_i-\overline{X})^2$	乙组	离均差 $(X_i-\overline{X})$		离差平方 $(X_i-\overline{X})^2$
1	8	-4		16	3	-9		81
2	9	-3	-9	9	5	-7		49
3	10	-2		4	5	-7	-31	49
4	13	1		1	7	-5		25
5	13	1		1	9	-3		9
6	14	2	9	4	13	1		1
7	14	2		4	21	9	31	81
8	15	3		9	33	21		441
$\sum$	96	0		48	96	0		736

以表 3-4 的结果代入标准差公式，可得

$$S_{甲}=\sqrt{\frac{\sum_{i=1}^{n}(X_i-\overline{X})^2}{n}}=\sqrt{\frac{48}{8}}=\sqrt{6}\approx 2.45。$$

2.方差和标准差的计算方法

(1)方差和标准差计算的定义式

定义式是基于方差与标准差的定义来确定的计算公式。

方差的定义式：$S^2=\frac{\sum_{i=1}^{n}(X_i-\overline{X})^2}{n}$。

标准差的定义式：$S=\sqrt{\frac{\sum_{i=1}^{n}(X_i-\overline{X})^2}{n}}$。

(2)方差和标准差计算的计算式

计算式是基于原始数据来考虑如何便捷地计算方差与标准差。

方差的计算式：$S^2=\frac{\sum_{i=1}^{n}X_i^2-(\sum_{i=1}^{n}X_i)^2/n}{n}=\frac{\sum_{i=1}^{n}X_i^2}{n}-\left(\frac{\sum_{i=1}^{n}X_i}{n}\right)^2$。

标准差的计算式：$S=\sqrt{\frac{\sum_{i=1}^{n}X_i^2-(\sum_{i=1}^{n}X_i)^2/n}{n}}=\sqrt{\frac{\sum_{i=1}^{n}X_i^2}{n}-\left(\frac{\sum_{i=1}^{n}X_i}{n}\right)^2}$。

表 3-5　方差与标准差的计算表

编号	甲组 X_i	观测值的平方 X_i^2	乙组 X_i	观测值的平方 X_i^2
1	8	64	3	9
2	9	81	5	25
3	10	100	5	25
4	13	169	7	49
5	13	169	9	81
6	14	196	13	169
7	14	196	21	441
8	15	225	33	1089
$\sum$	96	1200	96	1888

计算步骤：

(1)求原始数据的和，即$\sum_{i=1}^{n}X_i$，见表 3-5 的第 2 栏和第 4 栏。

(2)求每一数据(X_i)的平方，并求其平方和($\sum_{i=1}^{n}X_i^2$)，见表 3-5 的第 3 栏和第 5 栏。

(3)代入方差和标准差的公式，计算结果。

方差：

$$S_{甲}^2=\frac{\sum_{i=1}^{n}X_i^2-(\sum_{i=1}^{n}X_i)^2/n}{n}=\frac{1200-(96)^2/8}{8}=\frac{48}{8}=6。$$

$$S_{乙}^2=\frac{\sum_{i=1}^{n}X_i^2-(\sum_{i=1}^{n}X_i)^2/n}{n}=\frac{1888-(96)^2/8}{8}=\frac{736}{8}=92。$$

标准差：

$$S_{甲}=\sqrt{\frac{\sum_{i=1}^{n}X_i^2-(\sum_{i=1}^{n}X_i)^2/n}{n}}=\sqrt{\frac{1200-(96)^2/8}{8}}=\sqrt{6}\approx2.45。$$

$$S_{乙}=\sqrt{\frac{\sum_{i=1}^{n}X_i^2-(\sum_{i=1}^{n}X_i)^2/n}{n}}=\sqrt{\frac{1888-(96)^2/8}{8}}=\sqrt{92}\approx9.59。$$

(3)方差与标准差的合成

方差具有可加性，在已知几个小组的方差或标准差的情况下，可以计算出几个小组联合在一起的总方差或总标准差。比如先了解各班学生情况，然后再了解年级的整体情况，或者先了解各院系情况，然后再了解全校总体情况。在教育与心理的科研过程中，经常合成各实验点的资料，但方差、标准差的合成一定要遵守一个前提条件，即必须是同质数据才能合成，需要待合成的数据采用的是同一种观测手段，测量的是同一个特质。

方差的合成公式：

$$S_t^2=\frac{\sum n(S^2+df^2)}{\sum n}。$$

标准差的合成公式：

$$S_t=\sqrt{\frac{\sum n(S^2+df^2)}{\sum n}},df=\overline{X}-\overline{X}_t。$$

【例 3-18】 有四个学习小组参加英语竞赛，经初步统计四个学习小组竞赛成绩统计量如表 3-6 所示，试问其总平均数和总标准差是多少？

表 3-6　四个学习小组英语竞赛成绩统计量

学习小组	人数 (n)	平均数 ($\overline{X}$)	标准差 (S)	$df=\overline{X}-\overline{X}_t$	$df^2=(\overline{X}-\overline{X}_t)^2$
A	20	80	8	6	36
B	18	75	7	1	1
C	16	70	8	-4	16
D	20	70	6	-4	16
$\sum$	74	—	—	—	—

分析过程：

(1)求总平均数。

$$\overline{X}=\frac{\sum n\overline{X}}{\sum n}=\frac{20\times80+18\times75+16\times70+20\times70}{20+18+16+20}=\frac{5470}{74}\approx74。$$

(2)求离差 d 和离差的平方 d^2。

(3)代入公式，计算结果。

$$S_t=\sqrt{\frac{\sum n(S^2+d^2)}{\sum n}}$$

$$=\sqrt{\frac{20\times(8^2+6^2)+18\times(7^2+1^2)+16\times[8^2+(-4)^2]+20\times[6^2+(-4)^2]}{20+18+16+20}}$$

$$=\sqrt{\frac{5220}{74}}\approx8.40。$$

答：这四个学习小组的总平均数为 74，总标准差为 8.40。

第三节 标准分数

一、标准分数

标准分数(standard score),又称基分数或 Z 分数,通常用 Z 表示。是以标准差为单位表示一个原始分数在团体中所处位置的相对位置量数。它体现的是该原始分数离平均数有多远,即表示原始分数在平均数以上或以下几个标准差的位置,从而明确该分数在团体中的相对位置的量数。

二、标准分数的公式与计算

$$Z=\frac{X-\overline{X}}{S}。$$

式中:X 表示原始分数;$\overline{X}$ 表示一组数据的平均数;S 表示一组数据的标准差。

从其计算公式可以明确标准分数的意义,它是一个原始分数与平均数之差除以标准差所得的商,它无实际单位,与原始分数和平均数的距离 $X-\overline{X}$ 成正比,与该组分数的标准差成反比。如果一个数小于平均数,其值就为负数;如果一个数大于平均数,其值为正数;如果一个数的值等于平均数,其值为零。可见标准分数可以表示原始分数在该组数据中所处的位置,故标准分数又称为相对位置量数。当一组数据的原始分数转化为标准分数后,只需要看标准分数数值的正负号,就可以立即判断每一个原始分数的相对地位。Z 分数表示其原始分数在以平均数为中心时的相对位置,这比使用平均数和原始分数表达了更多的信息。

【例 3-19】 某班期末考试语文成绩平均分为 75,标准差为 85,甲同学得分为 92,乙同学得分为 70,问甲、乙两位同学的标准分数各是多少?

解 依标准分数的公式计算如下:

$$Z_{甲}=\frac{X-\overline{X}}{S}=\frac{92-75}{85}=0.2。$$

$$Z_{乙}=\frac{X-\overline{X}}{S}=\frac{70-75}{85}=-0.059。$$

答:甲、乙两位同学在这次语文考试中的标准分数分别是 0.2 和 -0.059。

第四节　集中量数和差异量数在 SPSS 中的实现

一、集中量数在 SPSS 中的实现

算术平均数、中位数和众数在 SPSS 软件中都可以快捷地获得。集中量数在 SPSS 软件中的实现，有两条路径：一条是通过“Analyze”菜单下面“Descriptive Statistics”的“Frequencies”对话框，另一条是通过“Analyze”菜单下面“Descriptive Statistics”的“Descriptives”对话框。下面我们结合一个案例来讲解集中量数在 SPSS 软件中的实现过程。

1.原始数据的集中量数在 SPSS 中的实现

有一组测量分数 56，45，67，61，63，67，70，71，72，76，54，62，在 SPSS 软件中建立变量“分数”，依次录入数据后。打开“Analyze”菜单下面“Descriptive Statistics”的“Frequencies”对话框。勾选其中的“Mean”“Median”和“Mode”，点击“OK”，即可生成结果（见图 3-3）。

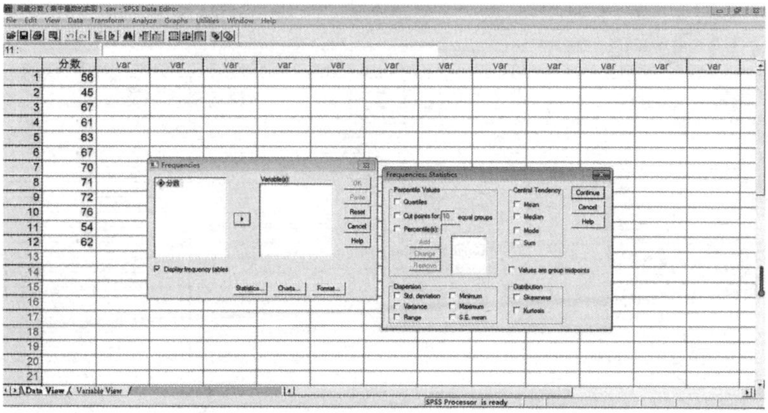

图 3-3　集中量数实现过程示范截图 1

另一条途径是打开“Analyze”菜单下面“Descriptive Statistics”的“Descriptives”对话框（见图 3-4）。不过此路径只能够提供算术平均数及求总和，中位数和众数不能在此提供。

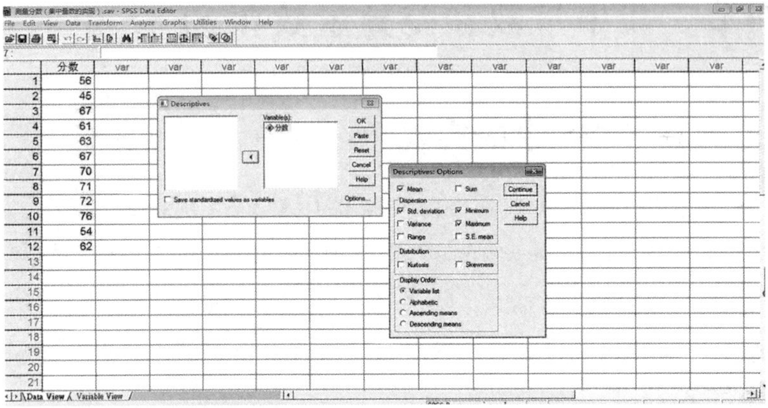

图 3-4　集中量数实现过程示范截图 2

2.次数分布表求算术平均数在 SPSS 中的实现

次数分布表求算术平均数，因为已经没有原始数据了，只能以各分组的组中值作为这一组数据的代表值，以各组的频数对组中值进行加权，最后再按照求集中量数的路径点击实现算术平均数(见图 3-5)。

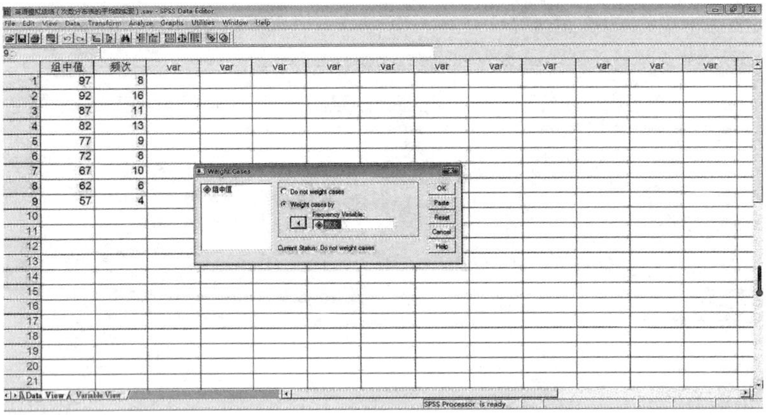

图 3-5　次数分布表求算术平均数实现过程示范 1

对加权后的组中值求算术平均数，点击“OK”，生成结果(见图 3-6)。

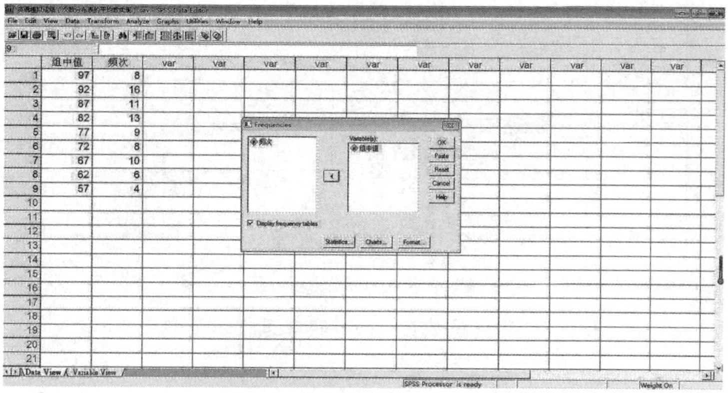

图 3-6　次数分布表求算术平均数实现过程示范 2

二、差异量数在 SPSS 中的实现

两极差、百分位差、标准差、方差、标准分数在 SPSS 软件中都可以快捷地获得。差异量数在 SPSS 软件中的实现，有两条路径，一条是通过“Analyze”菜单下面“Descriptive Statistics”的“Frequencies”对话框，另一条是通过“Analyze”菜单下面“Descriptive Statistics”的“Descriptives”。下面我们结合一个案例来讲解差异量数在 SPSS 软件中的实现过程。

比如有一组测量分数 56，45，67，61，63，67，70，71，72，76，54，62，要求其两极差、标准差、方差、四分位差、百分位差。

首先在 SPSS 软件中建立变量“分数”，依次录入数据后。打开“Analyze”菜单下面“Descriptive Statistics”的“Frequencies”对话框。点击右方“Statistics”，在“Dispersion”下勾选“Std. deviation”“Variance”“Range”，标准差、方差、两极差即可直接获得。四分位差和百分位差要先行求 P_{25}，P_{75}，P_{10}，P_{90} 这四个百分位数，点击“Statistics”，在“Percentile Values”下进行选择，P_{25}，P_{75} 勾选“Quartiles”即可直接获得，P_{10} 和 P_{90} 可以通过勾选“Percentile(s)”后在空白框内键入“10”后点击“Add”键，这样可获得 P_{10}，同样的方法可得到 P_{90}。

点击“OK”，即可生成结果(图 3-7)。

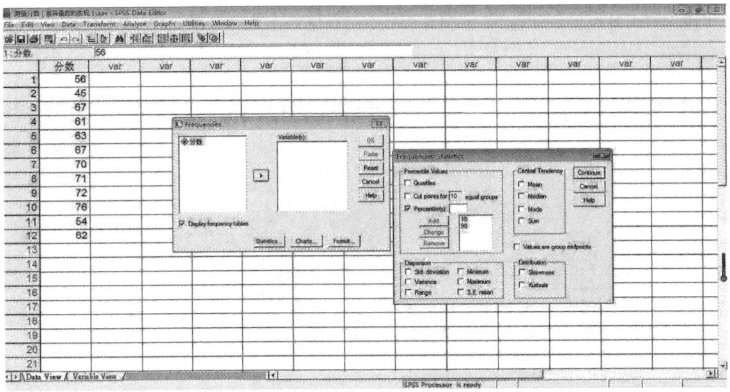

图 3-7　差异量数在 SPSS 实现过程示范截图 1

另一条途径是打开"Analyze"菜单下面"Descriptive Statistics"的"Descriptives"对话框。点击右边"Options",选择需要输出的值,点击"OK"生成结果(图 3-8)。

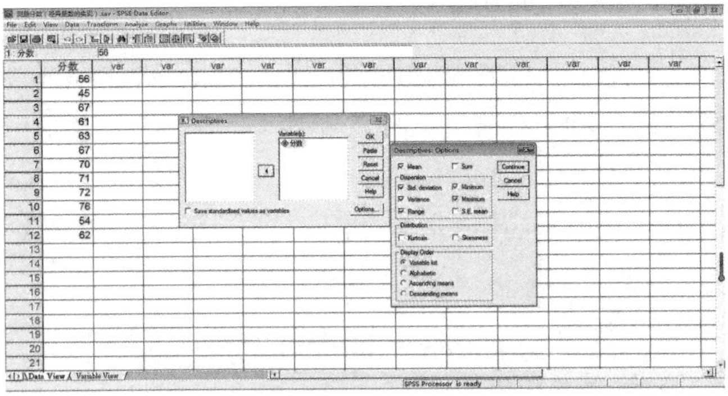

图 3-8　差异量数实现过程示范截图 2

不过此路径只能计算标准差、方差和两极差的数值,百分位差和四分位差只能通过第一条途径去实现。

三、标准分数在 SPSS 中的实现

同样还是这一组测量分数:56,45,67,61,63,67,70,71,72,76,54,62,要求计算其标准分数。

同样在 SPSS 软件中建立变量"分数",依次录入数据后,打开"Analyze"菜单下面"Descriptive Statistics"的"Descriptives"对话框,勾选"Save standardized values as variables",并将变量"分数"从源变量区移至操作变量区(图 3-9)。

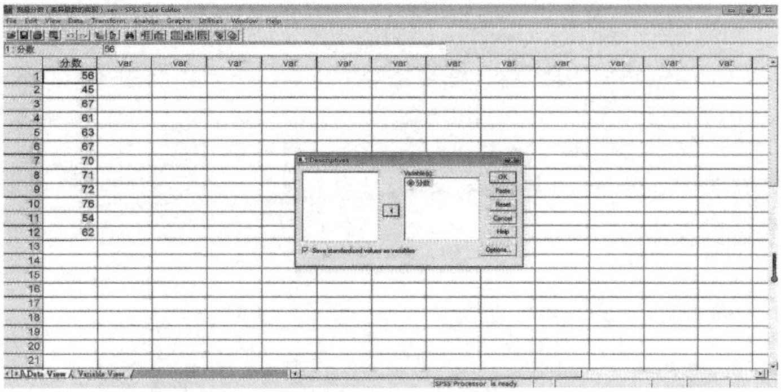

图 3-9 标准分数实现过程示范截图 1

点击“OK”，生成结果（图 3-10）。

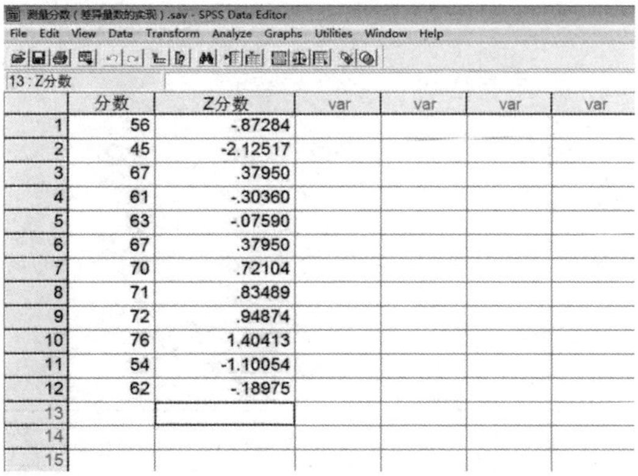

测量分数（差异量数的实现）.sav - SPSS Data Editor

File Edit View Data Transform Analyze Graphs Utilities Window Help

13 : Z分数

	分数	Z分数	var	var	var	var
1	56	-.87284				
2	45	-2.12517				
3	67	.37950				
4	61	-.30360				
5	63	-.07590				
6	67	.37950				
7	70	.72104				
8	71	.83489				
9	72	.94874				
10	76	1.40413				
11	54	-1.10054				
12	62	-.18975				
13						
14						
15						

图 3-10 标准分数在 SPSS 实现过程示范截图 2

本章小结

要了解一组数据的分布情况，需要综合考虑集中趋势和离中趋势两方面才能完整地了解一组数据的全貌。本章主要介绍的就是用于表示集中趋势的特征指标——集中量数，用于表示离中趋势的特征指标——差异量数。

(1)常用的集中量数主要有(算术)平均数、中位数、众数。其中，针对定距数据，平均数是集中量数中性能最好的一个统计量，具有优秀统计量的所有特点。

(2)常用的差异量数主要有两极差、平均差、百分位差、四分位差、方差和标准差。

其中，针对定距数据，方差和标准差是差异量数中性能最好的一个统计量，具有优秀统计量的所有特点。

(3)标准分数(即 Z 分数)是以标准差为单位表示一个原始分数在团体中所处位置的相对位置量数。

(4)平均数、中位数、众数、两极差、百分位数、四分位数、方差、标准差、Z 分数均可以由 SPSS 软件进行运算得到。

思考与练习题

1.试比较算术平均数、中位数和众数这三个集中量数。

2.对于下列数据，使用何种集中量数表示其集中趋势更好？并计算相应的值。

(1)2,3,4,5,6,7;

(2)2,3,4,5,6,27;

(3)2,3,4,3,6,3。

3.求下列两组原始数据的中位数。

(1)5,2,5,0,5,10,6,8;

(2)10,2,4,8,5,6,5。

4.表 3-7 是一个次数分布表，请求其平均数。

表 3-7　次数分布表

表述组限	次数
85～	11
80～	13
75～	9
70～	8
65～	10
60～	6
55～	4
50～	6
45～	4

5.某市五所中学高考成绩如表 3-8 所示，求该市今年高考的总平均分。

表 3-8 某市五所中学高考成绩

	一中	二中	三中	四中	五中
$\overline{X}$	525	510	540	515	503
N	2324	3210	2743	1986	1786

6.某高校自 2015 年实行一年级教学工作部，来强化学生的英语学习能力和四级通过率，2015 年四级通过率为 78.2%，2016 年四级通过率为 81.5%，2017 年四级通过率为 83.3%，2018 年四级通过率为 85.4%。该校实行一年级教学工作部以来，四级通过的平均增长率是多少？

7.有一位同学 15 min 学会了 30 个单词，后 10 min 学会的新单词也是 30 个。求该同学学习英语单词的平均速度。

8.度量离中趋势有哪些主要的差异量数？

9.有一组测量数据：10，2，4，8，5，6，5，17，12，11，7，试求这一组测量数据的两极差和平均差。

10.计算下列数据的标准差和方差。

5，2，5，0，5，10，6，8，7，11，4。

11.请使用 SPSS 软件练习计算算术平均数、中位数、众数、两极差、百分位差、四分位差、标准差。

第四章　概率分布

心理与教育研究，经常是从关于总体的问题开始的，但是实际的研究经常是通过样本进行的，推论统计的作用是以样本数据为基础来回答关于总体的问题。为了达到这个目的，推断的过程主要是基于概率的理论。而且，样本和总体的关系经常用概率来定义。本章将主要介绍概率与概率分布的基础知识。

第一节　概率基础

一、随机事件和随机变量

在自然界与社会生活中存在着各种随机现象，比如：投一枚硬币，可能正面朝上，也可能正面朝下；投一枚骰子可能出现1点，也可能出现另外2～6点当中的任何一种；明天的天气可能下雨，也可能不下雨。上述这些现象具有三个共同的特征：第一，一次试验有多种可能结果，所有可能结果是已知的；第二，试验之前不能预料哪一种结果会出现；第三，在相同的条件下可以重复试验。具有这样三个特性的现象就是随机现象。随机现象的每一种结果称作随机事件。这些随机事件在一次试验中可能出现，也可能不出现，而在大量重复试验中，它们的发生却具有一定的规律性。比如，抛硬币正面向上称为随机事件A，反面朝上称为随机事件B。在抛一枚硬币时，随机事件A可能发生，也可能不发生，但如果抛投多次，随机事件A的发生就会具有某种规律性，即它发生的可能性接近$\frac{1}{2}$。

在相同条件下进行的实验或观察，其可能结果不止一个，事先无法确定，这类现象称为随机现象。表示随机现象的各种结果的变量称为随机变量，随机现象的各种结果总是可以用一定的数量来表现，而且表现为实验结果数值的不确定性，因而称为变量。这种变量受随机因素的影响，呈现随机变化，具有偶然性，但也具有规律性。通过大量的实验或观察，这种规律性可以被揭示出来。随机现象的这种规律性通过其概率及其分布来表示。

二、概率

我们不仅关心一个随机现象有哪些可能的结果，更重要的是要知道每一个结果出现的可能性有多大。为了度量随机事件发生的可能性大小，我们使用了概率这一概念。概率的定义有两种，一种是古典概率，一种是统计概率。

（一）古典概率

古典概率的定义：如果某随机现象包含的基本事件的个数为n，且每个事件发生的基本可能性相同，随机事件A包含有m个基本事件，则随机事件A发生的概率表示为：

$$p = P(A) = \frac{m}{n}$$ 。（公式 4-1）

例如，从 54 张扑克牌中抽取一张牌，每张出现的可能性相等，故每张牌出现的概率为$\frac{1}{54}$，如果将事件 A 规定为红桃，则事件 A 由 13 个基本事件组成，$m=13$，$n=54$，这时红桃出现的概率为 $P(A)=\frac{13}{54}\approx 0.241$。又例如，从一个有 30 名男生、50 名女生的班级里，随机抽取男生的概率为$\frac{30}{80}=0.375$。

概率的古典定义要求实验满足以下两个条件：

(1)每次实验的每一种可能结果(称为基本事件)是有限的。

(2)每一个基本事件出现的可能性相等，如果基本事件的总数为 n，事件 A 包括 m 个基本事件，则事件 A 的概率为 m 与 n 的比值。

古典概率的特点：在事先就已经知道有关事件出现的事实，在实验或研究之前，我们就能决定事件发生的概率，它是真实的概率而不是估计值，故又称这种概率为先验概率。

(二)统计概率

统计概率，是指在对随机事件进行 n 次观测时，其中某一事件 A 出现的次数 m 与 n 的比值。当 $n\to\infty$时，这一比值稳定在一个常数 P 上，这一常数称作统计概率，记为 $P(A)$：

$$P(A)=\lim_{n\to\infty}\frac{m}{n}$$（公式 4-2）

它作为随机事件出现可能性大小的客观指标。当观测次数 n 无限增大，计算出的概率估计值越接近真实的概率值。因为这种概率是由事件 A 出现的次数决定的，因此又称为后验概率。

例如，当投掷一枚硬币多次，正面朝上的次数是未知的，但投很多次以后，实际得到的正面向上的次数 m 与投掷次数 n 的比值接近 0.5，n 越大，就越接近 0.5。又例如，求某科成绩优秀者的概率(规定 90 分以上为优秀)，这一概率在考试之前是未知的，而考试后如果 100 人中有 10 人得 90 分以上，则某科成绩优秀者的概率 $P(A)=\frac{10}{100}=0.10$。

三、概率的公理和定理

(一)概率的公理

概率的公理系统就是:(1)任何一个随机事件 A 的概率都是非负的;(2)必然事件的概率为 100%,即必然事件是指在一定条件下必然发生的事件;不可能事件的概率为 0,即不可能事件是指在一定条件下必然不发生的事件。

(二)概率的定理

(1)加法定理:两个互不相容事件 A、B 之和的概率,等于两个事件概率之和。所谓互不相容事件是指在一次实验或调查中,若事件 A 发生,则事件 B 就一定不发生,否则二者为相容事件。此定理还可推广到更多的互不相容事件中去。

(2)乘法定理:两独立事件同时出现的概率等于两个事件概率的乘积。所谓独立事件指的是一个事件的出现对另一个事件的出现不发生影响;如果事件 A 的概率随事件 B 是否出现而改变,事件 B 的概率随事件 A 是否出现而改变,则此两个事件称为相关事件或相依事件。概率的乘法定理也可以推广适用于几个独立事件组合的概率,即几种事件同时发生的情况。

【例 4-1】 两名警察同时向某亡命歹徒各开一枪,已知两警察枪击命中率各为 50%和 40%。问:歹徒命中一枪的概率是多少?

解 设 A 警察枪击命中率为 50%,B 警察为 40%,那么歹徒命中一枪即为 A 击中且 B 未击中,或者 A 未击中且 B 击中,其概率为:

$0.5\times(1-0.4)+(1-0.5)\times0.4=0.5$。

四、概率分布的类型

概率分布是指对随机变量取值的次数分布情况用数学方法(函数)进行描述。只有了解随机变量的概率分布,才能为统计分析与推论提供依据。

概率分布依据不同的划分标准,可分为不同的类型。

(一)离散分布与连续分布

这是依据随机变量是否具有连续性来划分的概率分布类型。当随机变量的数据类型为离散数据,那么该离散随机变量的概率分布又称作离散分布。在心理与教育统计中最常用的离散分布为二项分布,除此之外还有普阿松分布(也称泊松分布,poisson distribution)及超几何分布等。

同理,连续分布则是指连续随机变量的概率分布,即连续数据的概率分布。心理与教育统计中最常见的连续随机变量的分布为正态分布，其他连续分布如负指数分布、威布尔分布等应用较少。

（二）基本随机变量分布与抽样分布

基本随机变量分布是指随机变量原始取值的理论次数分布。抽样分布是指从同一总体中抽取多个样本计算所得的统计量的理论次数分布。样本统计量有：平均数、两平均数之差、方差、标准差、相关系数、回归系数、百分比率（或概率），等等。

第二节　正态分布

正态分布属于连续随机变量的概率分布，也是日常生活中最常见的一种分布，比如身高、体重、智力水平、健康水平、学习成绩、反应速度、态度倾向等，大量的心理和教育中的现象，都是按照正态形式分布的。

一、正态分布的特征

（一）正态分布的定义

正态分布就是中间量数次数分布多、两端量数次数分布少，且呈对称型的概率分布，又叫常态分布、高斯分布。描述正态分布曲线的一般方程为：

$$Y=\frac{1}{\sigma\sqrt{2\pi}}e^{\frac{-(x-\mu)^2}{2\sigma^2}} \quad \text{（公式 4-3）}$$

式中，Y 为概率密度，σ 为分布的标准差，x 为变量值，μ 为分布的平均数，e 和 π 为常数（$e=2.7183$，$\pi=3.1416$）。正态分布的曲线图形如图 4-1。

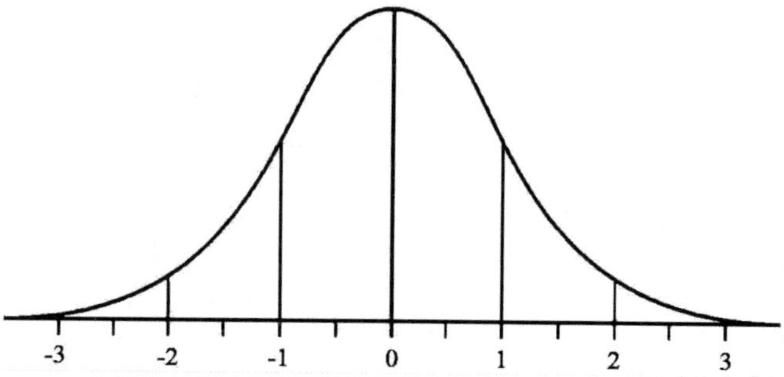

图 4-1　正态分布的图形

正态分布曲线是根据正态分布描绘的图形。在正态分布中，平均数 μ 和标准差 σ 决定着分布曲线的位置和形状。其中，平均数决定着曲线在 x 轴上的位置，标准差 σ 决定着曲线的形状。当 σ 相同而 μ 不同时，曲线形状相同，位置各异。当 σ 不同时，正态曲线有不同的形状，σ 越大，曲线越是“低阔”；σ 越小，曲线越是“高窄”。

正态分布为一簇曲线，其特点有四。

（1）所有曲线的中心点都有一个极值点，从这一点往左或往右移动时，曲线连续地下降，下降速度先快后慢，其拐点在 $\pm1\sigma$ 处。这意味着，当随机变量值偏离其最大概率对应值时，它们对应的概率连续地减少。

(2)所有曲线都是对称的，对称轴是过极值点的垂线。这意味着，与最大概率对应值等距离的两个值对应着相同的概率。

(3)所有曲线都呈钟形。曲线向上凸起，在距极值点某一距离时曲线拐向下凸起，而这个距离因不同曲线而异。

(4)所有曲线下所包括的面积都等于1。

(二)标准正态分布及其特征

标准正态分布是标准差(σ)为1、平均数(μ)为0的正态方程，其函数为：

$$Y=\frac{1}{\sqrt{2\pi}}e^{-\frac{\chi^2}{2}}。\qquad \text{(公式 4-4)}$$

其特点有三。

(1)曲线以 $Z=0$ 为中心，双侧对称。即无论 Z 值是正或是负，平方后的 Y 值相等，所以 $Z=-1$ 和 $Z=1$，其 Y 值都相等。

(2)曲线在 $Z=0$ 处为最高点。当 $Z=0$ 时，$Y=\frac{1}{\sqrt{2\pi}}e^{0}=0.39894$，这是 Y 的最大值。当 $Z\neq0$ 时，Z 的绝对值越小，Y 值越大；Z 的绝对值越大，Y 值越小。

(3)曲线以最高点向左右两侧缓慢下降，且无限延伸，但永远不与基线相交。

(三)正态分布曲线下的面积含义

在正态分布曲线下，标准差与概率(面积)有一定的数量关系。如：±1σ 之间，包含总面积的68%；±1.96σ 之间，包含总面积的95%；±2.58σ 之间，包含总面积的99%。见图4-2。

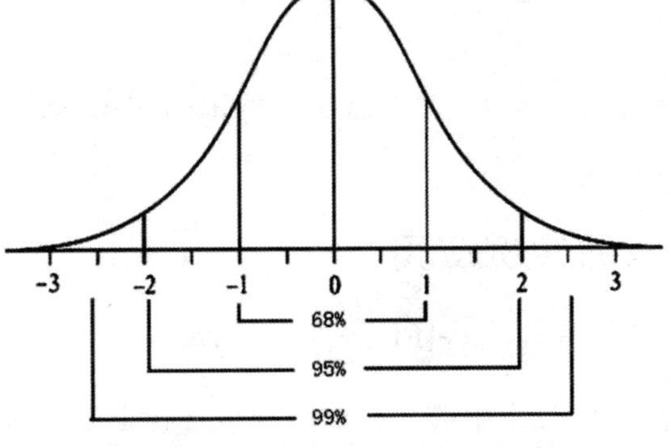

图 4-2　正态曲线下标准差与概率有一定的数量关系

正态分布的几何意义是曲线与 X 轴间所围成的面积，用 p 表示，且 $p=1$(即 100%)。以曲线中线为界，每边各分布 50%的面积。垂线为曲线的纵线高度，以 Y 表示。基线是 Z 分数的刻度。p,Y 和 Z 三者之间具有一一对应关系，其关系可查正态曲线表(附表 1)。例如，在 $\pm1\sigma$、$\pm2\sigma$、$\pm3\sigma$ 及其 $\pm1.96\sigma$、$\pm2.58\sigma$ 范围内的面积值分别对应于 68%，96%，99.7%及 95%，99%。这也是正态分布理论的具体表现。

对于标准正态分布曲线表的使用，我们仅以"已知 Z 值，求面积 p 值"来进行讲解，由于 p,Y 和 Z 三者之间具有一一对应关系，以此类推，我们就能掌握如何查标准正态分布曲线表了。注意，附表 1 中只给出正值的 Z，在应用中要利用正态分布曲线的对称性，根据实际情况来进行判断和求解。

(1)求均数与某个 Z 值之间的 p 值，可直接查正态曲线表。

【例 4-2】 求 $Z=0$ 至 $Z=0.94$ 之间的面积。查表可知 $Z=0.94$ 时，$p=0.3264$，因为正态分布具有对称性，所以有 $Z=-0.94$ 时，$p=0.3264$。

(2)求任何两个 Z 值之间的 p。

【例 4-3】 求 $-0.346\sigma\sim0.626\sigma$ 和 $0.876\sigma\sim1.286\sigma$ 之间的面积。

首先，查出 $Z=0$ 至每个 Z 值间的面积，即有

$Z=0.346$，$p=0.1331$；$Z=0.626$，$p=0.2324$，

$Z=0.876$，$p=0.3078$；$Z=1.286$，$p=0.3997$。

其次，求两个 Z 值之间的面积，即有

$p_1=0.1332+0.2324=0.3656$，

$p_2=0.3997-0.3078=0.0919$。

规律：Z 值符号相反，用加法求 p；Z 值符号相同，用减法求 p。

(3)求某个 Z 值以下或以上的面积。

【例 4-4】 求 $Z=-0.85$ 以下和 $Z=1.76$ 以上的面积。

首先，查出 $Z=0$ 至每个 Z 值间的面积，即有

$Z=-0.85$，$p=0.3023$；$Z=1.76$，$p=0.4608$。

然后，用正态分布一半的面积(0.5)减去所查出的面积，即有

$p_1=0.5-0.4918=0.0082$，$p_2=0.5-0.3849=0.1151$。

二、正态分布理论的实例应用

(一)确定正态分布中特定分数间的个体数量

【例 4-5】 假设有 100 名学生的某科成绩分布符合正态分布。已知平均分 70，标准差 5 分。试问 70 分以下、70～80、80 分以上三个分数段的学生人数各为多少？

(1)将原始分数转换为 Z 值，即有：$Z_{70}=\frac{70-70}{5}=0$，$Z_{80}=\frac{80-70}{5}=2$。

(2)查表求与 Z 值对应的 p 值：$p_{70分}=0$，$p_{80分}=0.48610$。

(3)求两个 Z 值之间的 p 及各段分数的人数分布(f)。

70 分以下，即 0σ 以下，$p=0.5-0=0.5$，$f=0.5\times100=50$；

70～80 分，即 $0\sigma\sim2\sigma$，$p=0.48610$，$f=0.48610\times100=48.61$；

80 分以上，即 2σ 以上，$p=0.5-0.48610=0.0139$，$f=0.0139\times100=1.39$。

【例 4-6】 在某年高考的平均分数为 550 分，标准差为 100 分的正态分布的总体中，某考生得到 700 分。设当年高考录取率为 10%。该生能否被录取？

解 $Z=\frac{700-550}{100}=1.5$。

查正态分布表，当 $Z=1.5$ 时，$p=0.5+0.433=0.933$，即 93.3%，这个百分数是该生所处的具体位置，即从低分到高分的顺序中他处于 93.3%的位置，那么，从高分到低分的顺序中他应处于 6.7%的位置。因高考录取是从高分至低分顺序录取的，故该生处在录取率 10%之内，他肯定能被录取。

(二)确定能力或等级分组的人数分布

【例 4-7】 假设对 100 名学生按能力由高到低分为 A，B，C，D 四个组(或等级)，并且要求各组之间的整体能力保持等距。A，B，C，D 各组分布的学生各是多少？(注：能力呈正态分布。)

(1)确定各组在正态分布上的位置。

正态分布区间以 6 个标准差为两极差，每一等级的区间在横轴上的距离为 $\frac{6}{4}\sigma=1.5$。则四个组的能力区间范围分别是：A 组为 1.5σ 以上，B 组为 $0\sigma\sim1.5\sigma$，C 组为 $0\sigma\sim-1.5\sigma$，D 组为 -1.5σ 以下。见图 4-3。

(2)由 Z 查表得出 $p_{查}$，再根据实际情况换算成实际的 p。

A 组：$p=0.5-0.4331=0.0669$；

B 组：$p=0.4331$；

C 组：$p=0.4331$；

D 组：$p=0.5-0.4331=0.0669$。

(3)求各组的人数(np)。

A 组人数：$100\times0.0669=6.69$；

B 组人数：$0.4331\times100=43.31$；

C组人数：0.4331×100=43.31；

D组人数：100×0.0669=6.69。

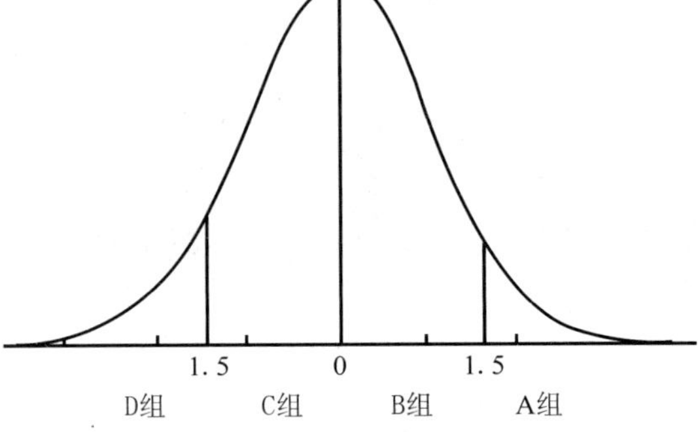

图4-3 能力分组图

（三）根据通过率或答对率，确定试题的标准难度

【例4-8】 已知第一题的通过率为0.2，第二题为0.4，第三题为0.6，第四题为0.8。四题的难度水平差距是否相等？如果不等，那么各题具体的难度指数又是多少呢？

（1）由通过率 p 值查表求 Z 值。

第1题：$p=0.2$，$p_{查}=0.5-0.2=0.3$，$Z=0.84$；

第2题：$p=0.4$，$p_{查}=0.5-0.4=0.1$，$Z=0.25$；

第3题：$p=0.6$，$p_{查}=0.6-0.5=0.1$，$Z=-0.25$；

第4题：$p=0.8$，$p_{查}=0.8-0.5=0.3$，$Z=-0.84$。

（2）难度分析

第1题与第2题标准难度相差0.59，第2题与第3题相差0.5，第3题与第4题相差0.59，其差距并不相同。Z 值为等距数据，比通过率 p 值更能表示各试题的难度。其中，值越大，难度越大。

由于 Z 值有正有负，并且还有小数点后面的数据，为了适于日常度量，实际应用中宜进行线性转换，比如：

$$T=4Z+13, \quad \text{（公式 4-5）}$$

式中，4为难度的标准差，13为平均难度，其难度范围在1～25之间，T 值越大，难度也越大。

(四)品质评定数量化

【例 4-9】 将学生某一学习能力分为 A,B,C,D,E 五个等级,甲、乙、丙三位教师对 100 名学生在各等级上的人数评定结果及其中两名学生在三位教师那里获得的等级评价分别见表4-1和表 4-2(评定结果为原始已知数据,其他均为计算的转换过渡数据和结果),试比较两名学生学习能力的高低。

表 4-1 三位教师对 100 名学生学习能力的评定

等级	评定结果			转换过程与结果											
	甲	乙	丙	甲				乙				丙			
	n	n	n	p	F_p	$p_{查}$	Z	p	F_p	$p_{查}$	Z	p	F_p	$p_{查}$	Z
A	5	10	20	0.05	.975	.495	1.96	0.10	.95	.45	1.64	0.20	.900	.400	1.28
B	25	20	5	0.25	.825	.325	0.93	0.20	.80	.30	0.84	0.25	.675	.175	0.45
C	40	40	35	0.40	.500	.000	0.00	0.40	.50	.00	0.00	0.35	.325	.125	−0.32
D	25	20	5	0.25	.175	.325	−0.93	0.20	.20	.30	−0.84	0.15	.125	.375	−1.15
E	5	0	5	0.05	.025	.475	−1.96	0.10	.05	.45	−1.64	0.05	.025	.475	−1.96
Σ	100	100	100	1.00	—	—	—	1.00	—	—	—	1.00	—	—	—

(1)求各等级人数分布的比例 p 值,见表 4-2。

(2)求比例中点以下的累积比例 F_p,即将每一等级 p 值除以 2,再加上其以下的所有面积。如图 4-4 所示,各等级的累积比例为:

A:$F_p=0.05/2+0.95=0.975$;

B:$F_p=0.25/2+0.70=0.825$;

C:$F_p=0.40/2+0.3=0.500$;

D:$F_p=0.25/2+0.05=0.175$;

E:$F_p=0.05/2+0=0.025$。

乙教师和丙教师的评定等级转换过程以此类推。

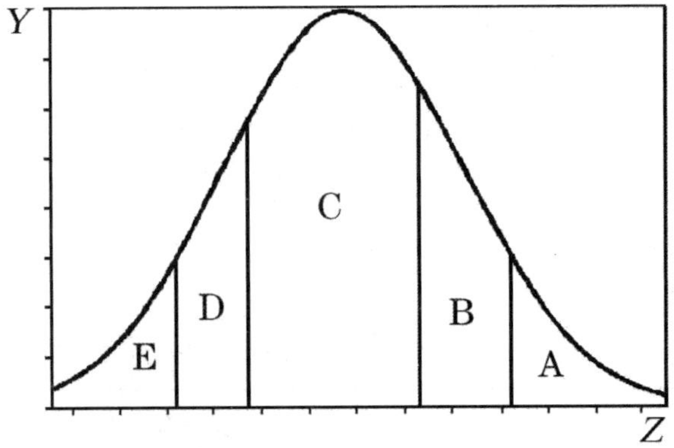

图 4-4 甲教师评定等级分布

(3)确定查表的 p 值 $p_{查}$，即 $p_{查}=|F_P-0.5|$。

(4)由 $p_{查}$ 值直接查正态曲线表，确定 Z 值。若 $F_p>0.5$，Z 值为正；若 $F_p<0.5$，Z 值为负。

(5)学生某一能力的比较。用 Z 值比较两名学生某一能力的高低，需根据各位教师评定等级的 Z 值及教师人数(K)求其平均数，即 $\overline{Z}=\sum Z/K$，结果见表 4-2。

表 4-2 两位学生获得的等级评定结果

学生	等级评定结果			各等级的 Z 值			平均数
	甲教师	乙教师	丙教师	甲教师	乙教师	丙教师	
张三	A	A	B	1.96	1.64	0.45	1.35
王五	B	A	A	0.93	1.64	1.28	1.20

结果表明，虽然张三和王五同样获得两个 A 和一个 B，但其实两者能力并不完全相同，张三的能力要优于王五。从三位教师给的各个等级的人数上来看，甲教师的标准相对来说严格些，乙教师宽松些，丙教师最为宽松。

最后提醒一句，上述各实例中，一定要注意查正态分布表中的 $p_{查}$ 和实际应用含义中的 p 的区分和转换，求解过程中宜结合图示来配合理解！

第三节　二项分布

一、二项分布的定义

二项分布是二项试验(如对与错、成功与失败)结果的概率分布。二项分布的特点:一是任何一次试验都只有两种对立的结果,例如客观题,不是对就是错;二是共有 n 次试验,n 表示试验次数;三是各次试验相互独立;四是任何一次试验中,对或错的概率保持相同。当然,对与错的概率可以相等,也可以不等。例如,某学生全凭猜测做一道“四选一”的单选题,其猜对的概率为$\frac{1}{4}$,猜错的概率为$\frac{3}{4}$。对于某一事件结果,其二项分布为:$b(x,n,p)=C_n^x p^x q^{n-x}$ 式中,p 为对的概率,q 为错的概率,该公式表示在 n 次试验中有 x 次对的概率。例如,5 道“四选一”的单选题,假定随意选,选对 3 题的概率为 $C_5^3(\frac{1}{4})^3(\frac{3}{4})^{5-3}\approx 0.088$。

二、二项分布的性质

由于二项试验的结果为离散变量,相应的二项分布为离散型分布。其性质有三:一是当 $p=q=\frac{1}{2}$时,不论 n 有多大,二项分布曲线都是对称的;二是当 $p\neq q$ 时,且 n 相对较小时,则图形显偏态;三是当 n 相当大时($n\geqslant 30$,即大样本容量)时,二项分布曲线会逐渐接近于正态分布;当 n 为无穷大时,二项分布曲线最终呈正态分布。

那么,什么时候二项分布算接近正态分布呢?已有研究告诉我们,当二项试验中发生概率小的那个事件与发生次数的乘积大于等于 5 时,则二项分布可以当作正态分布来处理。例如,“四选一”的单选题,要做几题的情况下,此二项试验的结果才能当成正态分布呢?猜对的概率为$\frac{1}{4}$,猜错的概率$\frac{3}{4}$,那么至少要做 20 道“四选一”的单选题才行($\frac{1}{4}\times 20=5$)。

当二项分布接近正态分布时,我们就可以用正态分布理论中的规律来处理二项分布问题。其平均数和标准差计算公式为:

平均数:$\mu=np$,　　(公式 4-6)

标准差:$\sigma=\sqrt{npq}$。　　(公式 4-7)

三、二项分布的应用

二项分布在心理与教育研究中，一个主要的应用是解决含有机遇性质的问题，即由于猜测而导致的测验结果不真实。例如，还是 20 道“四选一”的单选题，如果某人做对了 5 题(错了 15 题)，尽管做对 5 题，但这 5 题完全可能是乱猜对的。那么，问：至少答对几道题才能说不是完全乱猜测，而是答对的题里是真的有会做的呢？

解 此题中，$n=20$、$p=\frac{1}{4}$、$q=\frac{3}{4}$，因为 $np=5\geqslant5$，所以此题中的二项分布可以看作接近正态分布，由此得出，$\mu=np=5$，$\sigma=\sqrt{npq}\approx1.94$。

根据小概率事件原理(详见第六章第一节)，如果猜测答题的话，答对 x 道题及以上的概率小于等于 5%，那么这种靠猜测所能得到的结果是不可能发生的，即推断是真的有会做的题(同时，得出此结果错误的概率也是小于等于 5%)。

根据正态分布理论，查附表 1 可知，当 $Z=1.645$ 时，该点以下包含了全体的 95%，也就是 Z 分数大于等于 1.645 的概率为 5%。由公式 $Z=\frac{X-\mu}{\sigma}$ 得出，$X=\mu+Z\sigma=5+1.645\times1.94\approx8.2$，取整数 9。

答：20 道四选一的单选题，答对 9 题及以上者，并不是完全凭猜测，而是答对的题中是真的有会做的。

本章小结

推论统计的过程主要是基于概率的理论。本章主要介绍了概率与概率分布的基础知识。

(1)概率分布依据不同的划分标准，可分为不同的类型：离散分布与连续分布，基本随机变量分布与抽样分布。

(2)正态分布属于连续随机变量的概率分布，也是日常生活中最常见的一种分布。使用正态分布理论可以解决测验中的许多实际问题。

(3)二项分布属于非常典型的离散型分布。

思考与练习题

1.名词辨析：先验概率和后验概率。

2.正态分布曲线的特点。

3.求下列各区间在正态曲线下的面积。

(1)$0\sim2.5\sigma$；　(2)$0.5\sim2.8\sigma$；　(3)2.8σ以上；

(4)1.9σ以下；　(5)$-2.3\sigma\sim1.4\sigma$；　(6)-1.7σ以下。

4.某年级有1000名学生，若按他们的能力高低分为A,B,C,D,E四组，要使得各组之间的能力水平为等距，则每组应分布多少学生？（能力高低的分布为正态分布）

5.某学区要在5000名初三学生中选30名学生参加全区的数学奥赛。已知该区初三上学期数学测验成绩近似正态分布，且平均数60分，标准差18分。若以这次测验成绩为依据选拔参赛学生，其分数线应定为多少比较适宜？

6.某小学六年级100人参加了语文考试(假设考试成绩为正态分布)，平均分70分，标准差5分，试问：60分以下、60～75分、75～90分、90分以上分别分布多少人？

7.有10道正误题，请问：答题者答对几题才能认为他是真的会做，而不是全凭猜测？

8.某次测验中有30道“五选一”的单选题，试问答对多少题才被认为对所测验内容做到了真正掌握？

第五章　抽样分布和参数估计

应用统计学的目的在于根据样本的数据分布,推论得出该样本所代表的总体数据情况。而抽样分布就是推论统计的基础原理。

当在研究中获得一组样本的数据后,如何通过样本所提供的信息,对总体的特征进行估计,亦即如何从局部结果推论总体的情况?例如,调查结果可知某校高一某班的数学成绩的平均值为 85 分,如何根据该班的数学成绩来推论该年级(设该校高一年级有多个班)总体的数学成绩大概是多少,这就是总体参数估计的内容。

通过本章的学习,我们将理解几类典型的抽样分布:正态分布、t 分布、χ^2 分布和 F 分布的形态特征。了解用样本统计量对总体参数估计的意义,掌握对总体平均数进行估计的各种方法。

第一节　抽样分布

一、抽样分布

(一)抽样分布

抽样分布是统计推断的基础,它是指从同一总体中采用多次等量随机取样,抽取容量为 n 的若干样本,对每一样本可计算其 K 个统计量,而 K 个统计量构成的理论次数分布即为抽样分布,也称样本统计量的分布。常用的样本统计量的分布是样本平均数的分布和样本方差的分布。

(二)中心极限定理

中心极限定理是用极限的方法求随机变量分布的一系列定理,其内容主要反映在三个方面。

(1)如果总体呈正态分布,则从总体中抽取容量为 n 的一切可能样本时,其样本平均数的分布也呈正态分布;如果总体呈非正态分布,当样本容量足够大时,样本平均数的分布也接近正态分布。

(2)从总体中抽取容量为 n 的一切可能样本时,所有样本平均数的均数($\mu_{\bar{X}}$)等于总体均数(μ),即

$$\mu_{\bar{X}}=\mu\text{。}\qquad\text{(公式 5-1)}$$

(3)从总体中抽取容量为 n 的一切可能样本时,所有样本平均数的标准差($\sigma_{\bar{X}}$)等于总体标准差除以样本容量的算数平方根,即

$$\sigma_{\bar{X}}=\frac{\sigma}{\sqrt{n}}\text{。}\qquad\text{(公式 5-2)}$$

中心极限定理在统计学中是很重要的。因为许多问题都使用正态曲线的方法。这个定理适于无限总体的抽样,同样也适于有限总体的抽样。中心极限定理不仅给出了样本均数抽样分布的正态性依据,使得大多数数据分布都能运用正态分布的理论进行分析,而且还给出了推断统计中两个重要参数(即样本均数 $\mu_{\bar{X}}$ 与样本标准差 $\sigma_{\bar{X}}$)的计算方法。

在心理与教育统计中,常用的抽样分布有正态分布及渐近正态分布、t 分布、χ^2 分布和 F 分布,等等。

二、正态分布及渐近正态分布

当统计量的分布符合正态分布或渐近正态分布时，进行统计推论的理论依据即为正态分布的理论。以样本平均数为例，正态分布的应用情形如下。

(1)总体呈正态分布，总体方差 σ^2 已知，则样本平均数的分布也呈正态分布。根据中心极限定理则有：

①样本平均数的平均数等于总体均数，即 $\mu_{\overline{X}}$；

②样本平均数的标准差(即标准误)等于总体标准差除以样本容量的平方根，即 $\sigma_{\overline{X}}=\dfrac{\sigma}{\sqrt{n}}$；

③样本平均数的标准分数为

$$Z=\frac{\overline{X}-\mu}{SE_{\overline{X}}}=\frac{\overline{X}-\mu}{\sigma_{\overline{X}}},\qquad \text{(公式 5-3)}$$

其中 SE 为标准差。

(2)总体呈非正态分布，总体方差 σ^2 已知，样本容量 n 足够大，样本平均数的分布为渐近正态分布。其计算应用同上。

此外，当两总体呈正态分布，总体方差 σ^2 已知时，两个样本平均数之差($\overline{X}_1-\overline{X}_2$)的分布、相关系数的分布、回归系数的分布等也服从正态分布。

三、t 分布

1. t 分布的定义

t 分布是由小样本统计量形成的概率分布。研究发现，当样本容量 $n\to\infty$时，它是正态分布；当 $n>30$ 时接近正态分布；当 $n<30$ 时，此分布不接近正态分布，而是具有左右对称、高狭峰的分布，且分布形状随样本容量 $n-1$ 的变化而变化的一族分布，这就是 t 分布。t 分布与 σ 无关而与 $n-1$(自由度)有关，t 分布的自由度(degree of freedom，用符号 v 或 df 表示)一般为 $n-1$，即样本容量减 1。自由度是指任何变量中可以自由变化的数目，是 t 分布的参数 v，因为 v 代表 t 分布中独立随机变量的数目，故称自由度。图 5-1 是标准正态分布与 t 分布图。

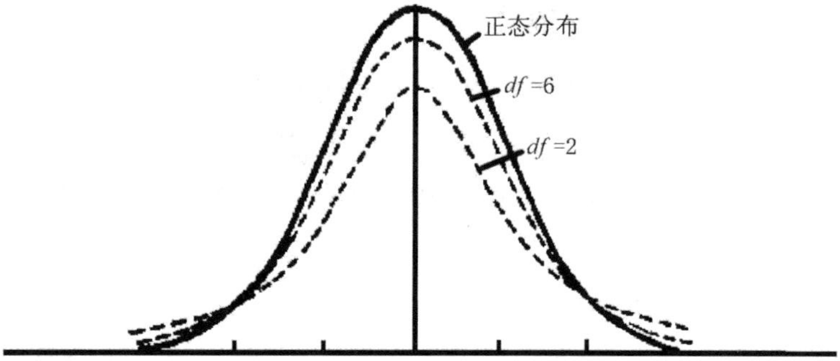

图 5-1　t 分布和标准正态分布图

2.t 分布的特点

①t 分布也是对称分布。即平均数位于曲线的中央,在这一点上有一个单峰,从中央向两侧逐渐下降,尾部无限延长,但不与基线相交。

②t 分布曲线的形状易变,曲线不是一条而是一族,其曲线形状随着样本容量的变化而有规律地变动,亦即随自由度的大小而变化。

③理论上,当 $n \to \infty$ 时,t 分布曲线以标准正态曲线为极限,即呈正态分布。当 n 逐渐减少时,分布的离散程度逐渐增大,曲线逐渐与标准正态分离,其峰顶逐渐下降,尾部抬高。

④t 分布的 t 值及对应的概率(p)是根据自由度的大小由理论模型推导出来的,构成 t 分布临界值,见附表 2。

3. t 分布的应用情形

总体呈正态分布,总体方差 σ^2 未知,样本平均数的分布呈 t 分布。

此时,t 分布中的标准差为

$$SE_{\bar{X}} = \frac{S_n}{\sqrt{n-1}} \text{。} \qquad \text{(公式 5-4)}$$

因为总体标准差 σ 未知,只能以样本标准差来估计。而统计学家发现总体标准差 σ 的良好无偏估计量并不是 S_n,而是 S_{n-1},即

$$S_{n-1} = \sqrt{\frac{\sum_{i=1}^{n}(X_i - \bar{X})^2}{n-1}} \text{。} \qquad \text{(公式 5-5)}$$

所以用 S_{n-1} 代替 σ 则有上式。

在 t 分布的情况下,样本平均数的标准分数写作

$$t=\frac{\overline{X}-\mu}{SE_{\overline{X}}}\text{。} \quad \text{（公式 5-6）}$$

此外，当两总体呈正态分布，总体方差 σ^2 未知时，两个样本平均数之差（$\overline{X}_1-\overline{X}_2$）的分布、相关系数的分布、回归系数的分布等也服从 t 分布。

4. t 分布表的使用

t 分布的形态随自由度而变化，它有一族分布，因而不能像标准正态曲线那样，编制一个详细的表。但为应用方便，一般 t 分布表只列出不同自由度时某些概率下的 t 值。该表中所列的值是由分布函数计算得到的。附表 2 是常用的 t 分布表。该表左列为自由度，最上一行是指不同自由度下 t 分布两尾部端的概率，分别为 0.5，0.4，0.3，0.2，0.1，0.05，0.01，0.001，…这些概率是指某一 t 值时，t 分布两尾部端概率的和，而表的最下一行标明的是单侧界限，即从某 t 值以下 t 分布尾部一端的概率。表中所列的值为 t 值，它随自由度及概率不同而变化。例如 $df=20$，最大 t 值的概率为 0.05（双侧概率）t 值为 2.086，意思是在 t 小于 -2.086 以下的概率与 t 大于 2.086 以上的概率之和为 0.05，亦即该两部分尾端的面积和与总面积之比率为 0.05。双侧概率常写作 $t_{\alpha/2(df)}$，上例 $t_{0.05/2(20)}=2.086$。单侧概率则只计算一侧尾部的概率，故单侧概率为双侧概率的一半，常写作 $t\alpha$，上例则可写作 $t_{0.025(20)}=2.086$。若概率为 0.01 时 $t_{0.01/2(20)}=2.845$，$t_{0.005}=2.845$；若自由度为 30 时，$t_{0.01/2(30)}=2.750$。在临界概率确定的情况下，t 值是随自由度的变化而变化的，自由度越大，查表所得的临界 t 值越小。

以上是已知自由度及概率查 t 值，有时偶尔要根据已知的自由度与 t 值，查相应的概率。例如 $df=17$，$t=2.567$，求该 t 值双侧概率，查表知其双侧概率为 0.02，$t=\pm 2.567$之间的概率为：$1-0.02=0.98$。有时所查 t 值，与某概率的 t 值不完全相等，这时可取近似的概率值。例如 $df=17$，$t=3.00$，而表中没有相应的概率，因 $t_{0.001/2(17)}=3.965$，$t_{0.01/2(17)}=2.898$，可以用近似的 0.01 作为 $t=3.00$ 的概率。

三、χ^2 分布

1. χ^2 分布的直观意义

从一个服从正态分布的总体中，每次随机抽取随机变量 $X_1, X_2, \cdots, X_n$，分别将其平方，即可得到 $X_1^2, X_2^2, \cdots, X_n^2$，这样可抽取数量为 n 的随机变量 X_i 及 X_i^2，可求得无限多个 $\sum_{i=1}^{n} X_i^2$（n 个随机变量的平方和），也可计算其标准分数 $Z=\frac{x-\mu}{\sigma}$ 及其平方 $Z^2=(\frac{x-\mu}{\sigma})^2$，以及 n 个标准分数平方和 $\sum_{i=1}^{n} Z^2=\frac{\sum_{i=1}^{n}(x_i-\mu)^2}{\sigma^2}$，那么，这 n 个随机变量

平方和或标准分数的平方和的分布，即为 χ^2 分布。χ^2 可写作：

$$\chi^2 = \frac{\sum_{i=1}^{n}(x_i - \mu)^2}{\sigma^2}, \qquad \text{（公式 5-7）}$$

这时 χ^2 分布的自由度为 n。

如果正态总体的平均数未知，若用样本平均数 $\overline{X}$ 作为 μ 的估计值时：

$$\chi^2 = \frac{\sum_{i=1}^{n}(x_i - \mu)^2}{\sigma^2} = \frac{(n-1)S_{n-1}^2}{\sigma^2}, \qquad \text{（公式 5-8）}$$

此时 χ^2 分布的自由度为 $df = n - 1$。

从直观理解的角度来看公式 5-8，就是“针对同一总体，采用有放回多次等量随机取样，抽取出的多个样本计算所得的样本方差与已知总体方差之比的分布符合 χ^2 分布”。

2. χ^2 分布的特点

①χ^2 分布呈正偏态分布。随每次所抽取的随机变量 X 的个数（n 的大小）不同，其分布曲线的形状不同，n 或 $n-1$ 越小，分布越偏斜，df 很大时，接近正态分布。当 $df \to \infty$ 时 χ^2 分布即为正态分布。可见 χ^2 分布是一族分布，正态分布是其中一特例（见图 5-2）。

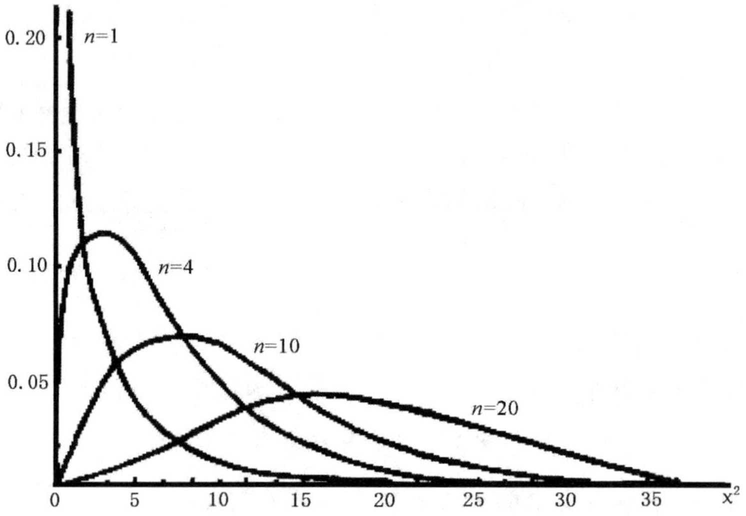

图 5-2　χ^2 分布图

②χ^2 值都是正值。

③χ^2 分布的和也呈 χ^2 分布。

$$\sum \chi^2 = \chi_1^2 + \chi_2^2 + \cdots + \chi_k^2 。 \qquad (公式 5\text{-}9)$$

$\sum \chi^2$ 遵从 $df = df_1 + df_2 + \cdots + df_k$ 的 χ^2 分布。即 χ^2 分布具有可加性。

④χ^2 分布的平均值与方差。

如果 $df > 2$，这时 χ^2 分布的

平均数：$\mu_{x^2} = df$，（公式 5-10）

方差：$\sigma_{\chi^2}^2 = 2d$。（公式 5-11）

⑤χ^2 分布是连续型分布，但有些离散数据计数资料的分布也近似 χ^2 分布，其后的 χ^2 即为计数资料的差异检验。

3. χ^2 分布表的编制与使用

χ^2 分布表是根据 χ^2 分布函数计算出来的，χ^2 分布曲线下的面积都是 1。但随自由度不同，同一 χ^2 值以下或以上所含面积与总面积之比率不同。故一般 χ^2 表，要列出自由度，及某一 χ^2 值以上 χ^2 分布曲线下的概率。χ^2 分布表中列出的均为单侧（右侧）概率的结果，具体使用见附表 5。

四、F 分布

F 分布是统计分析中常用的一种抽样分布。

1. F 分布的直观意义

设有两个正态分布的总体，其平均数与方差分别为 μ_1, σ_1^2 及 μ_2, σ_2^2。从这两个总体中分别随机抽取容量为 n_1 及 n_2 的样本，每个样本都可计算 χ^2 值，这样可得到无限多个 χ_1^2 与 χ_2^2，每个 χ^2 随机变量各除以对应的自由度 df_1 与 df_2 之后的比值，称为 F 比率，这无限多个 F 值的分布称作 F 分布。

$$F = \frac{\chi_1^2 / df_1}{\chi_2^2 / df_2} 。 \qquad (公式 5\text{-}12)$$

因为 $\chi^2 = \frac{\sum_{i=1}^{n}(X_i - \overline{X})^2}{\sigma^2} = \frac{(n-1)S_{n-1}^2}{\sigma^2}$ 代入公式 5-12 得

$$F = \frac{(n_1 - 1)S_{n_1-1}^2}{\sigma^2(n_1 - 1)} \Big/ \frac{(n_2 - 1)S_{n_2-1}^2}{\sigma^2(n_2 - 1)} = \frac{S_{n_1-1}^2}{\sigma_1^2} \Big/ \frac{S_{n_2-1}^2}{\sigma_2^2} 。 \qquad (公式 5\text{-}13)$$

据上式可理解 F 比率为样本方差各除以其总体方差的比率。

如果令 $\sigma_1^2 = \sigma_2^2$。即从一个总体中抽样，其 F 比率可写作：

$$F=\frac{S_{n_1-1}^2}{S_{n_2-1}^2}。 \quad \text{（公式 5-14）}$$

这就是说，自一个正态总体中随机抽取容量为 n_1 及 n_2 两样本，其方差的比率分布为 F 分布，分子的自由度为 n_1-1，分母的自由度为 n_2-1。知道了同一总体不同样本的方差比率分布，即可分析任意两样本方差是否取自同一总体了。可见，F 分布在统计分析中是很有用的一种抽样分布。

2. F 分布的特点

①F 分布形态是一个正偏态的分布，它的分布曲线的形式随分子、分母的自由度不同而不同，它也是一族分布，随 df_1 与 df_2 的增加而渐趋正态分布。

②因 F 为两个方差之比率，故 F 总为正值。

3. F 分布表的编制与使用

F 分布表是根据 F 分布函数计算得来的。F 分布曲线下的面积都是 1。但随分子、分母自由度的不同，相应 5％和 1％面积下的 F 值也不同（每个单元格中的上一个数值为 5％的 F 值，下一个数值为 1％的 F 值）。另外，F 分布区分为单侧和双侧两个表（关于单侧检验和双侧检验下章再讲），具体使用见附表 3（双侧）和附表 4（单侧）。

第二节　均值的点估计与区间估计

一、参数估计和点估计

参数估计就是根据样本统计量去估计相应总体的参数。参数估计的方法有点估计与区间估计。

点估计是在参数估计中直接以样本的统计量作为总体参数的估计值。良好点估计的统计量必须具备一定的前提条件。

1.无偏性

无偏性要求在用各个样本的统计量作为估计值时，其偏差为0。其中，总体平均数μ的无偏点估计量值为样本平均数，总体方差σ^2的无偏点估计量值为样本方差S_{n-1}^2，即有

$$\sum(\overline{X}-\mu)=0, \sum(S_{n-1}^2-\sigma^2)=0。$$

2.一致性

总体参数的估计量随样本容量的无限增大，应当能越来越接近它所估计的总体参数。

3.有效性

当总体参数的无偏估计量不止一个统计量时，则要分析无偏估计量的变异大小的情况。无偏估计量变异性小的，有效性较高；无偏估计量变异性大的，则有效性较低。也就是说，作为无偏估计量的统计量应该受抽样变动影响小。

4.充分性

充分性是指一个样本容量为n的样本统计量是否充分地反映了全部n个数据所反映的总体的信息。当计算该统计量时纳入了所有的样本数据，每个数据的变化就都会体现在该统计量的变化上，那么我们说该统计量具有对总体参数估计的充分性。可见，样本平均数就比中位数、众数更具有充分性。

二、均值的区间估计和均值的标准差

区间估计是以一个样本统计量为中心点的两数值之间的区间来估计相应的总体

参数，它以点估计为基础，要求按照一定的概率要求，根据样本统计量来估计总体参数可能落入的数值范围及其把握程度。区间估计是用两个数之间的距离或数轴上的一段距离来表示未知参数可能落入的范围，并给出结果的可靠程度。

1.区间估计的标准差

即样本平均数分布中的标准差，写作

$$\sigma_{\overline{X}}=\frac{\sigma}{\sqrt{n}}\text{，也作 }SE_{\overline{X}}=\frac{\sigma}{\sqrt{n}}\text{。} \quad \text{（公式 5-15）}$$

2.置信区间、置信系数和置信限

置信区间是指在特定的可靠性（即置信系数）要求下，估计总体参数所落入的区间范围，亦即进行估计的两极差。以样本平均数（$\overline{X}$）为例，在估计总体平均数（μ）时，当总体方差已知，其置信区间为

$$\overline{X}-1.96\sigma_{\overline{X}}<\mu<\overline{X}+1.96\sigma_{\overline{X}}\ \text{（可靠性为 95\%），}$$

$$\overline{X}-2.58\sigma_{\overline{X}}<\mu<\overline{X}+2.58\sigma_{\overline{X}}\ \text{（可靠性为 99\%）。}$$

置信系数是指被估计的总体参数落在置信区间内的概率 D，或以 $1-\alpha$ 表示，又叫置信水平、置信度、可靠性系数或置信概率。置信系数是用来说明置信区间可靠程度的概率，也是进行正确估计的概率。一个置信系数同时反映了在做出一个估计时所发生错误的小概率（α）。即可靠性为95%时，意味着发生错误的概率为5%；可靠性为99%时，意味着发生错误的概率为1%。

置信限是被估计的总体参数所落区间的上、下界限，如上式中，$\overline{X}-1.96\sigma_{\overline{X}}$ 为其区间的下限，$\overline{X}+1.96\sigma_{\overline{X}}$ 为上限。

【例 5-1】 某次测验中有20个正误判断题，试问在置信系数为0.95时，能答对多少道题？

根据二项分布的平均数与标准差公式，有

$$\overline{X}=np=20\times\frac{1}{2}=10,$$

$$\sigma=\sqrt{npq}=\sqrt{20\times\frac{1}{2}\times\frac{1}{2}}\approx 2.23,$$

$$\mu=10\pm1.96\times2.23\approx10\pm4.37\approx6\sim14\text{。}$$

答：在置信系数为0.95时，能答对6～14道题，做此推断，发生错误的可能性为0.05。

3.置信区间与置信系数的关系

在进行参数估计时，一般人首先想到的是既要很高的置信系数，又要精确度很高、

区间很小的置信区间。然而,实际情况却是,两者是相对的,高的置信系数必定会造成置信区间的扩大,而一种跨距很大的区间本身又会降低估计的精确性,结果只能给我们一个非常模糊的估计数。当置信区间过于宽大时,即使估计达到了99%的置信系数,其估计结果可能很少有真实的价值;相反,置信区间过于狭窄,其估计与一个低水平的置信系数相联,估计结果的真实价值也值得怀疑。一般来说,最佳的估计结果既要求置信区间适度,又要求置信系数较高。置信系数一般选定为99%或95%两个水平。

三、总体均值的区间估计及实例分析

1. 计算步骤

(1)分析条件,判断方法

根据题目信息,看总体分布是否为正态,总体方差是否已知,样本容量 n 是否大于30来确定用何种方法来进行估计。

(2)求样本平均数的标准差

当总体 σ^2 已知时

$$SE_{\overline{X}}=\frac{\sigma}{\sqrt{n}};\qquad（公式 5-16）$$

当总体 σ^2 未知时

$$SE_{\overline{X}}=\frac{S_n}{\sqrt{n-1}}。\qquad（公式 5-17）$$

(3)求置信区间

如果 σ^2 已知,则用下面的公式来进行总体平均数的区间估计

$$\overline{X}-1.96\sigma_{\overline{X}}<\mu<\overline{X}+1.96\sigma_{\overline{X}},\qquad（公式 5-18）$$

$$\overline{X}-2.58\sigma_{\overline{X}}<\mu<\overline{X}+2.58\sigma_{\overline{X}};\qquad（公式 5-19）$$

如果 σ^2 未知,则用下面的公式来进行总体平均数的区间估计

$$\overline{X}-t_{0.05/2(df)}SE_{\overline{X}}<\mu<\overline{X}+t_{0.05/2(df)}SE_{\overline{X}},\qquad（公式 5-20）$$

$$\overline{X}-t_{0.01/2(df)}SE_{\overline{X}}<\mu<\overline{X}+t_{0.01/2(df)}SE_{\overline{X}}。\qquad（公式 5-21）$$

2. 总体方差已知,对总体平均数的估计

一是总体呈正态时,不论样本容量的大小,样本平均数的分布都呈正态分布。

二是总体呈非正态时,只要样本容量大于30,样本平均数的分布呈近似正态分布。

【例5-2】 已知全年级的成绩分布为正态分布,其总体标准差为15分。现从该年

级中随机抽取25位学生，计算得到他们的平均成绩为78分。试问全年级的平均成绩在95％和99％的置信区间分别是多少？

（1）分析条件

根据题目信息可知，总体分布为正态，且总体方差已知（$\sigma^2=15^2$），所以可用正态分布原理进行估计。

（2）求样本平均数的标准差

$$SE_{\bar{X}}=\frac{\sigma}{\sqrt{n}}=\frac{15}{\sqrt{25}}=3。$$

（3）求置信区间：

①$D=0.95$时，$\mu=78\pm1.96\times3=72.12\sim83.88$，

$D=0.99$时，$\mu=78\pm2.58\times3=70.26\sim85.74$。

（4）结果解释

计算结果表明，全年级的平均成绩有95％的可能性位于72.12～83.88之间（得出此结论发生错误的概率为5％），有99％的可能性位于70.26～85.74之间（得出此结论发生错误的概率为1％）。

3. 总体方差未知，对总体平均数的估计

应用条件是总体呈正态分布，样本容量无论大小，都可以采用t分布估计法。不过，若$n<30$时，必须用t分布法；若$n>30$时，既可用t分布法，也可用近似正态估计的方法。

【例5-3】 从某校随机抽取初一学生50名，参加某项智力测验，测得智力水平平均为110分，标准差为15分（$S_{n-1}=15$）。试问该校全体初一学生的平均智商大约是多少？（已知智力水平的分布是正态的）

（1）分析条件

本例总体分布为正态。总体方差未知，样本标准差已知，且样本容量大于30，既可用t分布估计法，也可用近似正态估计法。此处用t分布法。

（2）求平均数的标准差

$$SE_{\bar{X}}=\frac{S_{n-1}}{\sqrt{n}}=\frac{15}{\sqrt{50}}\approx2.12。$$

（3）求置信区间

t分布中的置信系数D对应的t值与正态分布中置信系数D对应的Z值不同。后者不论样本容量的大小，其相同置信系数的Z值都相同，是一个常数；前者在相同的置信系数下，t值会随样本容量或自由度的变化而不同。因此，t分布估计法的置信

区间为：

$\mu=\overline{X}\pm t_{0.05/2(df)}\times SE_{\overline{X}}$ ，

$\mu=\overline{X}\pm t_{0.01/2(df)}\times SE_{\overline{X}}$ 。

需根据自由度 $df=n-1$ 查附表 2，确定 t 值。

本例，$df=n-1=50-1=49$ 时，$t_{0.05/2(49)}\approx2.00$，$t_{0.01/2(49)}\approx2.66$，所以有：

当 $D=0.95$ 时，$\mu=110\pm2.00\times2.12\approx105.76\sim114.24$；

当 $D=0.99$ 时，$\mu=110\pm2.66\times2.12\approx104.36\sim115.64$。

(4)结果解释

计算结果表明，该校全体初一学生的平均智商有 95%的可能性位于 105.76～114.24 之间(得出此结论发生错误的概率为 5%)，有 99%的可能性位于 104.36～115.64 之间(得出此结论发生错误的概率为 1%)。

4. 近似正态估计法

总体分布为非正态时，只要 $n>30$ 就可以用近似正态估计法。

【例 5-4】 随机抽取某校 81 名学生参加了数学达标测验(已知总体分布为负偏态)，其平均成绩为 83 分，标准差为 19.2 分，试问以 95%和 99%的置信度进行估计，该校所有学生的数学达标测验成绩会落在什么范围？

(1)分析条件，判断方法

总体分布为非正态，总体方差未知，但样本容量大于 30，只能用近似正态估计法。

(2)求均数的标准差

$$SE_{\overline{X}}=\frac{S_n}{\sqrt{n-1}} \text{ 或 } SE_{\overline{X}}=\frac{S_{n-1}}{\sqrt{n}}。$$

当样本容量足够大时，n 是否减 1，对结果影响不大，所以选用后者来进行计算：

$$SE_{\overline{X}}\approx\frac{S_{n-1}}{\sqrt{n}}=\frac{19.2}{\sqrt{81}}\approx2.13。$$

(3)求置信区间

当 $D=0.95$ 时，$\mu=\overline{X}\pm1.96\sigma_{\overline{X}}=83\pm1.96\times2.13\approx78.83\sim87.17$；

当 $D=0.99$ 时，$\mu=\overline{X}\pm2.58\sigma_{\overline{X}}=83\pm2.58\times2.13\approx77.50\sim88.50$。

(4)结果解释

计算结果表明，该校所有学生的数学达标测验成绩有 95%的可能性会落在 78.83～87.17 之间，有 99%的可能性会落在 77.50～88.50 之间。

本章小结

抽样分布是推论统计的基础原理;参数估计是推论统计的一个组成部分。本章主要介绍了几种典型的抽样分布与一些比较常用的参数估计方法。

(1)抽样分布是指从同一总体中采用有放回多次等量随机取样,抽取容量为 n 的若干样本,对每一样本可计算其 K 个统计量,而 K 个统计量构成的理论次数分布即为抽样分布,也称样本统计量的分布。

(2)几种典型的抽样分布包括正态分布(即 Z 分布)、t 分布、χ^2 分布和 F 分布。大体来说,总体方差已知,与平均数有关的抽样分布为 Z 分布;总体方差未知,与平均数有关的抽样分布为 t 分布;样本方差与总体方差之比的抽样分布为 χ^2 分布;两样本方差之比的抽样分布为 F 分布。

(3)有些离散数据计数资料的分布也近似 χ^2 分布。

(4)参数估计就是估计总体参数的方法,区分为点估计和区间估计。前者是后者的基础。

(5)理解以下这些概念有助于掌握区间估计中各种方法的原理应用:标准差、置信区间、置信度。

(6)总体平均数的区间估计的计算步骤为:①分析条件,判断方法;②求样本平均数的标准差;③求置信区间;④结果解释。当总体方差已知时,用 Z 临界值;当总体方差未知时,用 t 临界值。

思考与练习题

1.请总结各种条件下标准差的计算。

2.估计总体平均数的步骤有哪些?

3.某教师用韦氏成人智力量表测试了150该校高三的学生,测得平均智商为115。试以95%和99%的置信度估计该校所有高三学生平均智商大约是多少。(已知韦氏成人智力量表的总体标准差为15)

4.从某幼儿园随机抽取40名儿童,测得平均身高为90.2 cm,标准差为4.8 cm。求该幼儿园全体儿童平均身高的95%置信区间,并对结果做出文字说明。

第六章　假设检验

在实际研究中，经常会碰到从样本数据推论其总体情况的问题。比如，某校在进行一种新的教学法改革，欲检验新的教学方法与传统的教学方法效果有无差异。从实施新的教学方法的学生中随机抽取 36 人得到平均成绩为 84(标准差为 12)。而以前各年级在相应学年的总体平均成绩为 79。问新、旧教学法对成绩有无显著差异？这就是利用 36 人这一样本来代表所有接受新教学法的新生，来跟以前接受旧教学法的老生进行教学效果的比较。这时，就需要使用到“假设检验”。

第一节　假设检验的基本原理

假设检验是应用统计学中非常重要、使用率很高的一种统计方法,它的基本任务就是利用样本数据及其对应关系,来检验样本所代表的总体参数是否有差异,或总体分布情况的某些假设是否合理,并确定得出研究结果的可接受程度。

一、假设与假设检验

我们仍然以本章开篇提到的"新旧教学法教学效果差异"为例。此例属于"单样本的均值比较"。由题意可知,新教学法的样本均分为84,旧教学法的总体均分为79,两者差5分,其差异的来源,既可能是抽样随机误差(新旧教学法本质上无教学效果的差别,其差异是由于新教学法抽取的36人恰好普遍是成绩好的学生),也可能是本质系统误差(抽样无偏差,新教学法本质上就优于旧教学法)。解释其差异来源,只能是这两种情况,非此即彼。而假设检验就是检验此差异源自随机误差的可能性,如果该可能性极低,那么我们就可以有足够大的把握来推翻抽样随机误差的存在,而接受是由于本质系统误差所导致的实际均值差异。

(一)两个假设:无差假设与备择假设

无差假设(null hypothesis,也叫虚无假设),顾名思义,它是指各总体参数或总体分布形态相同,不存在显著差异,也就是上述例子中,其实际差异应来自于抽样随机误差,而不是本质系统误差。在"单样本的均值比较"中记作 $H_0:\mu=\mu_0$,其中,H_0 即无差假设(由于下标为0,所以也叫零假设)、μ 为样本所代表的未知总体平均数、μ_0 为已知总体平均数。

而与无差假设相对应的,就是备择假设(alternative hypothesis,也叫对立假设),也就是各总体参数或总体分布形态存在显著差异。而该假设通常又都是研究者的研究目的(如上例中,研究者肯定是想得出新教学法优于旧教学法,不可能设计出个新教学法却想着得出新旧教学法两者无差别),因此又叫研究假设。在"单样本的均值比较"中记作:$H_1:\mu\neq\mu_0$,即两者存在显著差异(注:此处为"双侧检验")。

而假设检验的过程就是"在先设定无差假设成立的前提下,检验样本数据在已知总体中随机抽取出现我们所看到的有实际差异情况的发生概率。其发生概率越小,我们就越有把握、越有理由拒绝 H_0、接受 H_1"。可见,假设检验的基本逻辑思想是概率性质的反证法。这就好比你一次做十道是非判断题全对了,那我们就更愿意相信你是真的会做其中的一些题,而不是乱猜瞎蒙全对的,尽管乱猜瞎蒙全对的发生概率还是客观存在着的($\frac{1}{1024}$),但其发生概率太小,我们就有足够理由相信这一小概率事件是不会发生的。

(二)小概率事件原理

小概率事件原理(也叫小概率原理)指的就是我们认为的"小概率事件在一次实际试验中是不可能发生的"这一思想。那么,另一个问题来了:概率多小的事件才能叫小概率事件呢,$\frac{1}{10}$,$\frac{1}{100}$?记住,在应用统计学中,我们通常将发生概率不超过 0.05 的事件当作小概率事件(即 $\alpha=0.05$)。当然,其事件的发生概率越小(如 0.01 或0.001),我们就越有把握拒绝承认该事件的发生。

再结合之前的假设检验的逻辑思想,那么假设检验也就是,在先设定 H_0 成立的前提下,如果得出所收集的样本数据情况的出现可能性极低(低于 0.05),那么我们就有理由认为,这种情况不可能发生,则拒绝 H_0、接受 H_1;如果出现可能性并不足够低(高于 0.05),那么也就没有足够理由拒绝 H_0。

同样,从另一角度来看,这个概率也是拒绝 H_0、接受 H_1 发生错误的概率。如之前的例子中,我们相信你一次做十道是非判断题全对就是真的会做其中的一些题,我们得出该结论,发生错误的概率也是$\frac{1}{1024}$。

二、两类错误:Ⅰ类错误与Ⅱ类错误

所有假设检验都是概率性质上的反证法,不管决策得出怎样的结果,都会存在着发生错误的可能性。其中涉及两类错误,如表 6-1 所示。

表 6-1　假设检验中的四个结果及其两类错误

真实情况	决策结果	
	拒绝 H_0,得出有差异	接受 H_0,得出无差异
H_0 为真,即真实无差异	弃真概率 α(Ⅰ类错误)	正确结果概率 $1-\alpha$
H_0 为假,即真实有差异	正确结果概率 $1-\beta$	纳伪概率 β(Ⅱ类错误)

由此可见,接受或拒绝 H_0 均存在发生错误的概率。其中:

Ⅰ类错误(又叫 α 错误):当 H_0 为真,拒绝 H_0、接受 H_1 所犯的错误(弃真),即真实没差异、假设检验却得出有差异。其发生概率记为 α。而"$1-\alpha$"意为正确接受 H_0

的可能性。此处先着重提醒，SPSS结果中给出的“Sig.”即为犯此错误的概率。

Ⅱ类错误（β错误）：当H_0为假，接受H_0所犯的错误（纳伪），即真实有差异却得出没有差异。其发生概率记为β。而“$1-\beta$”意为正确拒绝H_0的可能性，是研究者通过统计能够正确辨别真实差异的能力，因此又叫统计检验力。

通常情况下，α错误比β错误更为严重，因此，在样本容量n一定的情况下应尽量控制α，使其足够小（遵循小概率原理的为α错误）。

各条件不变时，α与β不可能同时减小或增大，或只是某一种错误产生变化。要想α固定、β减小，可增加样本容量n。

三、统计检验显著与实际意义显著

“存在显著差异、不存在显著差异”，其中的“显著差异”仅指统计检验意义上的显著差异，是从概率（即推论的把握程度）上来讲述的，并非等同于实际意义上的差异显著。这是许多研究者所忽略的问题。

例如，通过对某两地样本人群进行月收入调查，统计检验得出：两地人均月收入存在差异显著，其均值差为15元。该假设检验结果只表明，研究者有很大把握（大于95%）得出，两样本所代表的两地所有人均月收入（即两总体均值）之间存在差异。至于这15元的月收入差异是否达到实际意义上的显著差异，则需要结合实际情况来决策。月收入15元的差异，如果处在2019年，实际意义上的差异并不显著；但如果把这15元的差异放到1975年，那这个就存在实际意义上的显著差异了。

因此，统计检验得出的显著只是指得出其检验结果的把握程度足够大、发生错误的概率足够的小，统计检验的显著只是实际意义显著的前提、必要非充分条件。

四、两种检验形式：双侧检验与单侧检验

双侧检验（双尾检测，two-tailed test）：只检验是否存在差异，不考虑方向性。

单侧检验（单尾检测，one-tailed test）：检验在方向上是否存在差异。通常适用于检验某一参数是否“大于”或者“优于”、“小于”或者“劣于”、“快于”或者“慢于”另一类参数等问题。

两者要根据实际问题或研究目的来选用，例如，在前例中，如果实际研究是想得出“新旧教学法的教学效果是否有差异”，那么该目的只检验是否有差异，不考虑方向性，即为双侧检验；而如果考虑的是“新教学法的教学效果是否好于旧教学法”，那么其目的就直接有好坏大小比较的方向性了，则为单侧检验。另外，记住，对于同一资料，如果双侧检验得出差异显著，则用单侧检验也肯定得出差异显著；但反之则不必然（其原

理略）。

五、参数检验与非参数检验

假设检验包括参数检验和非参数检验。如果有一变量的数据为定距数据、可计算平均数的，对其进行的假设检验均为参数检验（需考虑总体参数的），如针对两均值比较的 t 检验、针对三个及以上均值比较的方差分析、针对方差或积差相关系数的假设检验等；而参与假设检验的所有变量均只为定序数据或定类数据，不可计算平均数的，相应的假设检验则为非参数检验（无需考虑总体参数的），如针对定类数据频数比较的 χ^2 检验、针对两定序数据比较的秩和检验、针对三组及以上定序数据比较的等级方差分析等。

同时，由此可见，其假设检验所包含的具体统计方法有很多种，不单单只是 t 检验，还包括方差分析、χ^2 检验、非参数检验等，其差异比较既会涉及“单样本”“双样本”“多样本”等情况，又可区分为“平均数的差异”“方差的差异”“相关系数的差异”“比例的差异”等，为应用统计学的重要组成部分，也是实际应用得很多的部分。

六、假设检验的步骤

假设检验的统计方法，其基本步骤大致如下。

步骤 1：按实际要求，提出假设（H_0 与 H_1），确定双侧检验还是单侧检验。

步骤 2：根据已知的数据资料、研究设计条件，选择适当的检验统计量（如 Z，t，χ^2，F 等），即确定具体统计方法。

步骤 3：规定显著性水平 α，即确定小概率事件原理中的小概率（默认为 0.05）。

步骤 4：应用统计公式来计算检验统计量的实际值。

步骤 5：根据已知条件，查表得临界值。

步骤 6：做出决策，将检验的实际值与临界值做比较，得出结论。例如，针对常用的 t 检验，通常，$|$检验值$|\geqslant$临界值，则 $p\leqslant\alpha$，差异显著；反之则差异不显著。

另外，在具体讲述实例应用之前，此处先说明，针对于两均值的差异检验（无论单样本还是双样本），当总体为正态分布、总体方差已知时，其方法选择为 Z 检验；当总体为正态分布、总体方差未知时，其方法选择为 t 检验。而实际研究中，绝大多数情况都是总体方差未知的条件，即 t 检验在实际研究中的应用频率要远远大于 Z 检验。因此，本章从简明扼要和实用的角度出发，会更多讲述 t 检验。同时，当总体为非正态分布、大样本容量时，两均值比较亦用 t 检验。

第二节　单样本 t 检验

单样本平均数的差异显著性检验，是指通过一样本平均数和已知总体平均数的比较，推论得出该样本所代表的未知总体平均数和已知总体平均数之间的差异显著性。当总体为正态分布、总体方差未知时，该差异检验选用的统计方法就是"单样本 t 检验"。当总体为非正态分布、大样本容量时，该差异检验也可选用单样本 t 检验。

单样本 t 检验中，t 检验值的计算公式为：$t=\frac{\overline{X}-\mu}{SE}$，但 $\because$ $H_0:\mu=\mu_0$，$\therefore t=\frac{\overline{X}-\mu_0}{SE}$，$SE=\frac{S_n}{\sqrt{n-1}}=\frac{S_{n-1}}{\sqrt{n}}$，其中，$\overline{X}$ 为样本平均数，μ_0 为已知总体平均数，SE 为标准差，S_n 为样本标准差，S_{n-1} 为总体标准差的无偏估计值。n 为样本容量。此公式中，自由度 $df=n-1$。　（公式 6-1）

我们就以本章开篇的实例为例。

【例 6-1】 某校欲在新生中试用一种新的教学法。一学年后，随机抽取 36 人得到的平均成绩为 84（$S_{n-1}=12$）。而以前各年级在相应学年的总体平均成绩为 79。问新旧教学法对成绩的影响有显著差异吗？

解　已知：样本平均数为 84、样本标准差 S_{n-1} 为 12、已知总体平均数为 79，样本容量为 36。根据题意，此例为单样本均值比较。同时，总体方差未知，因此，此例宜选用单样本 t 检验。另外，该课题问的是"新旧教学法对成绩的影响有显著差异吗"，为无方向性上的差异检验，所以选用双侧检验。

（1）建立无差假设和备择假设

设 $H_0:\mu=\mu_0$，$H_1:\mu\neq\mu_0$。

（2）计算 t 检验值

$$SE=\frac{S_{n-1}}{\sqrt{n}}=\frac{12}{\sqrt{36}}=2,$$

$$t=\frac{\overline{X}-\mu_0}{SE}=\frac{84-79}{2}=2.5。$$

（3）确定自由度、查表得出临界值

$df=n-1=36-1=35$，查附表 2，默认 $\alpha=0.05$，得到临界值 $t_{0.05/2(35)}=2.03$。

（4）比较检验值和临界值，做出决策

由于检验值 $2.5>$ 临界值 2.03，所以差异显著，即检验推论，至少有 95%以上的把握得出，新旧教学法对成绩的影响有显著差异。

另外提醒，两均值比较（含单样本和双样本情况，即所有 t 检验）得出差异显著时，则需结合实际再说明谁大谁小。因此，此例的答如下。

答：新旧教学法对成绩的影响有显著差异，表现为新教学法的教学效果优于旧教学法。

【例 6-2】 假定，已知一般人的听觉简单反应时为 120 ms。某研究者调查了 49 名司机，得出他们的听觉简单反应时平均为 110 ms（$S_{n-1}=14$ ms）。试问：司机的听觉简单反应是否明显快于一般人？

解 设：$H_0:\mu=\mu_0$，$H_1:\mu<\mu_0$（该课题问的具有大小上的方向性，因此用单侧检验），

$$SE=\frac{S_{n-1}}{\sqrt{n}}=\frac{14}{\sqrt{49}}=2,$$

$$t=\frac{\overline{X}-\mu_0}{SE}=\frac{110-120}{2}=-5,$$

$df=n-1=49-1=48$，查附表 2 得到临界值 $t_{0.05(48)}=1.68$。

（4）比较检验值和临界值，做出决策

由于检验值$|-5|>$临界值 1.68，所以差异显著。

答：司机的听觉简单反应明显快于一般人。

第三节　两独立样本 t 检验

两样本平均数的差异显著性检验，是指通过两样本平均数之间的比较，推论得出这两个样本各自所代表的相应未知总体平均数之间的差异显著性。与“单样本 t 检验”相同，当两总体为正态分布、总体方差未知时，该差异检验选用的统计方法就是“两样本 t 检验”。当两总体为非正态分布、两样本为大样本容量时，该差异检验也可选用两样本 t 检验。

一、独立样本和相关样本

所谓独立样本，是指两个样本或多个样本数据之间不存在一一对应的关联性。也就是两个样本中的任何一个数据均不受其他数据的影响，两者之间无连带关系。相应地，如果是实验的话，这种实验设计也叫独立组设计：一个被试接受一个实验处理，所有被试被完全随机分配。

例如，检验两种光照条件下工人的工作效率。将所有被试随机分成两组，每组接受一种光照条件，那么两种光照条件下对应的两组工人工作效率的数据之间就没有一一对应关系，为独立样本的情况。又如，要检验夫妻之间收入的差异性，调查了一些丈夫的收入和一些妻子的收入，而丈夫收入与妻子收入之间无一一对应关系，同样也是独立样本的情况。独立样本中的各组数据的个数(即各样本容量)可以相等，也可以不相等。

而相关样本，则是指两个样本或多个样本数据之间存在一一对应的关联性。也就是一个样本中的任何一个数据在另一个样本中均能找到相对应的一个数据，两者之间有连带关系，进而可进行相关分析。相应地，如果是实验的话，这种实验设计也叫相关组设计：一个被试接受所有实验处理，或者被试在各处理上进行了配对。例如，检验两种光照条件下工人的工作效率，不对被试进行分组，每名被试均接受两种光照条件，那么两种光照条件下对应的工作效率的数据之间以每名被试为一一对应关系，属于相关样本的情况。又如，要检验夫妻之间收入的差异性，是以双亲家庭为单位调查了成对夫妻中丈夫的收入和妻子的收入，而丈夫收入与妻子收入之间以家庭一夫一妻为一一对应关系，这也是相关样本的情况。相关样本中的各组数据的个数(即各样本容量)肯定是相等，不可能不相等。

另外，此处需注意的是，对于几个样本的判断，其差异检验是针对几个样本平均数(或其他统计量)，千万别理解成几个样本是几组被试或几个变量。如前面“检验两种光照条件下工人的工作效率，每名被试均接受两种光照条件”中，千万别以为只有一组被试就是一个样本，研究比较的是两种光照条件下工作效率的均值比较，仍为两样本情况；同样也千万不能理解成有光照条件和工作效率两个变量，从而判断为两个样本，此处是两组光照条件下工作效率的均值比较，由此才判断为两个样本，如果此例改为“检验三种光照条件下工人的工作效率”，那么同样两个变量，即是三个样本情况的均值比较了。

调查研究中有关某反应变量在属性变量不同水平上的差异检验（如性别差异、学科差异、年级差异等）通常为“独立样本检验”。

二、方差齐性检验

针对独立样本 t 检验，由于两样本所代表的两未知总体方差齐性（无显著差异）或不齐性（有显著差异），相应统计的计算公式等方面会有所不同，因此，在进行独立样本 t 检验之前，必须先进行方差齐性检验。

方差齐性检验，其实就是通过两样本方差之间的比较，推论得出两样本各自所代表的相应两未知总体方差之间的差异显著性，即把之前的两均值比较改成了两方差比较。不过，两样本方差的差异显著性检验不一定就是方差齐性检验，方差齐性检验只是服务于独立样本均值比较情况下的前提条件的检验，如“智力水平的离散程度在性别上的差异”，为两样本方差的差异显著性检验，但不叫方差齐性检验。不过，此处学习了方差齐性检验的方法，只要举一反三、触类旁通，其实就已经学会了两样本方差的差异显著性检验。

方差齐性检验为 F 检验，其中，F 检验值的计算公式为：$F=\dfrac{S_{n_1-1}^2/\sigma_1^2}{S_{n_2-1}^2/\sigma_2^2}$，但 ∵ H_0 ：$\sigma_1^2=\sigma_2^2$，

∴ $F=\dfrac{S_{n_1-1}^2}{S_{n_2-1}^2}$，即两样本方差之比。由于方差齐性检验目的为“两总体方差是否差异显著”，无方向性，因此必为双侧检验。

但是，为查表（附表 3）方便，通常用 $F=\dfrac{S_{n_1-1大}^2}{S_{n_2-1小}^2}$ 计算 F 检验值，再与查表得到的临界值 $F_{\alpha/2(df_1,df_2)}$ 做比较。其中，此公式中，分子自由度 $df_1=n_1-1$、分母自由度 $df_2=n_2-1$。（公式 6-2）

当检验值大于临界值，则差异显著、方差不齐性；当检验值小于临界值，则差异不显著、方差齐性。

下面我们就对两道需用独立样本 t 检验的题先进行方差齐性检验示例。提醒，下

列两例题暂只进行方差齐性检验,并未进行解决其研究目的的独立样本 t 检验。

【例 6-3】 研究欲比较大四学生与其他年级学生的状态焦虑的差异。随机调查了 22 名大四毕业班学生与 61 名其他年级学生,求出大四生得分的平均数为 26 分、标准差 S_{n-1} 为 5 分,其他学生的平均数为 22 分、标准差 S_{n-1} 为 4 分。问两样本的方差是否齐性?

解 设:$H_0:\sigma_1^2=\sigma_2^2$,$H_1:\sigma_1^2\neq\sigma_2^2$,

$$F=\frac{S_{n_1-1大}^2}{S_{n_2-1小}^2}=\frac{5^2}{4^2}\approx 1.56,$$

$df_{分子}=n_{其他}-1=61-1=60$、$df_{分母}=n_{大四}-1=22-1=21$,查附表 3 得到临界值 $F_{0.05/2(60,21)}=2.22$。

由于检验值 1.56<临界值 2.22,所以差异不显著,即方差齐性。

【例 6-4】 考察某种早期训练对儿童记忆力的影响。采用实验组与控制组的设计。将 50 个被试随机分配到两组中,实验组 30 人,控制组 20 人。实验结果:实验组为 32±8、控制组为 28±4。请检验方差是否齐性?(注:$M\pm S_{n-1}$)

解 设:$H_0:\sigma_1^2=\sigma_2^2$,$H_1:\sigma_1^2\neq\sigma_2^2$,

$$F=\frac{S_{n_1-1大}^2}{S_{n_2-1小}^2}=\frac{8^2}{4^2}=4,$$

$df_{分子}=n_{实验组}-1=30-1=29$、$df_{分母}=n_{控制组}-1=20-1=19$,查附表 4 得到临界值 $F_{0.05/2(29,19)}=2.39$。

由于检验值 4>临界值 2.39,所以差异显著,即方差不齐性。

三、独立样本 t 检验

(一)两总体方差齐性,即 $\sigma_1^2=\sigma_2^2=\sigma^2$

此时,这一相同的未知总体方差 σ^2 需要联合两样本方差去共同估计,其联合方差的计算公式为:

$$S_p^2=\frac{(n_1-1)S_{n_1-1}^2+(n_2-1)S_{n_2-1}^2}{n_1+n_2-2}=\frac{n_1S_{n_1}^2+n_2S_{n_2}^2}{n_1+n_2-2}。\qquad(公式 6-3)$$

其中,S_p^2 为联合方差,S_{n_1},S_{n_1-1} 和 S_{n_2},S_{n_2-1} 为两样本的标准差,n_1 和 n_2 为两样本的容量。

在此基础上,标准差的计算公式为:

$$SE=\sqrt{S_p^2\left(\frac{1}{n_1}+\frac{1}{n_2}\right)}。\qquad(公式 6-4)$$

检验值及其自由度的相应计算为：

$$t=\frac{(\overline{X}_1-\overline{X}_2)-(\mu_1-\mu_2)}{SE},$$

但因为 $H_0:\mu_1=\mu_2$，所以：

$$t=\frac{\overline{X}_1-\overline{X}_2}{SE}\quad(df=n_1+n_2-2),\qquad\text{（公式 6-5）}$$

其中，$\overline{X}_1$ 和 $\overline{X}_2$ 为两样本的平均数。

可见，在进行独立样本 t 检验、方差齐性的前提下，其计算过程就是先根据原始数据得出两样本的平均数和标准差（或方差），再结合两样本的容量来利用公式 6-3 计算联合方差，再利公式 6-4 来计算标准差，有了标准差之后，就可以利用公式 6-5 得出统计检验值 t 及自由度 df。其后同样是查表得出临界值，将检验值和临界值做比较，做出决策。

我们先以之前例 6-3 为示例，在得出方差齐性的前提下，进行进一步的独立样本 t 检验：

【例 6-5】 研究欲比较大四学生与其他年级学生的状态焦虑的差异。随机调查了 22 名大四毕业班学生与 61 名其他年级学生，求出大四生得分为 26±5、其他学生的为 22±4。问差异是否显著？（注：$M\pm S_{n-1}$）

解 之前已检验得出方差齐性。

(1) 设：$H_0:\mu_1=\mu_2$，$H_1:\mu_1\neq\mu_2$。

(2) $S_p^2=\frac{(n_1-1)S_{n_1-1}^2+(n_2-1)S_{n_2-1}^2}{n_1+n_2-2}=\frac{(22-1)5^2+(61-1)4^2}{22+61-2}\approx 18.33$，

$$SE=\sqrt{S_p^2(\frac{1}{n_1}+\frac{1}{n_2})}=\sqrt{18.33(\frac{1}{22}+\frac{1}{61})}\approx 1.06,$$

$$t=\frac{\overline{X}_1-\overline{X}_2}{SE}=\frac{26-22}{1.06}\approx 3.76。$$

(3) $df=n_1+n_2-2=22+61-2=81$ 查附表 2，默认 $\alpha=0.05$，得到临界值 $t_{0.05/2(81)}=1.99$。

(4) 由于检验值 3.76＞临界值 1.99，所以差异显著（即检验推论，至少有 95% 以上的把握得出，状态焦虑在大四学生与其他年级学生之间存在显著差异）。

答：状态焦虑在大四学生与其他年级学生之间存在显著差异，表现为大四学生的状态焦虑高于其他年级学生。

我们再来加上“方差齐性检验”，完整地做一道“独立样本 t 检验”的题。同时提醒，当两样本容量一样的情况下(即 $n_1=n_2=n$)，检验值 t 的计算公式可简化为：

$$t=\frac{\overline{X}_1-\overline{X}_2}{\sqrt{\frac{S_{n_1-1}^2+S_{n_2-1}^2}{n}}}=\frac{\overline{X}_1-\overline{X}_2}{\sqrt{\frac{S_{n_1}^2+S_{n_2}^2}{n-1}}}\text{，其中 } df=2n-2\text{。} \quad \text{(公式 6-6)}$$

【例 6-6】 在一次逻辑推理能力测验所得数据结果为：女生 25 人，得分为65(12)；男生 25 人，得分为 71(16)。问逻辑推理能力是否存在明显的性别差异？(注：得分越高逻辑推理能力越强，$M(S_{n-1})$。)

解 先进行方差齐性检验。

设：$H_0: \sigma_1^2=\sigma_2^2, H_1: \sigma_1^2\neq\sigma_2^2$，

检验值：$F=\frac{S_{n_1-1大}^2}{S_{n_2-1小}^2}=\frac{16^2}{12^2}\approx 1.78$，

临界值：$F_{0.05/2(24,24)}=2.27$。

∵1.78<2.27，

∴方差齐性，可以进行独立样本 t 检验。

设 $H_0: \mu_1=\mu_2, H_1: \mu_1\neq\mu_2$，

$$SE=\sqrt{\frac{S_{n_1-1}^2+S_{n_2-1}^2}{n}}=\sqrt{\frac{12^2+16^2}{25}}=4, t=\frac{\overline{X}_1-\overline{X}_2}{SE}=\frac{65-71}{4}=-1.5,$$

$df=2n-2=48$。

根据题意，临界值为 $t_{0.05/2(48)}=2.02$。

∵ $|-1.5|<2.02$，

∴差异不显著。

答：逻辑推理能力不存在显著的性别差异。

(二)两总体方差不齐性，即 $\sigma_1^2\neq\sigma_2^2$

若两总体方差存在显著差异，即不齐性，那么两样本均值之差的抽样分布就不再是 t 分布了，也不是正态分布。对此，统计学上一般用科克伦(Cochran)和考克斯(Cox)提出的检验法来解决，其检验值的计算公式为：

$$SE=\sqrt{SE_1^2+SE_2^2}=\sqrt{\frac{S_{n_1-1}^2}{n_1}+\frac{S_{n_2-1}^2}{n_2}}=\sqrt{\frac{S_{n_1}^2}{n_1-1}+\frac{S_{n_2}^2}{n_2-1}},$$

$$t'=\frac{\overline{X}_1-\overline{X}_2}{SE}\text{。} \quad \text{(公式 6-7)}$$

而其中值得注意的是，此处，临界值的计算需结合两样本对应的临界值，我们将就称其为“联合临界值”吧，其计算如下：

$$t'_{\text{crit}}=\frac{SE_1^2\times t_{1\text{crit}}+SE_2^2\times t_{2\text{crit}}}{SE_1^2+SE_2^2}\qquad (df_1=n_1-1, df_2=n_2-1)。\qquad(公式 6-8)$$

其中，SE_1 和 SE_2 分别为两个样本的标准差，$t_{1\text{crit}}$ 和 $t_{2\text{crit}}$ 分别为两个样本在各自由度 $df=n-1$ 下对应的临界值。

完成上述检验值 t' 和临界值 t'_{crit} 的计算后，其后的比较与决策同之前的步骤，即 $t'>t'_{\text{crit}}$，则差异显著，反之则差异不显著。

我们以之前的例 6-4 为例。

【例 6-7】 考察某种早期训练对儿童记忆力的影响。采用实验组与控制组的设计。将 50 个被试随机分配到两组中，实验组 30 人，控制组 20 人。实验结果：实验组为 32±8、控制组为 28±4。问差异是否显著？（注：$M\pm S_{n-1}$，得分越高表明记忆力越好。）

解 之前已检验得出方差不齐性。

(1)设：$H_0:\mu_1=\mu_2$，$H_1:\mu_1\neq\mu_2$。

(2) $$SE=\sqrt{SE_1^2+SE_2^2}=\sqrt{\frac{S_{n_1-1}^2}{n_1}+\frac{S_{n_2-1}^2}{n_2}}=\sqrt{\frac{8^2}{30-1}+\frac{4^2}{20-1}}\approx\sqrt{2.21+0.84}\approx 1.75,$$

$$t=\frac{\overline{X}_1-\overline{X}_2}{SE}=\frac{32-28}{1.75}\approx 2.29。$$

(3) $df_1=n_1-1=29$，$df_2=n_2-1=19$，查附表 2，得到相应的两个临界值 $t_{0.05/2(29)}=2.045$ 和 $t_{0.05/2(19)}=2.093$，而刚才已计算得 $SE_1^2=2.21$、$SE_2^2=0.84$。均代入联合临界值的公式 6-8：

$$t'_{\text{crit}}=\frac{SE_1^2\times t_{1\text{crit}}+SE_2^2\times t_{2\text{crit}}}{SE_1^2+SE_2^2}=\frac{2.21\times 2.045+0.84\times 2.093}{2.21+0.84}\approx 2.06。$$

(4)2.29>2.06，差异显著。

答：儿童记忆力在是否接受该种早期训练上存在显著差异，表现为早期训练有助于提高儿童记忆力。

第四节　两相关样本 t 检验

因为相关样本的数据是成对的，所以，其计算思路为：先计算各成对数据之间的差值(d_i)，即将两组具有一一对应关系的数据转换成 d_i 这组数值，再对 d_i 这组数值与 0 做差异显著性比较。如果与 0 存在显著差异，则表明两总体均值之间存在显著差异；反之则不存在显著差异。提醒：相关样本 t 检验不需要事先做方差齐性检验。

在将两组成对数据转换成 d_i 一组数值之后，我们需要计算该组数值的平均数和方差，计算公式分别为：

$$\bar{d}=\frac{\sum_{i=1}^{n} d_i}{n}=\frac{\sum_{i=1}^{n}(X_{1i}-X_{2i})}{n}=\bar{X}_1-\bar{X}_2\text{，}\qquad\text{（公式 6-9）}$$

$$S_{\bar{d}}^2=\frac{\sum_{i=1}^{n}(d_i-\bar{d})^2}{n-1}=\frac{\sum_{i=1}^{n} d_i^2-\frac{(\sum_{i=1}^{n} d_i)^2}{n}}{n-1}\text{。}\qquad\text{（公式 6-10）}$$

由此可得，$\bar{d}$ 抽样分布的标准差为：

$$SE_{\bar{d}}=SE_{D_{\bar{X}}}=\sqrt{\frac{S_{\bar{d}}^2}{n}}=\sqrt{\frac{\sum_{i=1}^{n} d^2-\frac{(\sum_{i=1}^{n} d_i)^2}{n}}{n(n-1)}}\text{。}\qquad\text{（公式 6-10）}$$

有了标准差，相关样本 t 检验对应的检验值计算公式仍然为：

$$t=\frac{\bar{d}-0}{SE_{\bar{d}}}=\frac{\bar{d}}{SE_{\bar{d}}}=\frac{\bar{X}_1-\bar{X}_2}{SE_{\bar{d}}}(df=n-1)\text{。}\qquad\text{（公式 6-10）}$$

其中，n 为成对数据的成对数。

【例 6-8】　检验某技能特训的效用。采用前测—后测的比较设计对 9 名被试施测，结果如下表。问该特训是否明显提高该技能？（注：得分越高表明该技能越好。）

表 6-2　技能特训效果检测表

被试	一	二	三	四	五	六	七	八	九
前测	106	151	162	112	120	147	181	138	109
后测	147	189	172	154	153	139	200	162	153

解 根据题意,为单侧检验,因此,设 $H_0: \mu_1=\mu_2, H_1: \mu_1<\mu_2$。

先根据原始数据计算 d 值。为了取正值易于理解和计算,我们用后测成绩减去前测成绩,得到一组 d 值如下表:

表 6-3 后测成绩减前测成绩结果表

被试	一	二	三	四	五	六	七	八	九
d	41	38	10	42	33	−8	19	24	44

然后我们再应用上述公式一步一步计算

$$\bar{d}=\frac{\sum_{i=1}^{n} d_i}{n}=27,$$

$$S_d^2=\frac{\sum_{i=1}^{n}(d_i-\bar{d})^2}{n-1}=\frac{\sum_{i=1}^{n} d_i^2-\frac{(\sum_{i=1}^{n} d_i)^2}{n}}{n-1}=273,$$

$$SE_{\bar{d}}=\sqrt{\frac{S_d^2}{n}}=5.84,$$

$$t=\frac{\bar{d}}{SE_{\bar{d}}}=\frac{27}{5.84}=4.62,$$

$df=n-1=8$。

根据题意,临界值为 $t_{0.05(8)}=1.86$。

$\because 4.62>1.86$,

$\therefore$ 差异显著。

答:该特训明显提高了该技能水平。

另外,在有些计算中,如果已知两相关样本的平均数、标准差、样本容量以及相关系数,那么检验值 t 的计算公式为:

$$SE_{\bar{d}}=\sqrt{\frac{S_{n_1-1}^2+S_{n_2-1}^2-2rS_{n_1-1}S_{n_2-1}}{n}}, t=\frac{\bar{X}_1-\bar{X}_2}{SE_{\bar{d}}}(df=n-1)。$$

(公式 6-10)

第五节　Z 检验

上述三种 t 检验的方法，都是适用于总体正态分布、总体方差未知，两平均数之间的差异检验。与之相对应的，当总体正态分布、总体方差已知，两平均数之间的差异检验即使用 Z 检验。

一、单样本 Z 检验

单样本平均数的差异显著性检验，当总体为正态分布、总体方差已知时，该差异检验选用的统计方法就是“单样本 Z 检验”。

单样本 Z 检验中，Z 检验值的计算公式为：$Z=\frac{\overline{X}-\mu}{SE}$，但 $\because$ H_0：$\mu=\mu_0$，$\therefore Z=\frac{\overline{X}-\mu_0}{SE}$，$SE=\frac{\sigma_0}{\sqrt{n}}$，其中，$\overline{X}$ 为样本平均数，μ_0 为已知总体平均数，SE 为标准差，σ_0 为已知总体标准差，n 为样本容量。　　（公式 6-11）

【例 6-9】 从某地区随机抽样调查 100 人，得到智商的均值为 106。已知智商常模为 100($\sigma_0=15$)。问该地区人的智商与一般水平是否有差异？($\alpha=0.05$，总体正态)

解　已知：样本平均数为 106、已知总体平均数为 100、总体标准差 σ_0 为 15，样本容量为 100。根据题意，此例为单样本均值比较。同时，总体标准差（等同于总体方差）已知，因此，此例宜选用单样本 Z 检验。另外，该课题问的是“该地区人的智商与一般水平是否有差异”，为无方向性上的差异检验，所以选用双侧检验。

(1)建立无差假设和备择假设

设：H_0：$\mu=\mu_0$，H_1：$\mu\neq\mu_0$。

(2)计算 Z 检验值

$$SE=\frac{\sigma_0}{\sqrt{n}}=\frac{15}{\sqrt{100}}=1.5,$$

$$Z=\frac{\overline{X}-\mu_0}{SE}=\frac{106-100}{1.5}=4。$$

(3)查表得出临界值

查附表 1(即正态分布表)，默认 $\alpha=0.05$，得到临界值 $Z_{0.05/2}=1.96$。

(4)比较检验值和临界值，做出决策

因为检验值 4＞临界值 1.96，所以差异显著。

答：该地区人的智商与一般水平存在显著差异，表现为该地区人的智商高于常模。

二、两独立样本 Z 检验

两样本平均数的差异显著性检验，当两总体为正态分布、两总体方差已知时，两样本数据无一一对应关系，该差异检验选用的统计方法为"两独立样本 Z 检验"。

独立样本 Z 检验中，Z 检验值的计算公式为：$Z=\dfrac{(\overline{X}_1-\overline{X}_2)-(\mu_1-\mu_2)}{SE}$，但 $\because H_0: \mu_1=\mu_2$ 成立，$\therefore Z=\dfrac{\overline{X}_1-\overline{X}_2}{SE}$，$SE=\sqrt{\dfrac{\sigma_1^2}{n_1}+\dfrac{\sigma_2^2}{n_2}}$，其中，$\overline{X}_1$，$\overline{X}_2$ 为两样本平均数，μ_1，μ_2 为两未知总体平均数，SE 为标准差，σ_1，σ_2 为两已知总体标准差，n_1，n_2 为对应的两样本容量。（公式 6-12）

【例 6-10】 从我校随机抽样调查男生 50 人、女生 32 人。测得听觉简单反应时的均值为：男生 141 ms、女生 144 ms。已知常模中男生和女生听觉简单反应时的标准差分别为 10 ms 与 8 ms。问我校学生的听觉简单反应时是否存在显著的性别差异？（$\alpha=0.05$，总体正态。）

解 已知：两样本平均数分别为 141 和 144、相应的两总体标准差为 10 和 8、两样本容量为 50 和 32。根据题意，此例为两独立样本均值比较。同时，两总体标准差（等同于两总体方差）已知，因此，此例宜选用独立样本 Z 检验。另外，该课题问的是"我校学生的听觉简单反应时是否存在显著的性别差异"，为无方向性上的差异检验，所以选用双侧检验。

（1）建立无差假设和备择假设

设 $H_0: \mu_1=\mu_2$，$H_1: \mu_1\neq\mu_2$。

（2）计算 Z 检验值

$$SE=\sqrt{\frac{\sigma_1^2}{n_1}+\frac{\sigma_2^2}{n_2}}=\sqrt{\frac{10^2}{50}+\frac{8^2}{32}}=2,$$

$$Z=\frac{\overline{X}_1-\overline{X}_2}{SE}=\frac{141-144}{2}=-1.5。$$

（3）查表得出临界值

查附表 1（即正态分布表），默认 $\alpha=0.05$，得到临界值 $Z_{0.05/2}=1.96$。

（4）比较检验值和临界值，做出决策

因为 $|-1.5|<1.96$，所以差异不显著。

答：我校学生的听觉简单反应时不存在显著的性别差异。

三、两相关样本 Z 检验

两样本平均数的差异显著性检验，当两总体为正态分布、两总体方差已知时，两样本数据存在一一对应关系，该差异检验选用的统计方法为“两相关样本 Z 检验”。

相关样本 Z 检验中，需要先计算两样本数据之间的积差相关系数 r，其 Z 检验值的计算公式为：$Z=\frac{(\overline{X}_1-\overline{X}_2)-(\mu_1-\mu_2)}{SE}$，但∵ H_0 ：$\mu_1=\mu_2$ 成立，∴ $Z=\frac{\overline{X}_1-\overline{X}_2}{SE}$，

$SE=\sqrt{\frac{\sigma_1^2+\sigma_2^2-2r\sigma_1\sigma_2}{n}}$，其中，$\overline{X}_1$，$\overline{X}_2$ 为两样本平均数，μ_1，μ_2 为两未知总体平均数，SE 为标准差，σ_1，σ_2 为两已知总体标准差，n 为对应的两样本容量（相关样本的两样本容量相同），r 为两样本数据之间的积差相关系数。（公式 6-13）

【例 6-10】 有实验考察有无同伴对简单作业用时的影响。被试为 25 人，每个被试均进行有同伴大家一起作业和无同伴每人单独作业两种情况。结果为无同伴情况下大家的平均用时为 23 分钟、有同伴的为 20 分钟，相关系数为 0.6。据以往资料得知有无同伴的总体标准差分别为 6 分钟与 5 分钟。问能否说有同伴一起提高了简单作业的效率？（$\alpha=0.05$，总体正态。）

解 已知：两样本平均数分别为 23 和 20、相应的两总体标准差为 6 和 5、两样本容量均为 25。根据题意，此例为两相关样本均值比较。同时，两总体标准差（等同于两总体方差）已知，因此，此例宜选用相关样本 Z 检验。另外，该课题问的是“能否说有同伴一起提高了简单作业的效率”，为有方向性上的差异检验，所以选用单侧检验。

（1）建立无差假设和备择假设

设 H_0 ：$\mu_1=\mu_2$，H_1 ：$\mu_1\neq\mu_2$。

（2）计算 Z 检验值

$$SE=\sqrt{\frac{\sigma_1^2+\sigma_2^2-2r\sigma_1\sigma_2}{n}}=\sqrt{\frac{62+52-2\times0.6\times6\times5}{25}}=1,$$

$$Z=\frac{\overline{X}_1-\overline{X}_2}{SE}=\frac{23-20}{1}=3。$$

（3）查表得出临界值

查附表 1（即正态分布表），默认 $\alpha=0.05$，得到临界值 $Z_{0.05}=1.645$。

（4）比较检验值和临界值，做出决策

因为 $3>1.645$，所以差异显著。

答：有同伴一起明显提高了简单作业的效率。

第六节　t 检验的 SPSS 操作

在总体均正态分布、总体方差未知的情况下，对两均值进行比较，通常使用 t 检验。其中，单样本 t 检验是通过一个样本均值与一个已知总体均值的比较，推论得出该样本所代表的未知总体均值与该已知总体均值的差异显著性；独立样本 t 检验是通过两独立样本的均值比较，推论得出两样本各自所代表的两未知总体的均值差异显著性；相关样本 t 检验则是通过两相关样本的均值比较，推论得出两样本各自所代表的两未知总体的均值差异显著性。

另外提醒，SPSS 中的 t 检验只能是“双侧检验”。通常都是双侧检验得出差异显著后，再文字说明得出其大小方向性。

一、单样本 t 检验(One-Sample T Test)

【例 6-11】 已知人们一般状况下的脉搏为每分钟 72 次。现测得 20 名焦虑状况下人的脉搏，数据如下：75.0，74.0，72.0，74.0，79.0，78.0，76.0，69.0，77.0，76.0，70.0，73.0，76.0，71.0，78.0，77.0，76.0，74.0，79.0，77.0。请问焦虑状态下人的脉搏与一般状况下的有无差别？

解　首先根据之前章节所述知识建立正确的数据文件。此数据输入 SPSS 后为 1 个变量 1 列、20 名被试 20 行。将该变量定义为“脉搏[pulse]”。

步骤 1：选择菜单为“Analyze → Compare Means → One-Sample T Test”，打开的单样本 t 检验的主对话框如图 6-1 所示。此对话框中，左侧是待选变量，右侧“Test Variable(s)：”则选入需要分析的变量(可选多个，但前提是所比较的已知总体平均数是相同的)。下方的“Test Value：”处需输入已知总体的平均数 μ_0。

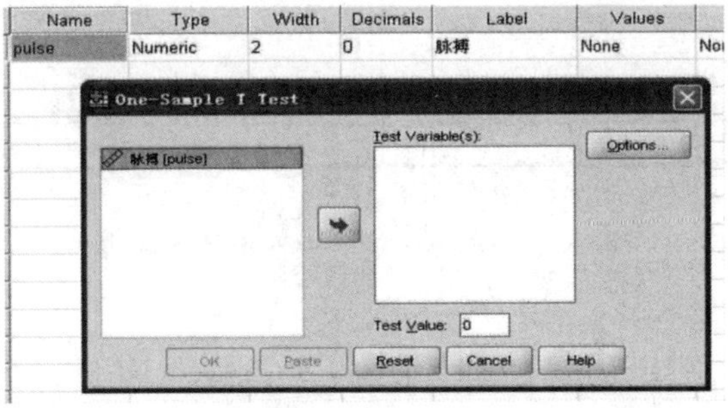

图 6-1　单样本 t 检验的初始主对话框

步骤 2：根据课题的已知条件，将此对话框左侧的“脉搏[pulse]”选入到右侧的“Test Variable(s)：”中，并在“Test Value：”处输入已知总体的平均数 72，结果如图 6-2所示。

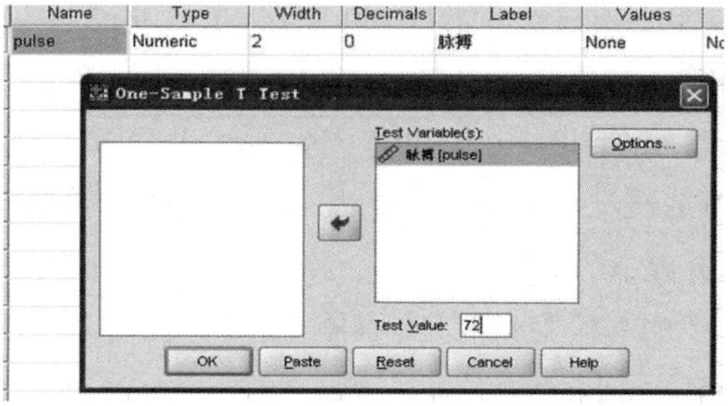

图 6-2　单样本 t 检验选定后的主对话框

步骤 3：按我们通常的研究目的，最右侧的“Options...”(其中含两均值之差的置信区间、缺失值的处置方式等)无需格外设置，此处就略过。因此，接下来就单击上述对话框中的“OK”按钮，即可完成该统计。得到的统计结果主要有如下两个表格(图 6-3所示)。

One-Sample Statistics

	N	Mean	Std. Deviation	Std. Error Mean
脉搏	20	75.05	2.892	.647

One-Sample Test

	Test Value = 72					
					95% Confidence Interval of the Difference	
	t	df	Sig. (2-tailed)	Mean Difference	Lower	Upper
脉搏	4.716	19	.000	3.050	1.70	4.40

图 6-3　单样本 t 检验的输出结果报表

其中，第一个表主要是描述统计结果：N 为样本容量、Mean 为样本平均数、Std. Deviation为样本标准差、Std. Error Mean 为样本(平均数的)标准差。

第二个表为单样本 t 检验结果：t 为该单样本 t 检验中的检验值、df 为自由度、

Sig.(2-tailed)为双侧检验下的显著性水平 p 值(注:不可能为 0,显示 0 时报告记作 $p<0.001$,下同)、Mean Difference 为两均值(样本均值与已知总体均值)之差(如需报告时记为 d)、95% Confidence Interval of the Difference 为均值之差的 0.95 置信区间(其中 Lower 为下限、Upper 为上限)。

由该统计结果可知,p 值小于 0.001,差异显著,即有足够把握推论得出"焦虑状态下人的脉搏与一般状况下的有差别",再根据 t 值的正负或两均值的大小,进一步得出"焦虑状态下人的脉搏快于一般状态"。

提示:当输入 $\mu_0=0$(即"Test Value:0")时,可计算出该样本所代表的总体平均数的置信区间(即总体平均数的区间估计)。此时只看最后的置信区间结果,与单样本 t 检验无关。

二、独立样本 t 检验(Independent-Samples T Test)

【例 6-12】 考察完成走迷津的小学生年级上的差异。找到小学一年级学生 11 人、小学三年级学生 13 人,分别测得其完成相同迷津的练习次数(如表 6-4)。请问完成迷津的练习次数在两年级上是否存在显著差异?

表 6-4 迷律练习次数

年级	完成迷津的练习次数
小学一年级	4 3 6 7 5 5 4 7 5 5 6
小学三年级	6 2 4 2 3 5 5 6 3 4 1 3 4

解 首先根据之前章节所述知识建立正确的数据文件。此数据输入 SPSS 后为 2 个变量(年级和练习次数)2 列、24 名被试 24 行(如图 6-4)。

	年级	练习次数
1	1.00	4.00
2	1.00	3.00
3	1.00	6.00
4	1.00	7.00
5	1.00	5.00
6	1.00	5.00
7	1.00	4.00
8	1.00	7.00
9	1.00	5.00
10	1.00	5.00
11	1.00	6.00
12	3.00	6.00
13	3.00	2.00
14	3.00	4.00
15	3.00	2.00
16	3.00	3.00
17	3.00	5.00
18	3.00	5.00
19	3.00	6.00
20	3.00	3.00
21	3.00	4.00
22	3.00	1.00
23	3.00	3.00
24	3.00	4.00

图 6-4　例 6-10 的数据输入示例

步骤 1：选择菜单为“Analyze → Compare Means → Independent-Samples T Test”，打开的独立样本 t 检验的主对话框如图 6-5 所示。此对话框中，左侧是待选变量，此处有两个，其中“年级”属于分组变量，而“完成走迷津的练习次数”属于反应变量；右侧“Test Variable(s)：”中则选入需要分析的反应变量（实验中可理解为因变量；可选多个，但前提是所分析的为相同的分组变量）；右下方的“Grouping Variable”处则需选入分组变量（实验中可理解为自变量；只能选一个）。同样，最右侧的“Options...”同单样本 t 检验，无需格外设置，略过。

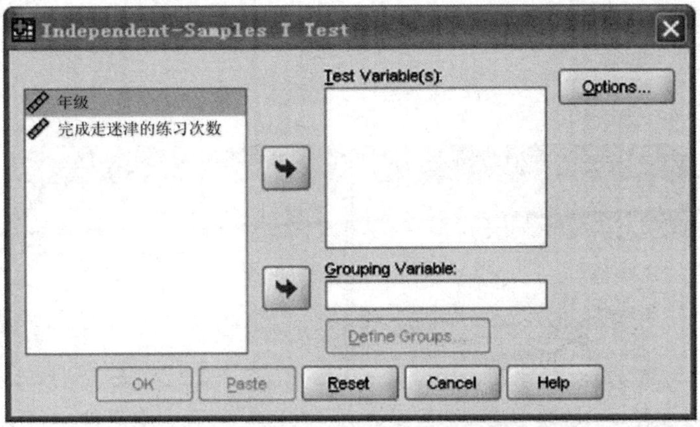

图 6-5　独立样本 t 检验的初始主对话框

步骤 2：根据课题的已知条件，将此对话框左侧的“完成走迷津的练习次数”选入到右侧的“Test Variable(s)：”中，将左侧的“年级”选入到右侧的“Grouping Variable”中，结果如图 6-6 所示。

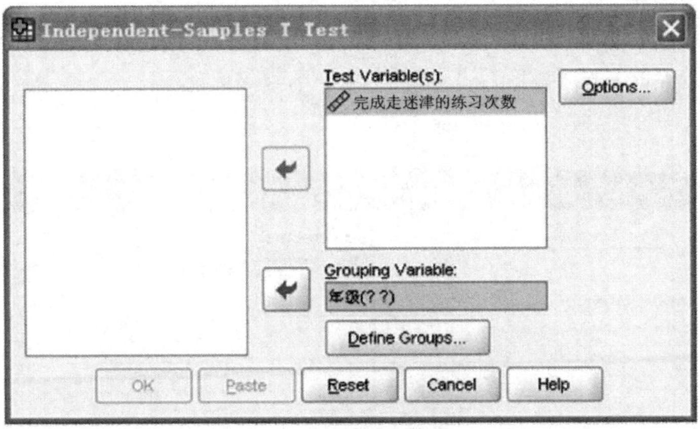

图 6-6　独立样本 t 检验选定变量后的主对话框

步骤 3：单击分组变量下方的“Define Groups...”按钮，对分组变量进行定义。该子对话框如图 6-7 的左图。分组变量的界定有两种方式：一种是“Use specified values(使用指定值)”，分别输入需要比较的两组的编码值，即该分组变量需要比较的两水平的编码取值；另一种是“Cut point(确定分界值)”，常用于连续数据，将其分为小于界值与大于等于界值两组。

此处，该题在输入数据时，将小学一年级编码为 1、小学三年级编码为 3，因此我们就用第一种方法，界定 1 和 3 的比较。定义后如图 6-7 的右图。定义好后，单击“Continue”按钮。

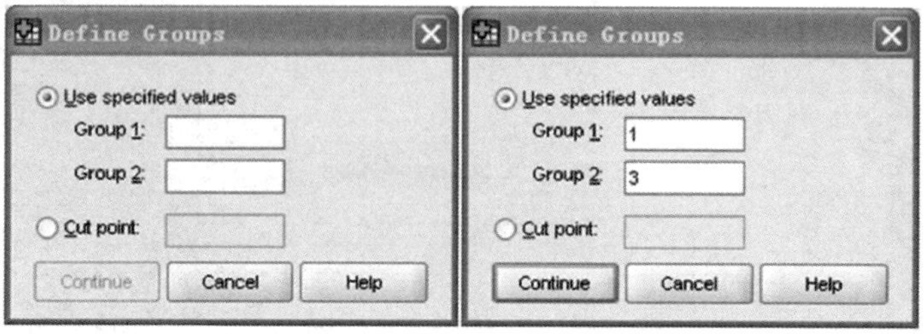

图 6-7　独立样本 t 检验中定义分组变量的子对话框(左图为定义前、右图为定义后)

如果该课题所收集的数据为小学所有六个年级的数据，而研究者想考察走迷津能力在高、低年级上的差异，则是将原来分组变量的 6 个取值划分为 1，2，3 为低年级，4，5，6 为高年级，那么这种分组变量的定义就需要用第二种方式：选中“Cut point(确定分界值)”，按题意输入 3.5 即可(只要输入大于 3、小于等于 4 的数值均可)，所得统计结果会自动区分出小于 3.5 的为低年级、大于等于 3.5 的为高年级。

步骤 4：回到主对话框后，可以看到定义完分组变量后的不同之处(图 6-8)。再单击“OK”按钮，即可完成该统计。

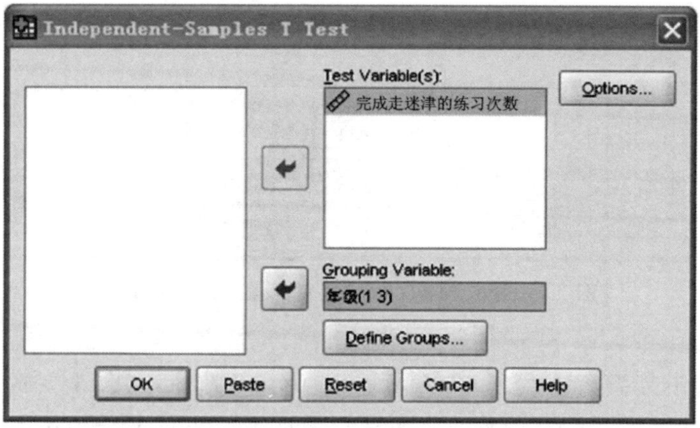

图 6-8　独立样本 t 检验定义分组变量后的主对话框

得到的统计结果主要有如下两个表格(如图 6-9 所示)。

Group Statistics

	年级	N	Mean	Std. Deviation	Std. Error Mean
练习次数	小学一年级	11	5.1818	1.25045	.37703
	小学三年级	13	3.6923	1.54837	.42944

Independent Samples Test

		Levene's Test for Equality of Variances		t-test for Equality of Means						
									95% Confidence Interval of the Difference	
		F	Sig.	t	df	Sig. (2-tailed)	Mean Difference	Std. Error Difference	Lower	Upper
练习次数	Equal variances assumed	.829	.373	2.559	22	.018	1.48951	.58203	.28245	2.69657
	Equal variances not assumed			2.606	21.967	.016	1.48951	.57146	.30427	2.67475

图 6-9　**独立样本 t 检验的输出结果报表**

其中,第一个表主要是两样本的描述统计结果:N 为样本容量、Mean 为样本平均数、Std. Deviation 为样本标准差、Std. Error Mean 为样本(平均数的)标准差。

第二个表为独立样本 t 检验结果。

"Levene's Test for Equality of Variances"为 Levene 方差齐性检验,F 为方差齐性检验的检验值,Sig.为方差齐性检验的显著性水平,当 Sig.>0.05 为方差齐性、反之则方差不齐性。

注意:此表中后面的 t 检验结果有两行数据,上一行为方差齐性(Equal variances assumed)时的 t 检验结果,下一行为方差不齐性(Equal variances not assumed)时的 t' 检验结果(即方差齐性看上行、不齐性看下行)。

此表后面的 t 为该独立样本 t 检验中的检验值、df 为自由度、Sig.(2-tailed)为双侧检验下的显著性水平 p 值、Mean Difference 为两样本均值之差、95% Confidence Interval of the Difference 为均值之差的 95%置信区间(其中 Lower 为下限、Upper 为上限)。

再次提醒:一定要区分方差齐性检验的 Sig.(p/前面那个)和独立样本 t 检验的 Sig.(2-tailed)(p/后面那个)。

由该统计结果可知,方差齐性检验的 p 值为 0.373,大于 0.05,方差齐性,看上一行独立样本 t 检验的结果,相应的 t 值为 2.559、p 值为 0.018,小于 0.05,即有足够把握推论得出"完成走迷津的练习次数存在明显的年级差异",再根据 t 值的正负或两样本均值的大小,进一步得出"小学三年级学生的练习次数少于一年级的,完成走迷津能力更强"。

三、相关样本 t 检验(Paired-Samples T Test)

按英文字面翻译，相关样本 t 检验也叫配对样本 t 检验或匹配样本 t 检验。

【例 6-13】 考察夫妻之间主观幸福感的差异。找到 15 对夫妻，均调查各人的主观幸福感，调查结果如表 6-5 所示(得分越高越幸福)。请问夫妻之间主观幸福感是否存在显著差异?

表 6-5 15 对夫妻幸福感调查表

主观幸福感	一	二	三	四	五	六	七	八	九	十	十一	十二	十三	十四	十五
丈夫	65	48	63	52	61	53	63	70	65	66	72	76	68	61	68
妻子	61	42	66	52	47	58	65	62	64	69	71	69	72	59	70

解 首先根据之前章节所述知识建立正确的数据文件。此数据输入 SPSS 后为 2 列(丈夫幸福感和妻子幸福感)、15 对被试 15 行(如图 6-10)，其数据输入形式同"积差相关分析"。

	丈夫幸福感	妻子幸福感
1	65.00	61.00
2	48.00	42.00
3	63.00	66.00
4	52.00	52.00
5	61.00	47.00
6	53.00	58.00
7	63.00	65.00
8	70.00	62.00
9	65.00	64.00
10	66.00	69.00
11	72.00	71.00
12	76.00	69.00
13	68.00	72.00
14	61.00	59.00
15	68.00	70.00

图 6-10 例 6-11 的数据输入示例

步骤 1:选择菜单为"Analyze → Compare Means → Paired-Samples T Test"，打开的相关样本 t 检验的主对话框如图 6-11 所示。此对话框中，左侧是待选变量，此处有两个，"丈夫幸福感"和"妻子幸福感"；右侧"Paired Variables"则必须要成对选入需要分析的变量。同样,最右侧的"Options..."同单样本 t 检验,无需格外设置,略过。

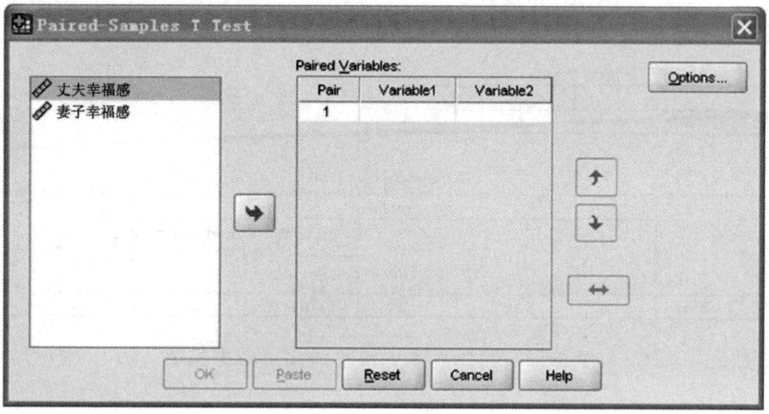

图 6-11 相关样本 t 检验的初始主对话框

步骤 2:根据课题的已知条件,先点击此对话框左侧的"丈夫幸福感",再按住键盘上的"Shift"键的同时点击"妻子幸福感",然后选入到右侧的"Paired Variables"中,结果如图 6-12 所示。也可以用长按鼠标左键"拖曳"的方式选入。

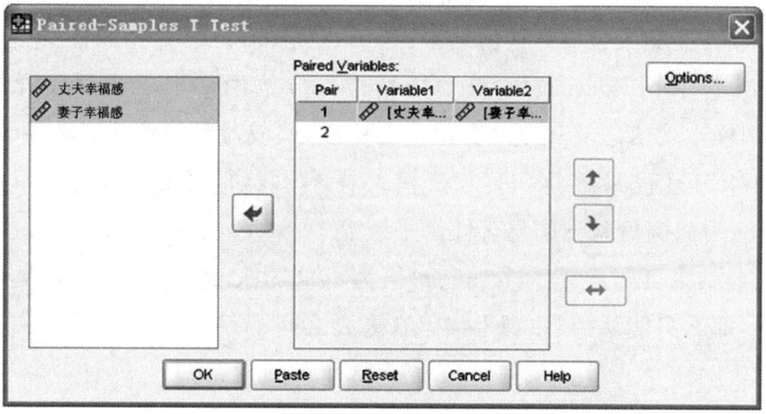

图 6-12 相关样本 t 检验选定变量后的主对话框

步骤 3:单击"OK"按钮,即可完成该统计。

得到的统计结果主要有三个表格(如图 6-13 所示)。

Paired Samples Statistics

		Mean	N	Std. Deviation	Std. Error Mean
Pair 1	丈夫幸福感	63.4000	15	7.64199	1.97315
	妻子幸福感	61.8000	15	8.95385	2.31187

Paired Samples Correlations

		N	Correlation	Sig.
Pair 1	丈夫幸福感 & 妻子幸福感	15	.806	.000

Paired Samples Test

		Paired Differences					t	df	Sig. (2-tailed)
					95% Confidence Interval of the Difference				
		Mean	Std. Deviation	Std. Error Mean	Lower	Upper			
Pair 1	丈夫幸福感 - 妻子幸福感	1.60000	5.31574	1.37252	-1.34376	4.54376	1.166	14	.263

图 6-13　相关样本 t 检验的输出结果报表

其中,第一个表主要是两样本的描述统计结果:Mean 为样本平均数、N 为样本容量、Std. Deviation 为样本标准差、Std. Error Mean 为样本(平均数的)标准误差。

第二个表为积差相关分析的结果:Correlation 为积差相关系数,Sig.为积差相关系数的显著性水平。一定要注意,该表仅为"买一送一"的相关分析,不是相关样本 t 检验的结果。此处系数为 0.806,$p<0.05$,达到显著性水平,为显著的高的正相关,说明的是"夫妻之间幸福感存在高的正相关"。

第三个表才是相关样本 t 检验结果:Paired Differences 是指两样本中成对数值的差,其中的 Mean、Std. Deviation、Std. Error Mean 为两样本中成对数值差的平均数(其实就是两样本均值之差)、成对数值差的标准差、成对数值差的标准差(可结合之前理论所述的计算过程来理解);t 为该相关样本 t 检验中的检验值、df 为自由度、Sig.(2-tailed)为双侧检验下的显著性水平 p 值。

由该统计结果可知,t 值为 1.166、p 值为 0.263,大于 0.05,即没有足够把握推论得出有差异,那么只能认为"主观幸福感在夫妻之间不存在显著差异"。

本章小结

假设检验是推论统计中的核心内容,也是应用统计学中非常重要的组成部分。本章主要介绍了假设检验的基本原理,以及单样本 t 检验、独立样本 t 检验和相关样本 t 检验的应用。

(1)假设检验的逻辑思想是:在先设定无差假设 H_0 成立的前提下,如果得出所收集的样本数据情况的出现可能性极低(低于0.05),那么我们就有理由认为,这种情况不可能发生,则拒绝 H_0、接受 H_1;如果出现可能性并不足够低(高于0.05),那么也就没有足够理由拒绝 H_0。可见,假设检验的结论都带有概率性质。

(2)Ⅰ类错误(α 错误):当 H_0 为真,拒绝 H_0、接受 H_1 所发生的错误(弃真),即真实没差异、假设检验却得出有差异。Ⅱ类错误(β 错误):当 H_0 为假,接受 H_0 所发生的错误(纳伪),即真实有差异却得出没有差异。

(3)单样本 t 检验是通过一样本平均数和已知总体平均数的比较,推论得出该样本所代表的未知总体平均数和已知总体平均数之间的差异显著性。

(4)独立样本 t 检验是通过两样本平均数之间的比较,推论得出该两样本各自所代表的相应两未知总体平均数之间的差异显著性。各样本数据之间不存在一一对应关系。

(5)相关样本 t 检验是通过两样本平均数之间的比较,推论得出该两样本各自所代表的相应两未知总体平均数之间的差异显著性。各样本数据之间存在一一对应关系。

(6)三种 t 检验都是针对两平均数的差异比较,均能通过 SPSS 中的"Compare Means 比较均值"相应的菜单来完成。

思考与练习题

1.名词解释:(1)小概率事件原理;(2)方差齐性检验。

2.名词辨析:(1)Ⅰ类错误与Ⅱ类错误;(2)独立样本与相关样本。

3.实例分析题:针对下列各研究课题,请选用合适的统计方法。

(1) 检验某技能特训的效用。选择一批被试,采用前测—后测的比较设计。

(2) 已知二年级公共课心理学的成绩均值。随机抽查一批二年级学生,分别计算出理科生与文科生成绩的均值与标准差,求理科生与文科生的心理学成绩是否有差异。

(3) 已知某量表的青年常模分数,现随机抽查一批大学生,算得均值与标准差,求在该量表得分上大学生与青年常模分数之间是否存在差异。

(4) 考察高兴与悲伤状态下注意广度的差异。将被试随机分配到两组,每个被试只接受一种状态下的实验处理。

(5) 考察环境对心理发展的影响。采用同卵双生子研究。

(6) 考察某种早期训练对儿童记忆力的影响。选择一批被试,随机分成两组,采用“实验组—控制组设计”。

(7) 已知一般人的视简单反应时，测得某拳击手50次的视简单反应时，求该拳击手的视简单反应时与一般人是否存在差异。

(8) 考察小红与小明视觉简单反应时的差异。测了小红120次，测了小明120次。

(9) 考察小明视觉简单反应时和听觉简单反应时的差异。视觉的测了120次，听觉的测了120次。

4.计算题[格式$M(S_{n-1})$]。

(1) 欲考察两份考卷(AB卷，复本设计)的难度差异。随机抽取学生25人，每人均完成这两份测验卷。结果为，A卷得分为71(8)，B卷得分为73(10)，两份考卷的相关系数r为0.8。问两份测验卷的难度是否存在显著差异？

(2) 已知某逻辑思维能力测验的常人成绩为90，随机抽取某校初中生49人进行施测。测验结果为84(14)。问该校初中生与常人在测验成绩上是否存在显著差异？(注，成绩越高表明逻辑思维能力越强)

(3) 在一项自主学习能力测验中，已知测验成绩服从正态分布。随机抽样的测验结果数据为：独生子女的学生25人，得分为70(12)；非独生的学生25人，得分为66(16)。问独生子女与非独生子女之间在自主学习能力上是否存在显著差异？

第七章　单因素方差分析

在心理或者其他行为科学研究中，经常需要对三个、四个或者更多的数据样本进行差异的显著性检验，如对同一商场的三种不同促销方案进行比较，判断促销方案的优劣；考查记忆效果在四种记忆方法上的差异等。这种检验方法就不能使用两样本均数差异的 t 检验，而必须考虑使用方差分析的方法。

第一节　方差分析基础

方差分析(analysis of variance,ANOVA),是费歇尔(R.A.Fisher)创建的检验一个自变量的多个水平以及两个以上自变量与一个因变量之间关系的方法。方差分析即指对数据样本的变异量的分析,它能够将多个因素在导致数据变异过程中的平均贡献分离出来进行比较。

方差分析包括单因素方差分析和多因素方差分析,当自变量只有一个,但又存在三个或者三个以上的水平时,要考查其差异,就必须考虑使用单因素方差分析。单因素方差分析是指在实验设计中考虑一个自变量的三种及其以上水平条件对因变量的影响的一种统计方法。主要是通过分析组间变异与组内变异(或误差变异)的比率大小,以检验自变量不同水平的差异性,即组间效应的显著情况。实验设计中根据被试分配情况和参与实验处理方式的不同,又可以将其分为单因素完全随机设计的方差分析和随机区组设计的方差分析。

一、方差分析的基本原理

1.方差的可分解性

方差的可分解性原则强调可以将总变异量分解为多个子变异量,这促成了方差分析的可行性。方差分析就是将总平方和分解为几个不同来源的平方和(实验数据与平均数离差的平方和),然后再分别分解其自由度,进而计算均方和 F 值,最后依据 F 值的显著性水平判断不同来源变异对总变异的贡献性。

为了更好的掌握可加性原则,我们通过例 7-1 的研究示例来加以说明。

【例 7-1】 英文阅读理解中,为了探讨少量生疏词的量对阅读理解的影响,某研究者将 15 名被试,随机平均分成 3 个组,每组 5 人,分别进行生疏词占 10%、生疏词占 5%、无生疏词三种情况下的实验,记录下他们各自的英文阅读理解题的得分(满分 12 分),实验结果见表 7-1。

表 7-1　三种不同生疏词量的情况下被试的成绩

	生疏词占 10%	生疏词占 5%	无生疏词	$\sum$
	10	8	11	
	7	10	9	
	5	10	12	
	7	7	8	
	6	5	8	
$\overline{X}_j$	7	8	9.6	
$\sum_{i=1}^{n} X_i$	35	40	48	123
$\sum_{i=1}^{n} X_i^2$	259	338	474	1071

自变量水平(组数)用 K 表示,总体样本数量用 N 表示,$K=3$(表示自变量有 3 个水平),$N=15$(表示样本总数为 15,共有 15 名被试),$n=5$(n 表示各组内样本量为 5,有 5 名被试),$\overline{X}_j$ 表示某水平(实验处理)的平均数,$\overline{X}_t$ 表示总体平均数,X_{ij} 表示第 j 组内的第 i 个数据,$i=1\sim n$。

本例中,检验少量生疏词的量对阅读理解的影响,即主要是分析三组平均数 $\overline{X}_1$,$\overline{X}_2$,$\overline{X}_3$ 之间是否存在差异,同时也可考察各组内被试差异对实验的影响。从表 7-1 可发现,例:$X_{14}-\overline{X}_t=-1.2$,$X_{14}-\overline{X}_1=0$,$\overline{X}_1-\overline{X}_t=-1.2$;可得 $X_{14}-\overline{X}_t=(X_{14}-\overline{X}_1)+(\overline{X}_1-\overline{X}_t)$,即 $X_{ij}-\overline{X}_t=(X_{ij}-\overline{X}_j)+(\overline{X}_j-\overline{X}_t)$,由此可推出:

$$(X_{ij}-\overline{X}_t)^2=[(X_{ij}-\overline{X}_j)+(\overline{X}_j-\overline{X}_t)]^2。\qquad(公式 7-1)$$

这说明样本数据的总变异可以看成是数据组内变异与数据组间变异两部分的整合,为了进一步检验,我们可做出以下推论:

$$SS_T=\sum_{j=1}^{k}\sum_{i=1}^{n}(X_{ij}-\overline{X}_t)^2\ 。\qquad(公式 7-2)$$

具体计算时,首先计算各实验处理组内每个数据与总平均数的离差平方和 $(X_{ij}-\overline{X}_t)^2$,再将各组内的平方和相加 $\sum_{i=1}^{n}(X_{ij}-\overline{X}_t)^2$,最后计算全部实验处理的平方和之和得总平方和 $\sum_{j=1}^{k}\sum_{i=1}^{n}(X_{ij}-\overline{X}_t)^2$。

将前面推导的公式 7-1 带入公式 7-2 中,可得

$$SS_T = \sum_{j=1}^{k}\sum_{i=1}^{n}(X_{ij}-\overline{X}_t)^2 = \sum_{j=1}^{k}\sum_{i=1}^{n}[(X_{ij}-\overline{X}_j)+(\overline{X}_j-\overline{X}_t)]^2$$

$$= \sum_{j=1}^{k}\sum_{i=1}^{n}[(X_{ij}-\overline{X}_j)^2+2(X_{ij}-\overline{X}_j)(\overline{X}_j-\overline{X}_t)+(\overline{X}_j-\overline{X}_t)^2]$$

$$= \sum_{j=1}^{k}\sum_{i=1}^{n}(X_{ij}-\overline{X}_j)^2+2(\overline{X}_j-\overline{X}_t)\sum_{i=1}^{n}(X_{ij}-\overline{X}_j)+\sum_{j=1}^{k}\sum_{i=1}^{n}(X_j-\overline{X}_t)^2。$$

由离差的性质可知$\sum_{j=1}^{k}\sum_{i=1}^{n}(X_{ij}-\overline{X}_j)=0$，因此

$$SS_T = \sum_{j=1}^{k}\sum_{i=1}^{n}(X_{ij}-\overline{X}_j)^2+\sum_{j=1}^{k}\sum_{i=1}^{n}(X_j-\overline{X}_t)^2$$

$$= \sum_{j=1}^{k}\sum_{i=1}^{n}(X_{ij}-\overline{X}_j)^2+n\sum_{j=1}^{k}(\overline{X}_j-\overline{X}_t)^2。 \qquad (公式 7\text{-}3)$$

由此证明前面的假设是正确的，即样本总变异量(SS_T)是由样本的组内差异(SS_W)表示和样本组间差异(SS_B)两部分组成，即：

$$SS_T = SS_B + SS_W。 \qquad (公式 7\text{-}4)$$

组间差异又称组间平方和，反映的是自变量不同水平情况下，在实验中出现的变异，即：

$$SS_B = n\sum_{j=1}^{k}(\overline{X}_j-\overline{X}_t)^2。 \qquad (公式 7\text{-}5)$$

组内差异又称组内平方和，它是由组内被试之间的个体差异或实验误差造成的，因为带有随机性，因此可独立于组间差异，即：

$$SS_W = \sum_{j=1}^{k}\sum_{i=1}^{n}(X_{ij}-\overline{X}_j)^2 。 \qquad (公式 7\text{-}6)$$

实验中，如果各组内被试之间的差异较大，那么即使接受同样的实验处理(同一水平)，也会对因变量存在很大的影响，且被试参与了方差分析中各项平方和的计算。在实验中实验者对于被试间的个体差异很难控制在零水平上，加上实验误差的存在，组内差异是难以消除的。一般而言，组间平方和越大，组内平方和越小，各组间平均数差异显著性的可能性就越大。这要求在进行统计分析时采用均方(平方和/自由度)，这一无偏估计来代替平方和，这里涉及一个重要的概念：自由度(用 df 表示)。不同的差异来源由于作用的样本量的差异其自由度也不一样。

总自由度：$df_T = N-1 = nk-1$。

组间自由度：$df_B = k-1$。

组内自由度：$df_W=k(n-1)$或$df_W=df_T-df_B$。（公式 7-7）

因此，各变异的均方计算公式为：

总均方：$MS_T=\frac{SS_T}{df_T}$。

组间平方和：$MS_B=\frac{SS_B}{df_B}$。

组内平方和：$MS_W=\frac{SS_W}{df_W}$。（公式 7-8）

方差分析的计算运用的是 F 检验，在方差分析中，主要区别和检验的是不同水平的自变量对因变量的影响，即组间差异，F 值反映的是相对于组内差异而言，组间差异的大小。因此：$F=\frac{MS_B}{MS_W}$。（公式 7-9）

若 $F\leqslant 1$，即组间均方小于组内均方，表示组间差异在总差异中贡献很小，主要是由个体差异或实验误差造成的；若 $F>1$，且值落入 F 分布的临界区（$p<0.05$ 或 $p<0.01$），说明组间差异显著，不同自变量水平在因变量结果上的差异显著。

2.方差分析的假设条件

并不是所有的数据都适合进行方差分析，只有满足以下条件的实验数据或观测数据，才适合应用方差分析对数据加以检验。

（1）总体正态分布

大部分心理与教育统计方法运用的实现，都要求其数据来源于正态分布的总体。在实际研究中，大部分数据都可以假定是总体正态分布的样本，因此，一般不需要对总体的正态性进行检验。但是当确定某样本数据的总体不是正态分布时，则不能采用方差分析进行检验，而应使用非参数检验，或者将数据转换成接近正态分布的新数据后，才能使用方差分析。

（2）变异的相互独立性

方差分析中，变异的独立性是基于变异的可分解性原则实现的。即是能将总体变异分解为多个不同的部分，这些部分的来源是彼此独立且意义明确的。心理学研究中，这一点基本都能满足。

（3）不同来源部分的方差必须一致

不同来源部分的方差一致即是指方差齐性，方差间的差异检验不显著，这是方差分析最基本的假设条件。因为，进行方差分析时，用 SS_W 作为总体组内方差的估计值，是将各实验水平的数据样本的合并，就必须满足方差齐性的前提条件，以保证不同实验水平下样本的可比性及结果的真实可靠性。如果达不到方差齐性的条件，原则上是不能进行方差分析的。

因此，在进行方差分析前，需要对各组进行方差齐性检验，若方差齐性（差异不显著），表示数据是有效的，可运用公式7-9进行方差分析。由于方差分析的数据较多，因此常采用最大F_{max}比率法进行分析，其步骤非常简单，先找出各组内最大的和最小的方差值，带入公式计算，然后将结果与F_{max}临界值进行比较，若小于临界值，则表示各组的方差是齐性的，具体计算将会在方差分析的基本步骤中呈现。

$$\text{公式}:F_{max}=\frac{S_{max}^2}{S_{min}^2}。\qquad\text{（公式 7-10）}$$

二、方差分析的基本步骤

方差分析中很重要的一步是计算各种变异的平方和，而平方和的计算方式有三种：一是用定义公式计算；二是用原始数据公式计算；三是利用样本统计量计算。在实际运用中，收集到的数据一般都是最直接的原始数据，因此，为了简便快捷地运用方差分析检验样本间的差异，一般直接以原始数据的公式计算平方和。此时的计算公式为：

$$\text{总平方和}:SS_T=\sum_{j=1}^{k}\sum_{i=1}^{n}X_{ij}^2-\frac{(\sum_{j=1}^{k}\sum_{i=1}^{n}X_{ij})^2}{N}。\qquad\text{（公式 7-11）}$$

$$\text{组间平方和}:SS_B=\sum_{j=1}^{k}\frac{(\sum_{i=1}^{n}X_{ij})^2}{n}-\frac{(\sum_{j=1}^{k}\sum_{i=1}^{n}X_{ij})^2}{nk}。\qquad\text{（公式 7-12）}$$

$$\text{组内平方和}:SS_W=SS_T-SS_B。\qquad\text{（公式 7-13）}$$

在此，我们以例7-1对应的表7-1中的数据来说明方差分析的基本步骤。

1.计算平方和

$$SS_T=\sum_{j=1}^{k}\sum_{i=1}^{n}X_{ij}^2-\frac{(\sum_{j=1}^{k}\sum_{i=1}^{n}X_{ij})^2}{N}=1071-\frac{123^2}{15}\approx 62.4。$$

$$SS_B=\sum_{j=1}^{k}\frac{(\sum_{i=1}^{n}X_{ij})^2}{n}-\frac{(\sum_{j=1}^{k}\sum_{i=1}^{n}X_{ij})^2}{nk}=\left(\frac{35^2+40^2+48^2}{5}\right)-\frac{123^2}{15}\approx 17.2。$$

$SS_W=SS_T-SS_B=62.4-17.2=45.2$。

2.计算自由度

$df_T=N-1=15-1=14$。

$df_B = k-1 = 3-1 = 2$。

$df_W = k(n-1) = 3(5-1) = 12$。

3.计算均方

因为方差分析主要是比较组间差异与组内差异比值的大小，可以只计算组间与组内的均方。

$$MS_B = \frac{SS_B}{df_B} = \frac{17.2}{2} = 8.6$$。

$$MS_W = \frac{SS_W}{df_W} = \frac{45.2}{12} \approx 3.77$$。

4.计算 F 比值，确定显著水平并做出决策

方差分析关注的是组间差异的显著性，若计算出的组间均方小于组内均方，表示自变量对因变量的作用不明显，而主要是由组内差异所致，因此没有进行 F 比值计算的必要。如果组间均方大于组内均方，则需要进一步检验组间差异是否达到显著水平。

$$F = \frac{MS_B}{MS_W} = \frac{8.6}{3.77} \approx 2.28$$。

查 F 分布表（单侧检验）可知，$F_{0.05(2,12)} = 3.88$；计算得出 $F = 2.28 < F_{0.05(2,12)}$ 。组间差异没有达到显著水平，说明英文阅读理解题中有少量生疏词对阅读效果不存在显著影响。

5.给出方差分析表

为了使方差分析的结果更简便的呈现，达到一目了然的效果，就需要在分析完成后给出方差分析表。一个完整的方差分析表主要包括组间变异、组内变异（或区组变异和残差）和总变异的平方和、自由度、均方、F 比值和显著水平 p 值。

表 7-2　例 7-1 的方差分析结果

变异来源	平方和	自由度	均方	F	p
组间变异	17.2	2	8.60	2.28	>0.05
组内变异	45.2	12	3.77		
总变异	62.4	14			

第二节　单因素独立样本的方差分析

单因素独立样本的方差分析，通常适用于单因素完全随机设计研究的统计分析。这种设计是指单一自变量对因变量的影响，其被试是随机分配到各实验处理中的，各组被试仅接受一种实验处理，彼此之间相互独立，因此，这种设计又称为单因素独立组设计或被试间设计，属于独立样本的情况。例 7-1 就是典型的单因素完全随机设计，自变量是生疏词的数量，包括无、占 5%和占 10%三种水平（三种实验处理），将 15 名被试随机分配成 3 组，每组只接受一种实验处理，得到 3 组不同的成绩（成绩为连续数据）。

需要强调的是，此例中各组被试量是相等的，而独立样本情况下，多数实验中会出现各组被试数量不等的情况。且根据实验需求的不同，实际分析中常常会出现两种数据呈现方式：一是给出实验处理各组的原始数据；二是只给出各实验组数据的统计量。因此，单因素完全随机设计的方差分析包含了以下三种情况，本节将结合具体的实例对每种情况的分析过程予以讲解。

一、各实验组数据样本容量相等时的方差分析过程

【例 7-2】　为了研究不同年级的大学生学习幸福感的差异，某研究者从本校各年级的不同专业均随机抽取 10 名学生参加学习幸福感的测量。具体测试结果如表 7-3 所示。

表 7-3　不同年级大学生学习幸福感测量数据

	大一	大二	大三	大四	$\sum$
	54	46	60	70	
	57	53	65	66	
	65	47	63	74	
	72	48	61	67	
	54	52	58	59	
	68	61	59	72	
	56	58	60	68	
	58	49	54	69	
	63	52	66	71	
	54	51	59	73	
$\sum_{i=1}^{n} X_i$	601	519	605	689	2414
$\sum_{i=1}^{n} X_i^2$	36499	27149	36713	47641	148002

步骤 1:计算平方和

$$SS_T=\sum_{j=1}^{k}\sum_{i=1}^{n}X_{ij}^2-\frac{(\sum_{j=1}^{k}\sum_{i=1}^{n}X_{ij})^2}{N}=148002-\frac{2414^2}{40}=2317.10,$$

$$SS_B=\sum_{j=1}^{k}\frac{(\sum_{i=1}^{n}X_{ij})^2}{n}-\frac{(\sum_{j=1}^{k}\sum_{i=1}^{n}X_{ij})^2}{nk}$$

$$=\left(\frac{601^2+519^2+605^2+689^2}{10}\right)-\frac{2414^2}{40}=1445.90,$$

$$SS_W=SS_T-SS_B=2317.10-1445.90=871.20。$$

步骤 2:计算自由度

$df_T=N-1=40-1=39$,

$df_B=k-1=4-1=3$,

$df_W=k(n-1)=4(10-1)=36$。

步骤 3:计算均方

$$MS_B=\frac{SS_B}{df_B}=\frac{1445.90}{3}\approx 481.97,$$

$$MS_W=\frac{SS_W}{df_W}=\frac{871.20}{36}\approx 24.20。$$

步骤 4:计算 F 比值,查 F 分布表确定显著水平,做出决策

$$F=\frac{MS_B}{MS_W}=\frac{481.97}{24.20}\approx 19.92。$$

查附表 3 的 F 分布表(单侧检验)可知,$F_{0.05(3,36)}=2.86$,$F_{0.01(3,36)}=4.38$;计算得出 $F=19.92>F_{0.01(3,36)}$,组间差异达到显著水平,说明不同年级大学生的学习幸福感水平存在显著的差异。

步骤 5:给出方差分析表

表 7-4 例 7-2 的方差分析结果

变异来源	平方和	自由度	均方	F	p
组间变异	1445.90	3	481.97	19.92	<0.01
组内变异	871.20	36	24.20		
总变异	2317.10	39			

二、各实验组数据样本容量不相等时的方差分析过程

【例 7-3】 某学者欲研究大学生时间管理倾向和学习幸福感的关系。随机选取 25 名被试，对他们进行时间管理倾向和学习幸福感的测试，然后，以时间管理倾向总分高低，将被试分为高中低三组，分析学习幸福感在时间管理倾向分组上的差异。测试结果如表 7-5 所示。

表 7-5 学习幸福感在各时间管理倾向得分分组上的测量数据

	高分组	中等分数组	低分组	Σ
	78	66	67	
	69	70	55	
	70	65	58	
	72	64	68	
	58	71	59	
	75	72	54	
	74	62	60	
	68	59		
		68		
		57		
$\sum_{i=1}^{n} X_i$	564	654	421	1639
$\sum_{i=1}^{n} X_i^2$	40018	43000	25499	108517

步骤 1:计算平方和

$$SS_T=\sum_{j=1}^{k}\sum_{i=1}^{n}X_{ij}^2-\frac{(\sum_{j=1}^{k}\sum_{i=1}^{n}X_{ij})^2}{N}=108517-\frac{1639^2}{25}\approx 1064.16。$$

$$SS_B=\sum_{j=1}^{k}\frac{(\sum_{i=1}^{n}X_{ij})^2}{nj}-\frac{(\sum_{j=1}^{k}\sum_{i=1}^{n}X_{ij})^2}{N}=\left(\frac{564^2}{8}+\frac{654^2}{10}+\frac{421^2}{7}\right)-\frac{1639^2}{25}\approx 400.90。$$

$$SS_W=SS_T-SS_B=1064.16-400.90=663.26。$$

步骤 2:计算自由度

$$df_T=N-1=25-1=24。$$

$$df_B=k-1=3-1=2。$$

$$df_W=df_T-df_B=24-2=22。$$

步骤 3:计算均方

$$MS_B=\frac{SS_B}{df_B}=\frac{400.90}{2}=200.45。$$

$$MS_W=\frac{SS_W}{df_W}=\frac{663.26}{22}\approx 30.15。$$

步骤 4:计算 F 比值,查 F 分布表确定显著水平,做出决策

$$F=\frac{MS_B}{MS_W}=\frac{200.45}{30.15}\approx 6.65。$$

查 F 分布表(单侧检验)可知,$F_{0.05(2,22)}=3.44$,$F_{0.01(2,22)}=5.72$;计算得出 $F=6.65>F_{0.01(2,22)}$。各实验组之间的差异显著,说明个体时间管理倾向的能力水平与其学习幸福感有明显关联。

步骤 5:给出方差分析表

表 7-6　例 7-3 的方差分析结果

变异来源	平方和	自由度	均方	F	p
组间变异	400.90	2	200.45	6.65	<0.01
组内变异	663.26	22	30.15		
总变异	1064.16	24			

三、仅给出各实验组样本统计量时的方差分析过程

【例 7-4】 将 15 名记忆能力相当的被试随机分为 3 组，每组 5 人，接受不同的刺激材料（数字、几何图形、人物像）的记忆再认实验，以分析刺激材料对记忆的影响。3 组被试的实验数据如表 7-7 所示。

表 7-7 接受不同刺激材料的实验组的再认成绩

统计量	数字	几何图形	人物像
平均数	8	7	9
方　差	0.75	0.46	0.24
人　数	5	5	5

步骤 1：计算总平均数

由平方和定义公式 7-3、公式 7-4 和公式 7-5 可知，组间平方和是各组数据平均数与总平均数的离差平方和。因此，需要先计算数据的总平均数 $\overline{X}_t$。

$$\overline{X}_t = \frac{(\overline{X}_1 + \overline{X}_2 + \overline{X}_3)}{3} = \frac{(8+7+9)}{3} = 8。$$

步骤 2：计算平方和

$$SS_B = n \cdot \sum_{j=1}^{k} (\overline{X}_j - \overline{X}_t)^2 = 5[(8-8)^2 + (7-8)^2 + (9-8)^2] = 10。$$

$$SS_W = \sum_{j=1}^{k}\sum_{i=1}^{n}(X_{ij} - \overline{X}_j)^2 = \sum_{j=1}^{k} n \cdot S_j^2 = n\sum_{j=1}^{k} S_j^2$$
$$= 5 \times (0.75^2 + 0.46^2 + 0.24^2) = 5.25。$$

步骤 3：计算自由度

$$df_B = k - 1 = 3 - 1 = 2。$$

$$df_W = k(n-1) = 3 \times (5-1) = 12。$$

步骤 4：计算均方

$$MS_B = \frac{SS_B}{df_B} = \frac{10}{2} = 5。$$

$$MS_W = \frac{SS_W}{df_W} = \frac{5.25}{12} \approx 0.473。$$

步骤 5：计算 F 比值，查 F 分布表确定显著水平，做出决策

$$F=\frac{MS_B}{MS_W}=\frac{5}{0.437}\approx 11.44。$$

查 F 分布表(单侧检验)可知,$F_{0.05(2,12)}=3.88$,$F_{0.01(2,12)}=6.93$;计算得出 $F=11.44>F_{0.01(2,12)}$。三种刺激材料的再认成绩差异显著,说明刺激材料对个体的记忆有显著影响。

步骤 6:给出方差分析表

表 7-8　例 7-4 的方差分析结果

变异来源	平方和	自由度	均方	F	p
组间变异	10	2	5	11.44	<0.01
组内变异	5.25	12	0.437		
总变异	15.25	14			

第三节　单因素相关样本的方差分析

单因素相关样本的方差分析，通常适用于单因素随机区组设计（含重复测量设计）研究的统计分析。

方差分析中组间差异的显著性水平是相对于组内差异中的随机误差来确定的。完全随机设计就是在假定各组被试同质的基础上实现的。然而，现实的实验中是很难保证各组被试达到完全同质的，且由于每种实验处理下的被试不同，从而无法了解被试间的个体差异。因此，为了控制被试间的个体差异对组间差异的影响，将其从组内差异中分离，以提高方差分析敏感性，便需要采用随机区组设计。

随机区组设计的基本特点是，根据对被试的特点、差异及可能的影响因素的分析后，按照适合于实验要求的标准，将被试划分为几个区组，然后将区组内的被试随机、均等地分配到各实验处理之中。各区组内被试间的差异要尽可能的小，达到同质。由此，整个实验的被试间差异就得到了一定程度的控制，且能够得到不同区组的数据，使区组差异的计算得以实现，从而把被试间差异从组内差异中分离出来，还能够考察实验区组划分的科学性和必要性。此时实验设计的总变异就被分为了三个部分：组间变异（自变量不同水平的影响作用）、区组变异（区组间差异的影响作用）和误差变异（又称为残差，实验中其他随机因素的影响作用）。

随机区组设计中对于每一区组而言，它应该接受所有实验处理，对于每种实验处理而言，它在不同区组中重复的应该相等[1]。基于此，区组被试的选择和分配在总体上有两种情况：第一，各区组内的被试量是实验处理数量的整数倍，如有 5 种实验处理，各区组有 15 名被试，则各区组要求每 3 名被试随机安排做同一种实验处理，这是单因素随机区组设计的一般模式；第二，各区组内的被试只有唯一，指被试可以是一个个体，也可以是一个团体，此时，各区组内的被试都必须接受全部的实验处理，这种情况是单因素随机区组设计的特殊模式，又称为单因素重复测量实验设计。两种随机区组设计的模式分别如表 7-9 和 7-10 所示。无论哪种模式，从统计角度而言，均为相关样本的情况，因此，此章节我们将介绍有关“单因素随机区组设计的方差分析”又称为“单因素相关样本的方差分析”。

[1] 张厚粲，徐建平.现代心理与教育统计学（第 3 版）[M].北京：北京师范大学出版社，2009.

表 7-9　区组的匹配模式

	处理 1	处理 2	处理 3
区组 1	被试 11	被试 12	被试 13
区组 2	被试 21	被试 22	被试 23
区组 3	被试 31	被试 32	被试 33

表 7-10　重复测量模式

	处理 1	处理 2	处理 3
区组 1	被试 1	被试 1	被试 1
区组 2	被试 2	被试 2	被试 2
区组 3	被试 3	被试 3	被试 3

随机区组设计能够将被试之间的差异从组内差异中分离，从而控制个体差异对实验的影响。但关键是要保证各区组内被试的同质性，如果划分区组的标准把握不当，使被试达不到同质，不仅不能有效地减小误差，反而会出现引起新的误差的可能。

一、单因素随机区组设计一般模式的方差分析过程

与单因素完全随机设计相比，单因素随机区组设计的方差分析过程有两方面的不同点：一是要计算区组效应（区组平方和 SS_A）和自由度，就计算方法而言，与计算组间效应一致。二是 F 检验分析的是组间变异与残差的比值的显著性，残差（SS_E）及其自由度可通过总变异及其自由度减去组间变异及其自由度和区组效应及其自由度的方式计算得出。具体公式如下：

$$SS_R=\sum_{i=1}^{n}\frac{(\sum_{j=1}^{k}X_{ij})^2}{k}-\frac{(\sum_{j=1}^{k}\sum_{i=1}^{n}X_{ij})^2}{nk}\text{。}\qquad\text{（公式 7-14）}$$

$$df_R=n-1\text{。}\qquad\text{（公式 7-15）}$$

公式中 n 表示区组的个数，k 表示各区组的被试量（即数据量）。由此，残差的平方和及自由度的计算公式分别为：

$SS_E=SS_T-SS_B-SS_R$。

$df_E=df_T-df_B-df_R$。

【例 7-5】　某学者为了研究三种不同的教学方法，哪种对学生学习幸福感的作用更大，选择大一的 18 名学生进行试验。首先，对被试的学习幸福感水平进行初测，根

据得分将18名被试划分为高、中、低三种水平，每种水平等级6人，并将其随机分配到各教学方法中。实验一学期后，再次对这18名被试施测，计算他们前后两次幸福感水平的得分差。具体数据如表7-11所示。

表7-11　三种教学方法下被试前后学习幸福感测验的得分差

	教学方法A	教学方法B	教学方法C	$\sum_{j=1}^{k} X_j$	$\sum_{j=1}^{k} X_j^2$
高水平组	7 7	7 6	5 5	37	233
中水平组	5 6	4 6	4 5	30	154
低水平组	8 5	3 2	3 3	24	120
$\sum_{i=1}^{n} X_i$	38	28	25	91	
$\sum_{i=1}^{n} X_i^2$	248	150	109		507

步骤1：计算平方和

$$SS_T = \sum_{j=1}^{k}\sum_{i=1}^{n} X_{ij}^2 - \frac{(\sum_{j=1}^{k}\sum_{i=1}^{n} X_{ij})^2}{N} \approx 507 - \frac{91^2}{18} = 46.94。$$

$$SS_B = \sum_{j=1}^{k} \frac{(\sum_{i=1}^{n} X_{ij})^2}{k} - \frac{(\sum_{j=1}^{k}\sum_{i=1}^{n} X_{ij})^2}{nk} \approx \left(\frac{38^2 + 28^2 + 25^2}{6}\right) - \frac{91^2}{18} \approx 15.45。$$

$$SS_R = \sum_{j=1}^{k} \frac{(\sum_{i=1}^{n} X_{ij})^2}{k} - \frac{(\sum_{j=1}^{k}\sum_{i=1}^{n} X_{ij})^2}{nk} \approx \left(\frac{37^2 + 30^2 + 24^2}{6}\right) - \frac{91^2}{18} \approx 14.11。$$

$$SS_E = SS_T - SS_B - SS_A = 46.94 - 15.45 - 14.11 = 17.38。$$

步骤2：计算自由度

$$df_T = N - 1 = 18 - 1 = 17。$$

$$df_B = k - 1 = 3 - 1 = 2。$$

$$df_R = n - 1 = 3 - 1 = 2。$$

$$df_E = df_T - df_B - df_R = 17 - 2 - 2 = 13。$$

步骤3：计算均方

$$MS_B=\frac{SS_B}{df_B}=\frac{15.45}{2}=7.725。$$

$$MS_R=\frac{SS_R}{df_R}=\frac{14.11}{2}=7.055。$$

$$MS_E=\frac{SS_E}{df_E}=\frac{17.38}{13}\approx 1.337。$$

步骤 4:计算 F 比值,查 F 分布表确定显著水平,做出决策

$$F_b=\frac{MS_B}{MS_E}=\frac{7.725}{1.337}\approx 5.78。$$

$$F_a=\frac{MS_R}{MS_E}=\frac{7.055}{1.337}\approx 5.27。$$

查 F 分布表(单侧检验)可知,$F_{0.05(2,13)}=3.80$,$F_{0.01(2,13)}=6.70$;计算得出 $F_b=5.78>F_{0.05(2,13)}$,$F_a=5.27>F_{0.05(2,13)}$。由此可知,组间差异和区组差异都达到显著水平,说明不同教学方法对学生的学习幸福感有显著影响;区组效应会影响实验结果的变异量,此实验中采用区组设计是有用的,若区组差异不显著,说明参加实验的被试本身同质性较高或区组设计可能不必要。

需要注意的是,实际研究中关心的只是研究目的,所以只需要检验组间效应即可,无需检验区组效应。

步骤 5:给出方差分析表

表 7-12　例 7-5 的方差分析结果

变异来源	平方和	自由度	均方	F	p
组间变异	15.45	2	7.73	5.78	<0.05
区组变异	14.11	2	7.06	5.27	<0.05
残差	17.38	13	1.34		
总变异	46.94	17			

三、单因素重复测量实验设计(特殊模式)的方差分析过程

单因素重复试验设计又叫被试内设计或组内设计,是心理学研究中常用的设计模式,这种模式由于各区组内被试是单一的,因此对被试间差异的控制在一定程度上优于一般模式的设计,也比较节省被试。但这种模式的不足之处在于容易产生系列效应,即前面的实验处理会对后续处理产生影响。针对这个问题一般可以选择运用抵消

平衡法加以控制。单因素重复试验设计的步骤同一般模式是一致的。

【例 7-6】 为了研究不同色彩对反应时的影响，研究者选择 6 名被试让其在四种不同颜色的刺激物的情景下进行实验，实验分为 4 次，每次按要求需对 4 种颜色中的某种颜色的刺激做出反应，每位被试均接受所有色光的反应时测定。问色彩对个体的反应时是否存在影响。具体实验结果见表 7-13 所示(注：数据为虚构)。

表 7-13 四种颜色下被试的反应时

被试	黄色	红色	绿色	白色	$\sum_{j=1}^{k} X_j$	$\sum_{j=1}^{k} X_j^2$
1	3	3	4	5	15	59
2	5	6	6	6	23	133
3	2	2	3	3	10	26
4	1	3	3	4	11	35
5	1	3	3	4	11	35
6	2	1	2	2	7	13
$\sum_{i=1}^{n} X_i$	14	18	21	24	77	
$\sum_{i=1}^{n} X_i^2$	44	68	83	106		301

步骤 1：计算平方和

$$SS_T = \sum_{j=1}^{k}\sum_{i=1}^{n} X_{ij}^2 - \frac{(\sum_{j=1}^{k}\sum_{i=1}^{n} X_{ij})^2}{N} = 301 - \frac{77^2}{24} \approx 53.96。$$

$$SS_B = \sum_{j=1}^{k} \frac{(\sum_{i=1}^{n} X_{ij})^2}{n} - \frac{(\sum_{j=1}^{k}\sum_{i=1}^{n} X_{ij})^2}{nk} = \left(\frac{14^2+18^2+21^2+24^2}{6}\right) - \frac{77^2}{24} \approx 9.13。$$

$$SS_R = \sum_{j=1}^{k} \frac{(\sum_{i=1}^{n} X_{ij})^2}{k} - \frac{(\sum_{j=1}^{k}\sum_{i=1}^{n} X_{ij})^2}{nk}$$

$$= \left(\frac{15^2+23^2+10^2+11^2+11^2+7^2}{6}\right) - \frac{77^2}{24}$$

$$\approx 39.21。$$

$$SS_E = SS_T - SS_B - SS_R = 53.96 - 9.13 - 39.21 = 5.62。$$

步骤 2:计算自由度

$df_T = N - 1 = 24 - 1 = 23$。

$df_B = k - 1 = 4 - 1 = 3$。

$df_R = n - 1 = 6 - 1 = 5$。

$df_E = df_T - df_B - df_R = 23 - 3 - 5 = 15$。

步骤 3:计算均方

$$MS_B = \frac{SS_B}{df_B} = \frac{9.13}{3} \approx 3.04。$$

$$MS_E = \frac{SS_E}{df_E} = \frac{5.62}{15} \approx 0.37。$$

步骤 4:计算 F 比值,查 F 分布表确定显著水平,做出决策

$$F_b = \frac{MS_B}{MS_E} = \frac{3.04}{0.37} \approx 8.21。$$

查 F 分布表(单侧检验)可知,$F_{0.05(3,15)} = 3.29$,$F_{0.01(3,15)} = 5.42$,$F_{0.05(5,15)} = 2.90$,$F_{0.01(5,15)} = 4.56$。由此可知,组间差异达到显著水平,说明不同颜色的刺激物对个体的反应时有显著影响(注:此为虚构数据的结果)。

步骤 5:给出方差分析表

表 7-14　例 7-6 的方差分析结果

变异来源	平方和	自由度	均方	F	p
组间变异	9.13	3	3.04	8.21	<0.01
区组变异	39.21	5			
残差	5.62	15	0.37		
总变异	53.96	23			

第四节　单因素方差分析的事后检验

一、为什么要事后检验

方差分析的主要目的是通过 F 检验来验证组间变异在总变异中贡献的大小，借此对两组以上数据的平均数进行差异检验，以得到一个整体性的检验结果。如果 F 检验的结果显示没有达到显著水平，说明实验中自变量对因变量的影响不明显。若 F 检验的结果显示组间差异显著，则说明各实验处理彼此之间存在着显著差异。然而，由于方差分析中 F 检验显著只说明了实验处理的两两比较中至少有一对平均数间的差异达到显著水平，而不是所有。因此，需要对各实验处理的多对平均数进一步分析和比较，以确定究竟是哪些处理组之间的差异显著，这就是方差分析的事后检验(post hoc test)，又称为事后多重比较(multiple comparison procedures)。

究竟应该如何对各实验处理的平均数进行比较呢？前面的章节讲到对平均数差异的比较，运用的是 t 检验，但是这种方法的适用条件是两组平均数。而方差分析中有3组及以上的数据平均数，那么仍运用 t 检验进行比较是否恰当？我们可以看这样一个例子，用 t 检验比较男女生学习幸福感的差异，若自由度为29，其对应的95%的显著水平的临界值 $t_{0.05/2}=2.045$，说明男女生二个样本平均数的差异检验 t 值(绝对值)大于2.045的可能性为0.05，属于小概率事件。如果样本数据为3，那么3组平均数间的两两比较就需要进行三次 t 检验。满足小概率事件，就意味着每一次比较检验的 t 值大于2.045的概率都需要小于0.05。根据概率的计算法则，那么进行三次 t 检验其值都大于2.045的概率就会变成0.14。由此例可以看出，当数据组为3时，用 t 检验进行事后比较，其满足小概率事件的概率会由0.05变大为0.14，显著水平由95%变为86%，增加了犯 α 错误的概率，可能使原本差异不显著的数据组显示出显著性。因此，对方差分析进行事后比较不适合采用 t 检验的方法，而要运用多重比较的方法。

二、Newman-Keuls 检验法

多重比较的方法有很多种：如 Tukey 的可靠显著差异法、最小显著差异法(LSD)、Scheffe 检验法、Newman-Keuls 检验法等。从统计效果和计算的便捷性角度考虑，本书只介绍 Newman-Keuls 检验法。

Newman-Keuls 检验法，简称 N-K 检验法又叫 Q 检验法，是由 Newman 和 Keuls 提出的。其具体实施步骤如下。

1.将要参与比较的各个平均数按从小到大的顺序等级排列。

2.根据比较等级 r、自由度 df_E 或 df_W（df_E 为残差自由度，df_W 是完全随机设计中的组内自由度，两者是相等意义），查“Q 分布临界值表”中对应的 $Q_{0.05}$ 或 $Q_{0.01}$ 的值。比较等级 R 是相互比较的两个平均数的排列等级之差加上 1，即 $R=R_i-R_j+1$，如排列等级为 1 和 2 的两个平均数其等级 R 值为 2（$R=2-1+1$）。

3.计算样本平均数的标准差，公式 $SE_{\overline{X}}=\sqrt{\frac{MS_E}{n}}$。（公式 7-18）

MS_E 是误差均方，完全随机设计时用组内均方 MS_W，n 是样本数据量。若完全随机设计中各组数据量不相等时则标准差的计算公式为：$SE_{\overline{X}}=\sqrt{\frac{MS_W}{2}(\frac{1}{n_a}+\frac{1}{n_b})}$，其中 n_a，n_b 分别指两个样本各自的数据量。

4.计算比较临界值。用对应于某一等级 R 的 Q 的临界值乘以标准差（$Q_{0.05}\cdot SE_{\overline{X}}$ 或 $Q_{0.01}\cdot SE_{\overline{X}}$）的值，就是此等级 R 的两个平均数相比较的临界值。

5. 将两个平均数彼此间的差异与相应的临界值做比较。如果两个平均数的差值大于 $Q_{0.05}\cdot SE_{\overline{X}}$ 或 $Q_{0.01}\cdot SE_{\overline{X}}$，则说明这两个平均数的差异达到 0.05 或 0.01 的显著水平；反之，则说明差异不显著。

以例 7-6 的数据为例，红、黄、绿、白（分别以 A，B，C，D 代表）四种颜色刺激下各自的反应时的平均数分别为 3，2.3，3.5 和 4，样本数据量为 10，方差分析中 $MS_E=0.37$，$df_E=15$，试对各组平均数进行事后检验。

步骤 1：对各平均数进行等级排列。

等　级	1	2	3	4
平均数	$\overline{X}_A$	$\overline{X}_B$	$\overline{X}_C$	$\overline{X}_D$
	2.3	3	3.5	4

步骤 2：查 Q 分布临界值表，得出对应等级 R 的值。

本例中 $df_E=15$，在 Q 分布临界值表中没有，则需要用最接近于 15 的数值的自由度的临界值代替。因为只要有 4 组平均数进行比较，所以最大的 $R=4$（$R=4-1+1$）。依次查 $df_E=14$ 的 Q 分布临界值得：

$R=2\rightarrow Q_{0.05}=3.03$，

$R=3\rightarrow Q_{0.05}=3.70$，

$R=4\rightarrow Q_{0.05}=4.11$。

步骤 3：计算平均数的标准差。

$$SE_{\overline{X}}=\sqrt{\frac{MS_E}{n}}=\sqrt{\frac{0.37}{6}}\approx 0.25。$$

步骤 4:计算等级 R 对应的临界值。

$R=2\rightarrow Q_{0.05}\cdot SE_{\overline{X}}=3.03\times 0.25\approx 0.76$,

$R=3\rightarrow Q_{0.05}\cdot SE_{\overline{X}}=3.70\times 0.25\approx 0.93$,

$R=4\rightarrow Q_{0.05}\cdot SE_{\overline{X}}=4.11\times 0.25\approx 1.03$。

步骤 5:将两个平均数彼此间的差异与相应的临界值做比较。

表 7-15　例 7-6 的多重比较结果

	$\overline{X}_A$	$\overline{X}_B$	$\overline{X}_C$	$\overline{X}_D$
$\overline{X}_B$	0.7			
$\overline{X}_C$	1.2*	0.5		
$\overline{X}_D$	1.7*	1.0*	0.5	

注:表中数据为对应两个平均数的差异;* 表示达到 0.05 的显著水平,未标注 * 则表示两者差异不显著。

用这些差值与临界值比较时,一定注意对应于哪个 R 值。例如,$\overline{X}_C-\overline{X}_A=1.2$,这时 $\overline{X}_C-\overline{X}_A=3-1+1=3$,因此应该将 1.2 与 0.93 做比较,1.2>0.93,差异显著。

从表中数据可知,$\overline{X}_A$ 与 $\overline{X}_C$、$\overline{X}_A$ 与 $\overline{X}_D$、$\overline{X}_B$ 与 $\overline{X}_D$ 两对平均数间的差异显著,具体表现为:对黄光的反应明显快于绿光和白光,对红光的反应明显快于白光(注:此为虚构数据的结果)。

第五节　单因素方差分析的 SPSS 分析过程

从前面对方差分析的过程讲解很容易发现，方差分析尤其是随机区组设计的计算量是十分繁杂的，现实研究的测量或实验数据远比例题的样本容量大。因此，完成分析任务便需要借助 SPSS 等统计软件来快捷地完成方差分析及事后比较等。

一、单因素独立样本方差分析的 SPSS 分析过程

这种方差分析的过程可以通过 One-Way ANVOA 的程序命令完成。本书结合例 7-2，以 One-Way ANVOA 的程序命令说明单因素独立样本方差分析的 SPSS 分析过程。

步骤 1：建立 SPSS 数据文件。以表 7-3 中数据建立数据文件 data 7-2；打开 SPSS 软件，输入数据，以“nianji”作为自变量的名称，大一至大四分别编码取值为 1，2，3，4；因变量以“lwb”(learning well-being)命名。如图 7-1 所示。

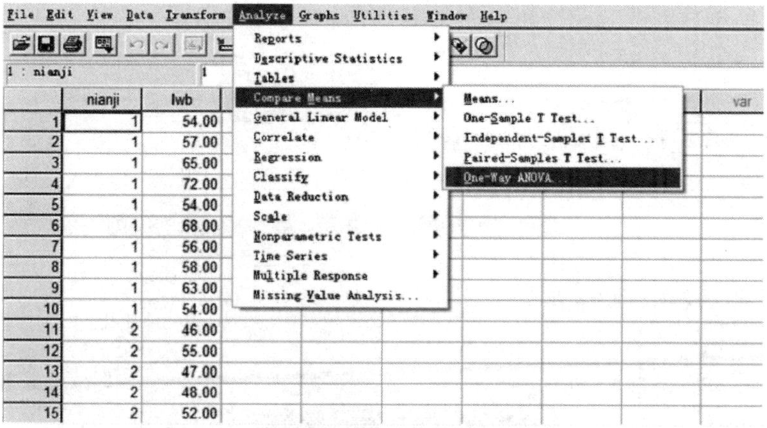

图 7-1　单因素独立样本方差分析实现过程示范截图 1

步骤 2：执行“Analyze→Compare Means→One-Way ANVOA”程序，打开分析的主对话框。然后将自变量“nianji”选入 Factor 下的框内，将因变量“lwb”选入“Dependent List”下的框内。如图 7-2 所示。

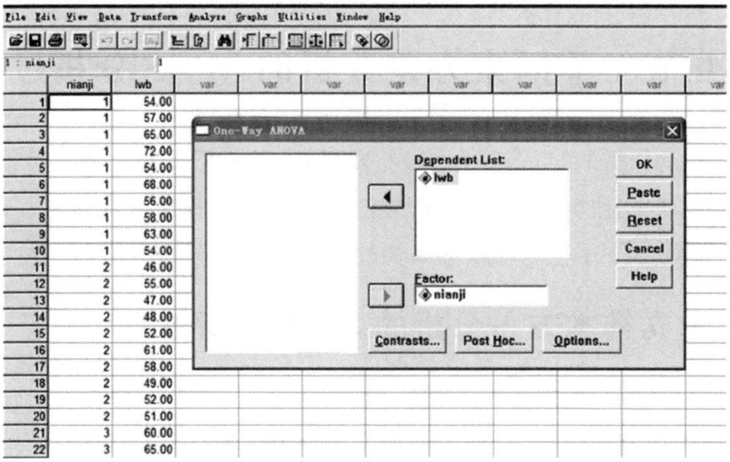

图 7-2　单因素独立样本方差分析实现过程示范截图 2

步骤 3：设置方差分析的输出变量。点击“Options...”按钮，打开“One-Way ANVOA→Options”对话框，勾选需要输出的变量的选项，常规项包括描述统计项“Descriptive”、方差齐性检验“Homogeneity of variance test”等；其余选项可根据实际要求勾选。单击“Continue”按钮返回主对话框，如图 7-3 所示。

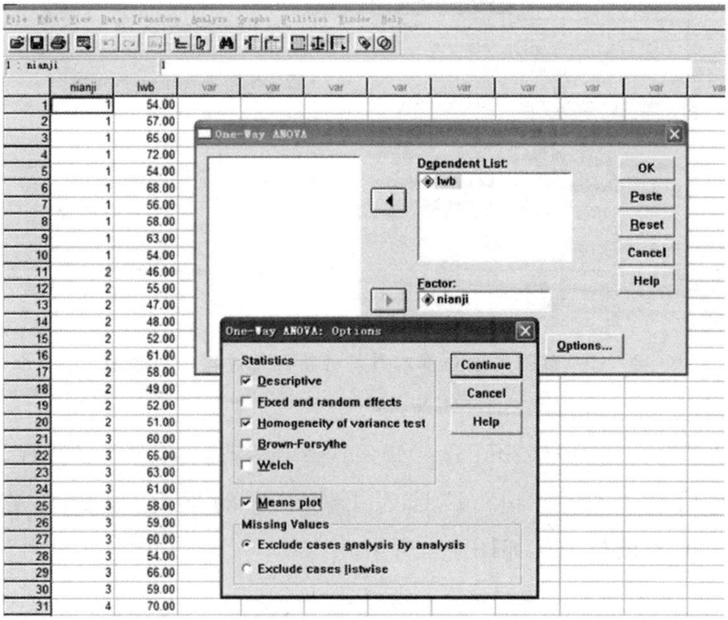

图 7-3　单因素独立样本方差分析实现过程示范截图 3

步骤 4：设置事后检验。在主对话框中单击“Post Hoc...”按钮，打开“One-Way ANVOA：Post Hoc Multiple Comparisons”对话框，如图 7-4 所示。在对话框中勾选所需要的多重比较的方法，如“LSD”，然后单击“Continue”按钮返回主对话框。

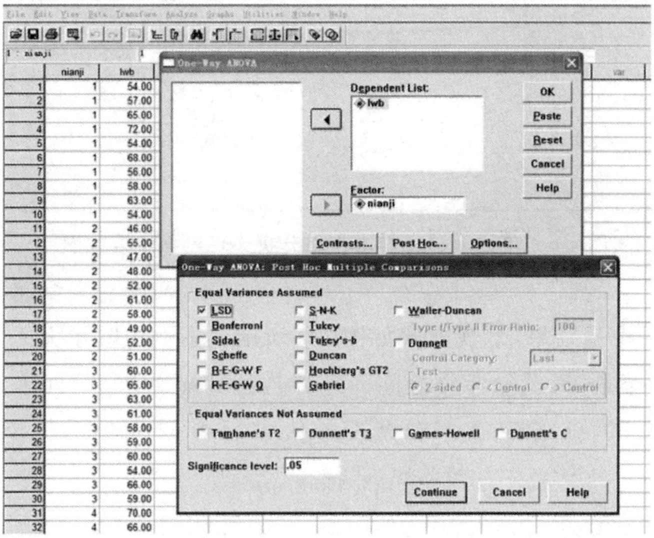

图 7-4　**单因素独立样本方差分析实现过程示范截图 4**

步骤 5：分析与结果。完成前面的设置后，单击“OK”按钮执行程序，即可生成所需的方差分析结果，一般主要查看以下几个表格的结果。

1.描述分析结果，包括平均数、标准差、数量、置信区间、最大和最小值等基本统计量。

2.方差齐性检验结果，其结果表述方式见图 7-5。本例概率为 $p=0.105>0.05$，方差齐性。

Test of Homogeneity of Variances

Levene Statistic	df1	df2	Sig.
2.201	3	36	.105

图 7-5　**单因素独立样本方差分析实现过程示范截图 5**

3.方差分析结果表，主要包括变异源、平方和、自由度、均方、F 比值和 p 值，如图 7-6所示。从表中可知，F 比值为 19.916，$p=0.000<0.001$，组间差异显著。

ANOVA

	Sum of Squares	df	Mean Square	F	Sig.
Between Groups	1445.900	3	481.967	19.916	.000
Within Groups	871.200	36	24.200		
Total	2317.100	39			

图 7-6　单因素独立样本方差分析实现过程示范截图 6

4. LSD 事后检验结果，呈现方式如图 7-7 所示。本例中除了大一和大三的学习幸福感水平差异不显著外，其余年级之间的差异均达到显著水平，具体表现为大四的学习幸福感明显高于其他年级，大一和大三高于大二。

Multiple Comparisons

Dependent Variable：LWB

LSD

(I) NIANJI	(J) NIANJI	Mean Difference (I−J)	Std. Error	Sig.	95% Confidence Interval	
					Lower Bound	Upper Bound
1	2	8.2000(*)	2.20000	.001	3.7382	12.6618
	3	−.4000	2.20000	.857	−4.8618	4.0618
	4	−8.8000(*)	2.20000	.000	−13.2618	−4.3382
2	1	−8.2000(*)	2.20000	.001	−12.6618	−3.7382
	3	−8.6000(*)	2.20000	.000	−13.0618	−4.1382
	4	−17.0000(*)	2.20000	.000	−21.4618	−12.5382
3	1	.4000	2.20000	.857	−4.0618	4.8618
	2	8.6000(*)	2.20000	.000	4.1382	13.0618
	4	−8.4000(*)	2.20000	.001	−12.8618	−3.9382
4	1	8.8000(*)	2.20000	.000	4.3382	13.2618
	2	17.0000(*)	2.20000	.000	12.5382	21.4618
	3	8.4000(*)	2.20000	.001	3.9382	12.8618

* The mean difference is significant at the .05 level.

图 7-7　单因素独立样本方差分析实现过程示范截图 7

二、单因素相关样本方差分析的 SPSS 分析过程

由于需要计算区组效应，因此单因素相关样本方差分析不能采用 One-Way ANVOA 进行分析，而要运用其它的程序。本书结合例 7-5 来说明单因素相关样本方差分析的 SPSS 分析过程。

步骤 1：建立 SPSS 数据文件。以表 7-11 中数据建立数据文件 data7-5，打开 SPSS 软件，输入数据。以“teach”作为自变量的名称，三种不同教学方式分别编码取值为 1，2，3；因变量以“lwbm”命名，加上被试编号“bianhao”，共占据 3 列。如图 7-8 所示。

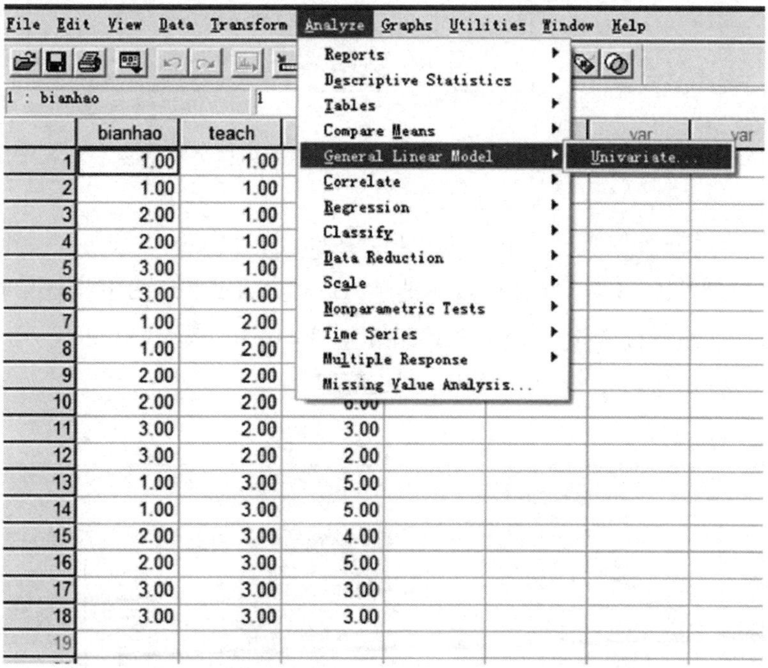

图 7-8 单因素相关样本方差分析实现过程示范截图 1

步骤 2：执行“Analyze→General Linear Model→Univariate...”程序，打开主对话框，并定义自变量与因变量。本例中，将自变量“teach”和区组变量“bianhao”选入“Fixed Factor(s)”下的框内，将因变量“lwbm”选入“Dependent Variable”下的框内。如图 7-9 所示。

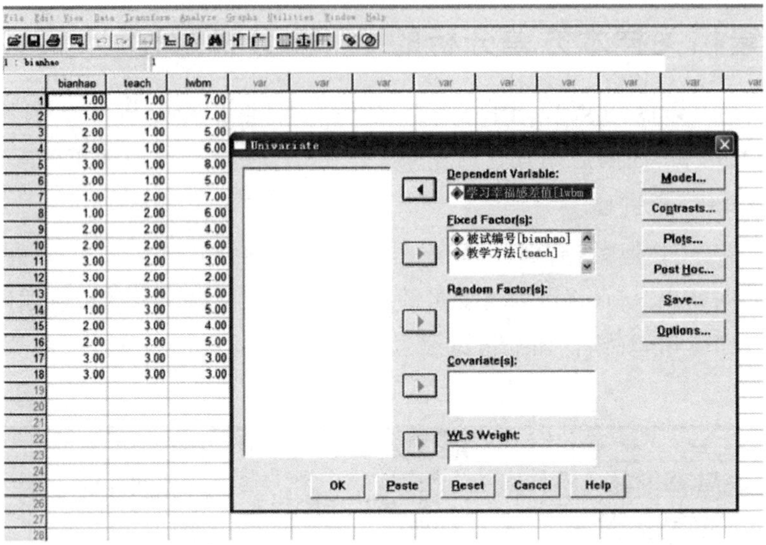

图 7-9　单因素相关样本方差分析实现过程示范截图 2

步骤 3：设置分析模型。点击“Model...”按钮，打开“Univariate：Model”对话框，选择自定义模型“Custom”，在分析效应选项“Build Term(s)”的下拉框中选择主效应“Main effects”，并将自变量“teach”和区组变量“bianhao”选入“Model”下面的框中，单击“Continue”按钮返回主对话框，如图 7-10 所示。

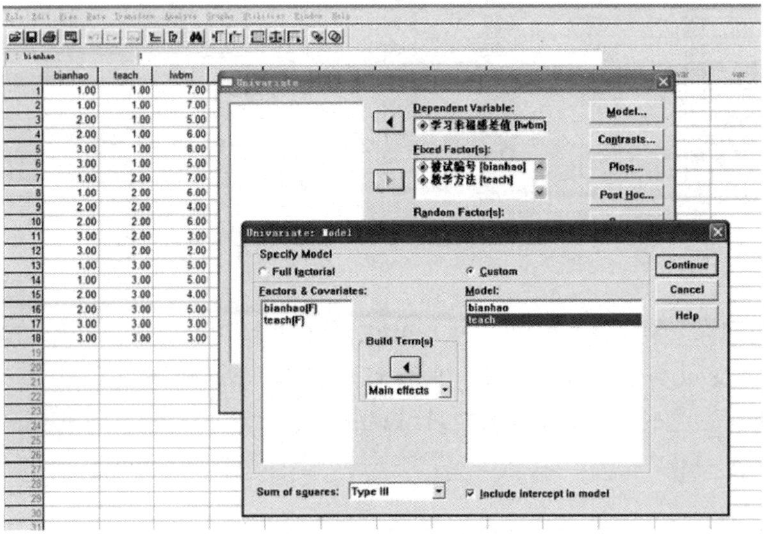

图 7-10　单因素相关样本方差分析实现过程示范截图 3

步骤 4：设置方差分析的输出变量。点击“Option”按钮，打开“Univariate：Options”对话框，将自变量“teach”选入“Display Means for”下面的框中，勾选需要输出的变量的选项，常规分析只需勾选“Descriptive Statistics”描述分析和“Homogeneity tests”方差齐性检验两项；其余选项可根据实验要求勾选。单击“Continue”按钮返回主对话框，如图 7-11 所示。

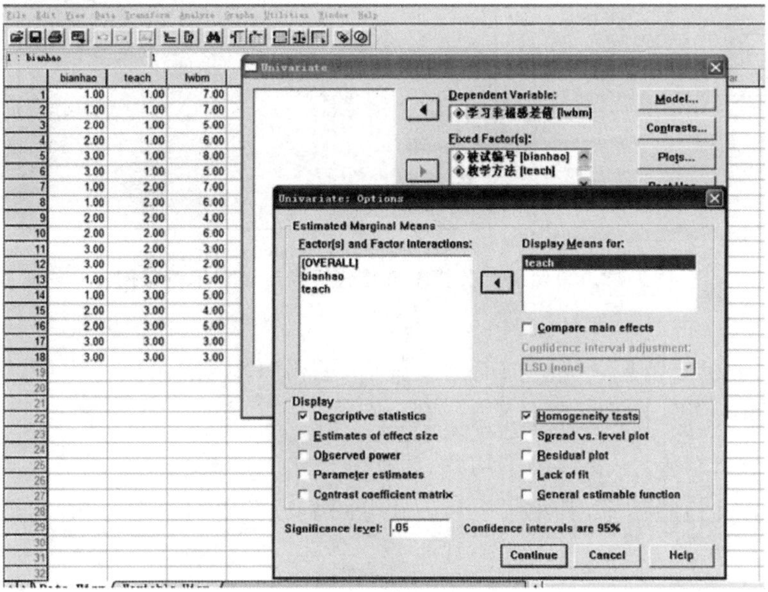

图 7-11　单因素相关样本方差分析实现过程示范截图 4

步骤 5：设置事后检验。在主对话框中单击“Post Hoc...”按钮，打开“Univariate：Post Hoc Multiple Comparisons for Observed Means”对话框，如图 7-12 所示。将自变量“teach”选入“Post Hoc Tests for”下面的框中，在对话框中勾选所需要的多重比较的方法，如“LSD”，然后单击“Continue”按钮返回主对话框。

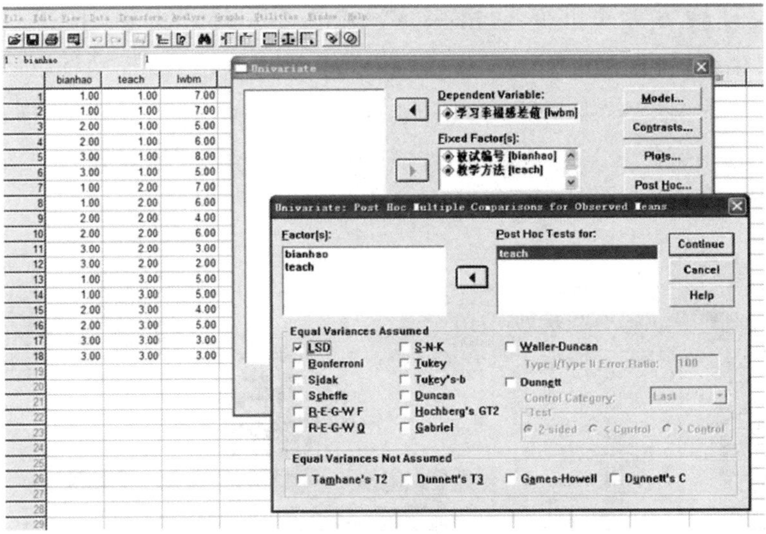

图 7-12　单因素相关样本方差分析实现过程示范截图 5

步骤 6：分析与结果。完成前面的设置后，单击"OK"按钮执行程序，即可生成所需的方差分析结果，主要包括以下几方面的结果。

1.描述分析结果，主要给出平均数、标准差和样本数量。

2.方差齐性检验结果，其结果表述方式见图 7-13。本例概率为 0.703，方差齐性。

Levene's Test of Equality of Error Variances(a)

Dependent Variable：学习幸福感差值

F	df1	df2	Sig.
.678	8	9	.703

图 7-13　单因素相关样本方差分析实现过程示范截图 6

3.方差分析结果表，表中给出了组间变异和区组效应的分析结果，同样包括变异源、平方和、自由度、均方、F 比值和 p 值，如图 7-14 所示。从表中可知，F_b 值为 5.773，$p=0.016<0.05$，F_a 值为 5.275，$p=0.021<0.05$，组间差异和区组效应均达到显著水平。

Tests of Between—Subjects Effects

Dependent Variable：学习幸福感差值

Source	Type III Sum of Squares	df	Mean Square	F	Sig.
Corrected Model	29.556(a)	4	7.389	5.524	.008
Intercept	460.056	1	460.056	343.939	.000
BIANHAO	14.111	2	7.056	5.275	.021
TEACH	15.444	2	7.722	5.773	.016
Error	17.389	13	1.338		
Total	507.000	18			
Corrected Total	46.944	17			

a R Squared ＝ .630 (Adjusted R Squared ＝ .516)

图 7-14　单因素相关样本方差分析实现过程示范截图 7

4. 事后检验结果，呈现方式如图 7-15 所示。本例中除了大二和大三的学习幸福感水平差异不显著外，其余年级之间的差异均达到显著水平，表现为大一的学习幸福感高于大二与大三。

Multiple Comparisons

Dependent Variable：学习幸福感差值

LSD

(I) 教学方法	(J) 教学方法	Mean Difference (I—J)	Std. Error	Sig.	95% Confidence Interval	
					Lower Bound	Upper Bound
1.00	2.00	1.6667(＊)	.66773	.027	.2241	3.1092
	3.00	2.1667(＊)	.66773	.006	.7241	3.6092
2.00	1.00	—1.6667(＊)	.66773	.027	—3.1092	—.2241
	3.00	.5000	.66773	.467	—.9426	1.9426
3.00	1.00	—2.1667(＊)	.66773	.006	—3.6092	—.7241
	2.00	—.5000	.66773	.467	—1.9426	.9426

Based on observed means.

＊ The mean difference is significant at the .05 level.

图 7-15　单因素相关样本方差分析实现过程示范截图 8

本章小结

方差分析是通过三个及以上的样本平均数之间的比较，推论得出多个样本所代表的未知总体平均数之间的差异显著性。本章主要介绍了单因素方差分析的基本原理，以及独立样本方差分析和相关样本方差分析的应用。

(1)方差分析以方差的可加性和可分解性为原理基础，其基本思想是将所有数据之间的总差异(即变异)分解为由自变量的不同实验处理所引起的组间变异和由随机误差引起的误差变异等，然后通过对组间变异和误差变异之间大小的比较，做出接受或拒绝无差假设的判断。

(2)相关样本方差分析比独立样本方差分析能够多分解出一个区组变异。

(3)方差分析只是用来做出接受或拒绝无差假设的判断，当拒绝无差假设(即得出差异显著)之后，研究者需要通过适宜的事后检验方法，才能确定多个总体平均数之间到底哪些是两两之间存在显著差异。

(4)两种单因素方差分析在SPSS中的操作菜单是不一样的，其中独立样本方差分析用“Compare Means”比较均值相应的菜单来完成，而相关样本方差分析用“General Linear Model”一般线性模型相应的菜单来完成。

思考与练习题

1.方差分析的假设条件。

2.方差分析的基本步骤。

3.完全随机设计与随机区组设计的优缺点，两者最大的区别是什么？

4.为什么不能用 t 检验的方法对方差分析的结果进行事后比较？

5.某养殖场为了调配一种能让鸡吃后体重快速增加的饲料，共调配了4种不同配方的饲料进行试验。选取条件基本相同的20只幼鸡，随机分成4组，喂食不同配方的饲料，经过一个月的试验后，各组幼鸡的增重情况如表7-16所示。问四种配方饲料的效果是否存在显著差异。

表 7-16　4 种饲料喂食下 20 只鸡的增重情况

1	2	3	4
2.9	4.0	2.6	4.6
2.3	3.8	3.2	4.4
2.2	3.6	3.4	3.7
2.6	3.6	3.0	3.5
3.0	3.5	2.9	4.0

6.为了解某职业中学不同专业学生的效能感程度及其差异，在幼教、建筑、汽修和旅游与烹饪四个人数规模较大的专业中均随机抽取 5 人共 20 名被试进行一般自我效能感的测试。由于特殊情况，有一名幼教专业的学生未能完成测试。问这四个专业学生的一般自我效能感水平的差异程度，具体测验数据见表 7-17。

表 7-17　不同专业职高学生的一般自我效能感水平

汽修	幼教	旅游与烹饪	建筑
29	37	21	29
34	22	17	32
28	30	18	25
32	34	19	24
26		25	23

7.某果园负责人，为了研究四种不同修剪方式(分别以 A,B,C,D 代表)对水果产量的影响，选取了四种果树进行实验，结果如表 7-18 所示。请问四种修剪方式对水果产量的影响是否不同？

表 7-18　四种不同修剪方式下水果的产量

水果类别	A	B	C	D
1	527	572	494	456
2	588	521	468	500
3	622	539	512	488
4	504	501	461	406

8.借助于 SPSS 统计软件重新对本章节其他例题和练习题的数据进行分析。

第八章　多因素方差分析

单因素方差分析只涉及单个因素，以一个自变量来描述个体的特征。在心理学实验中，通常对影响因变量变化的其他因素加以控制，保证各组被试的条件基本一致。这种理想化的设计，在生态效度上存在一定的争议。我们知道，某种心理或教育现象常常是多种因素共同作用的结果。如，考察不同教学改革措施对学生的学习绩效的提高情况，这些教学方法可能对不同学习能力、知识基础、努力程度的学生，以及不同的学习内容等都具有不同的效果。采用单因素方差分析逐一探讨各个变量的影响，不仅不够经济，也因为其自身的局限而难以真实体现变量间的关系，从而影响结论的准确性。当方差分析中涉及两个及两个以上自变量时，称为多因素方差分析。通过多因素方差分析，不仅可以检验各个因素对因变量作用的显著性，进一步地，还可以检验因素与因素之间对因变量影响的交互作用。

本章的学习主要解决三个问题：多因素方差分析具有什么特征？不同性质类型的样本如何进行多因素方差分析？在 SPSS 中如何实现多因素方差分析？

第一节　多因素方差分析概述

一、多因素方差分析常用术语

（一）因素

因素（factor）也被称为因子，是指有可能对因变量产生影响的自变量。顾名思义，多因素方差分析是主要针对实验中两个或以上自变量的方差分析程序。

研究设计中的因素多为分类变量，其不同取值等级或类别就是水平（level）。如，要考察不同学习成绩的学生与不同认知风格教师之间的匹配性，学习成绩可以划分为高、中、低三个水平，教师的认知风格包括场独立性和场依存性两种水平。这个研究可以用 3×2 来表示，意思是实验中有两个因素，第一个因素有 3 种水平，第二个因素有 2 种水平。如果用 A 来表示因素一（学习成绩），B 表示因素二（教师认知风格），它们各自的水平一般以 a_1，a_2，a_3，b_1，b_2 表示。

因素的水平不能是无限的，过多过细的水平不仅意义不大，而且会大大增加检验的难度，在模型解释上也会陷入困难（尤其是有较多层级的交互作用时）。通常，因素的水平在 4 个以内为宜。对因素进行分析，其目的就在于考察或者比较各个水平对因变量的影响是否相同。需要注意的是，某些因素的水平是机体变量本身的属性，如性别分为男、女两个水平。但是，水平也可能是人为划分的，如前例中学习成绩可以划分为高、中、低三个水平。

（二）主效应与交互作用

在多因素方差分析中，除了可以考察每个因素分别对因变量的影响之外，更关键的是还可以分析各因素之间的组合对因变量的综合影响。每个因素各水平平均数的差异称为各个因子的主效应（main effect），可以采用单因素方差分析中的 F 检验来判定。以两个因素为例，A 因素和 B 因素的主效应相互独立，分别代表 A 因素和 B 因素与因变量的关系，即为两个主效应。

因素与因素相结合共同对因变量发生的影响即为交互作用，在这种状况下所导致的平均数差异就是交互效应（interaction effect）。以两个 2×2 的实验设计为例来说明。

B因素	A因素 a_1	A因素 a_2
b_1	3	11
b_2	6	14

（一）

B因素	A因素 a_1	A因素 a_2
b_1	3	11
b_2	6	3

（二）

图 8-1　2×2 实验设计的可能结果示例

图 8-1 实验设计（一）和（二）中，最大的区别在于 A 因素或 B 因素的变化是否与另一因素的不同水平有关。在实验（一）中，当 A 因素从 a_1 到 a_2 时，无论在 B 因素的 b_1 还是 b_2 水平，a_1 与 a_2 的差均为 8（11－3＝8，14－6＝8），这说明 A 因素的变化与 B 因素无关。同样的，当 B 因素从 b_1 到 b_2 时，在 A 因素的两个水平上，b_2-b_1 都等于 3，表明 B 因素的变化也与 A 因素无关。可见，因素 A 和因素 B 在实验（一）中相互之间并没有发生彼此影响，不存在交互作用。

在实验（二）中，在 b_1 水平上，a_2-a_1 的差为 8，在 b_2 水平上，a_2-a_1 的差为－3。这说明，A 因素的变化与 B 因素的不同水平有关。B 因素的变化中，a_1 和 a_2 水平上，b_2-b_1 的差分别为 3 和－8，与 A 因素的水平也有关。因此，A，B 两个因素彼此影响，存在交互作用。在统计上，用 A×B 来表示。

交互作用图可以更为直观地表示两个因素之间是否存在交互作用。

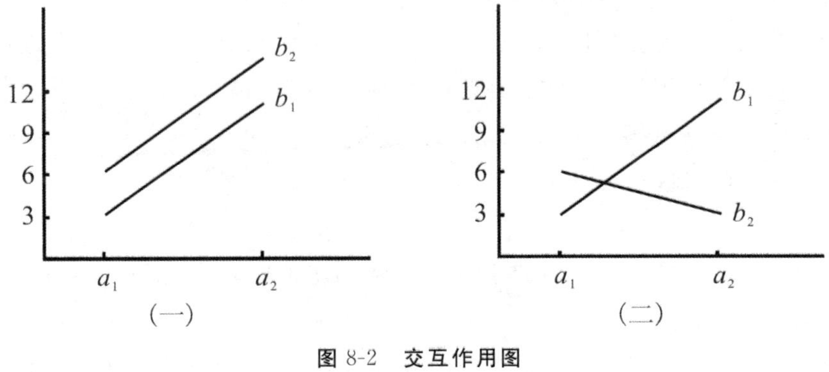

图 8-2　交互作用图

图 8-2 分别表示了上述实验设计（一）和（二）的结果。在（一）中，b_1 和 b_2 是一组平行线，说明 A 因素和 B 因素彼此独立；在（二）中，b_1 和 b_2 并不平行，而且出现了交叉，这表明两个因素之间的交互作用明显。一般地，两个因素之间的交互作用越明显，

两条线越不平行，显著的交互作用都会出现线段（或折线）的交叉。但是，交互作用图只是直观地表示因素间的影响效果，具体的影响程度以及是否存在显著性，需要多因素方差分析加以确定。

当检验得出交互作用显著时，其主效应的分析会变得意义不大，分析其单纯主效应（也叫简单效应）则更为重要。在上例中，单纯主效应可以从两个方面加以考虑：第一，分别检验在 A 因素的不同水平上 B 因素对因变量的影响，称为 B 因素的单纯主效应；第二，也可以分别检验在 B 因素不同水平上 A 因素对因变量的影响，称为 A 因素的单纯主效应。如果是 2×2 的实验设计，则有 2+2 个单纯主效应；如果是 $m \times n$ 的实验设计，则有 $m+n$ 个单纯主效应。

二、多因素方差分析的统计原理

方差分析主要是对多组平均数差异的显著性进行检验。在单因素方差分析中已经学习过，其基本逻辑在于通过对组间差异与组内差异比值的分析，推断几个相应平均数差异的显著性。多因素方差分析与单因素方差分析不仅在因素的数目上有所不同，它还增加了因素间的交互作用项。由于每个因素的不同水平分别针对某个可能存在的总体，因此，多因素方差分析实质上就是一个多总体平均数的假设检验。

下面，以两因素来说明多因素方差分析的基本原理。[1]

（一）总平方和的分解

多因素方差分析不仅需要分析多个自变量独立作用对因变量的影响，还要分析多个自变量交互作用对因变量的影响，以及其他随机变量对结果的影响。因此，多因素方差分析与单因素方差分析比较，其中最主要的一个特点是在对总平方和进行分解时可分析出一项交互作用的平方和。在两因素的完全随机设计中：

$$SS_T = SS_A + SS_B + SS_{A\times B} + SS_E \text{。} \quad \text{（公式 8-1）}$$

在两因素的随机区组设计中：

$$SS_T = SS_R + SS_A + SS_B + SS_{A\times B} + SS_E \text{。} \quad \text{（公式 8-2）}$$

其中，SS_A 表示 A 因素的组间平方和；SS_B 表示 B 因素的组间平方和；$SS_{A\times B}$ 表示交互作用的平方和。

多因素设计中自变量如果是以类别的形式存在，因变量为连续变量，此时统计分析则需要处理多个均数的关系。也就是说，因变量的变化，可能受到来自不同因素的不同水平的影响。

[1] 张厚粲，徐建平. 现代心理与教育统计学（第 3 版）[M].北京：北京师范大学出版社，2009.

(二)整体效应的检验

在二因素设计中,影响均数的三个主要变异来源是因素 A,B 的主效应以及A×B的交互效应。当有交互作用时,主效应不能反映该因素的真实作用,因此还要计算一个因素在另一个因素的某一特定水平上的效应。方差分析中需要检验三种效应的统计学意义,也就是影响平均数变异的整体效应(overall effect)的检验。一旦整体效应显著,才需要详细就各因素的不同水平的影响进行事后比较。

二因素方差分析整体效应的检验,包括两个主效应与交互效应三部分。各因素主效应的检验通过计算因素内不同水平的平均离散量(组间均方和),除以误差离散量(MS_W,即被试间组内均方和)得出 F 值。若 F 值达到显著水平,即表明该效应显著。见表 8-1。

表 8-1　二因素方差分析表(完全独立组设计)

变异来源	平方和	自由度	均　方	F
组间				
A	SS_A	$k-1$	SS_A / df_A	MS_A / MS_W
B	SS_B	$h-1$	SS_B / df_B	MS_B / MS_B
A×B	$SS_{A\times B}$	$(k-1)(h-1)$	$SS_{A\times B} / df_{A\times B}$	$MS_{A\times B} / MS_{A\times B}$
组内	SS_W	$N-kh$	SS_W / df_W	
总变异	SS_T	$N-1$		

(三)事后比较

在多因素方差分析中,主效应的事后检验与单因素方差分析原理相同。但是,交互作用的事后检验包含事后整体检验与事后多重比较两种状况。主效应与交互效应只要有一类显著,就需要做事后检验。如果仅有主效应显著而交互效应不显著,需要进行多重比较,以发现具体差异发生在哪些水平之间。如果仅交互效应显著,通常不需要解释因素主效应,而应对交互效应做进一步检验。

事后比较时,需注意以下几点。

第一,二因素方差分析主效应显著后,不一定必须进行事后多重比较。进行事后多重比较的前提是类别变量中有三个或以上的水平,这时才可能对多个平均数进行两两比较。如果因素只包括两个水平,就不需要进行多重比较,可以直接报告两个平均数并指出高低关系。

第二，多因素交互效应显著后，对单纯主效应必须进行事后比较。交互效应显著，表明主效应是一个过度简化、没有考虑到其他因素的一种检验。如果只是一味对某一显著的主效应加以解释或讨论其对事后多重比较的结果的影响，会扭曲该因素的真实效果。

第三，交互效应的事后比较，包括限定条件的主效应整体比较（即单纯主效应比较），以及对达到显著性水平后的该单纯主效应的事后多重比较两个步骤。其中，单纯主效应比较的检验原理与单因素方差分析相同。

三、多因素方差分析的优点

通过对多因素方差分析统计原理的学习，不难发现它具有以下主要优点。

首先，多因素方差分析涉及两个及以上的因素，可以同时观察多个因素的效应。和单因素方差分析每次只考察一个自变量相比，大大提高了实验效率。

其次，多因素方差分析可以确定因素间的交互作用。其假设是，研究中各个因素之间可能存在相互联系和交叉影响，这更加符合真实状况。同时，因素与因素之间的组合（交互作用）随着因素数量的增加，其组合状况也更为复杂，使得寻找最佳组合成为可能。

再次，在探讨交互效应时，一个因素在其他因素的各个水平上估计其效应，提升了结论在实验条件范围内的有效性。

第二节　完全独立样本的多因素方差分析

如前所述，独立样本是指样本内的个体随机分配，样本数据之间不存在一一对应关系。完全独立样本的多因素方差分析采用完全随机化设计。完全随机化设计是将同质化的受试对象按随机化的方法分配到各个处理组中，分别接受不同的实验处理，以观察其实验效应；也可以从不同总体中或大样本中随机抽样进行对比观察。在这种设计中，各组受试对象组成的是相互独立的随机样本。完全随机化设计的适用面广，个别数据缺失也不影响统计分析，操作简单易行，不受组数的限制。各处理组的样本量可以相等，也可以不相等。但是，在总样本量不变的情况下，为保证设计效率，各组样本量最好相同。同时，由于完全随机化设计的研究效率通常不高，样本量较小时可能难以做到各处理组的均衡，抽样误差比较大，尤其是当受试对象差异较大时，Ⅱ类错误显著增大。

例如，考察“采用集中教学和分散教学法学习学科学习策略和通用学习策略，对小学三年级学生数学成绩的影响”。从小学三年级中随机抽取 16 名学生，随机分为 4 个组，每组 4 人，各组分别接受一种学习策略和一种教学方法。在 8 周的实验后，统一测验结果见表 8-2。试分析两种因素对学生数学学习成绩的影响。其中，A 因素表示教法，a_1 表示集中教学，a_2 表示分散教学；B 因素表示学习策略，b_1 表示学科学习策略，b_2 表示通用学习策略。表格下端和右侧的总和分别表示 a_1，a_2，b_1，b_2 分数之和，右下角数字表示所有分数之和。

表 8-2　小学三年级两种学习策略及两种教法的实验结果

		A 因素（教法）		总和
		a_1（集中教学）	a_2（分散教学）	
B 因素（学习策略）	b_1（学科学习策略）	92	81	636
		85	73	
		79	66	
		83(339)	77(297)	
	b_2（通用学习策略）	62	79	551
		65	73	
		70	64	
		67(264)	71(287)	
总和		603	584	1187

解 这是 2×2 的完全随机设计。其检验步骤如下。

(1)提出假设

由于在多因素方差分析中,需要检验 A,B 两个因素的主效应以及 A,B 的交互作用,因此,其假设检验应该有三组:

① $H_0:\mu_{a1}=\mu_{a2}$;$H_1:\mu_{a1}\neq\mu_{a2}$。

H_0 是指集中教学和分散教学影响下学生的数学学习成绩总体平均数相等,无显著影响;H_1 是指类型对小学三年级学生的数学学习成绩有显著影响,集中教学和分散教学的总体平均数不相等。

② $H_0:\mu_{b1}=\mu_{b2}$;$H_1:\mu_{b1}\neq\mu_{b2}$。

H_0 是指学科学习策略和通用学习策略对学生的数学学习成绩无显著影响,总体平均数相等;H_1 则意味着,学习策略的类型对小学三年级学生的数学学习成绩有显著影响,学科学习策略和通用学习策略的总体平均数不相等。

③H_0:学习策略与教法对小学三年级学习效果交互作用不显著。

H_1:学习策略与教法对小学三年级学习效果交互作用显著。

(2)计算检验统计量

$$F=\frac{MS_A}{MS_W}=\frac{SS_A/df_A}{SS_W/df_W},$$

$$F=\frac{MS_B}{MS_W}=\frac{SS_B/df_B}{SS_W/df_W},$$

$$F=\frac{MS_{A\times B}}{MS_W}=\frac{SS_{A\times B}/df_{A\times B}}{SS_W/df_W}。$$

① 平方和

首先,计算 SS_t,SS_b,SS_w

把 a_1b_1,a_1b_2,a_2b_1,a_2b_2 看作单因素完全随机设计的四组分数,然后求:

总平方和:$SS_T=\sum_{j=1}^{k}\sum_{i=1}^{n}X_{ij}^2-\frac{(\sum_{j=1}^{k}\sum_{i=1}^{n}X_{ij})^2}{nk}=89159-\frac{1187^2}{4\times4}\approx1098.44$。

组间平方和:$SS_B=\sum_{j=1}^{k}\frac{(\sum_{i=1}^{n}X_{ij})^2}{n}-\frac{(\sum_{j=1}^{k}\sum_{i=1}^{n}X_{ij})^2}{nk}$

$$=\frac{339^2+264^2+297^2+287^2}{4}-\frac{1187^2}{4\times4}\approx738.19。$$

组内平方和:$SS_W=SS_T-SS_B=1098.44-738.19=360.25$。

其次，计算 SS_A，SS_B，$SS_{A\times B}$ 。

A 因素的组间平方和是假定全体只根据 A 因素来分组，每组 8 人。

A 因素的组间平方和：$SS_A = \sum \frac{(\sum X_a)^2}{n_a} - \frac{(\sum\sum X_a)^2}{n_a k_a}$

$$= \frac{603^2 + 584^2}{8} - \frac{1187^2}{8\times 2} \approx 22.57。$$

B 因素的组间平方和：$SS_B = \sum \frac{(\sum X_b)^2}{n_b} - \frac{(\sum\sum X_b)^2}{n_b k_b}$

$$= \frac{636^2 + 551^2}{8} - \frac{1187^2}{8\times 2} \approx 451.57$$

A×B 的组间平方和：$SS_{A\times B} = SS_B - SS_A - SS_B$

$$= 738.19 - 22.57 - 451.57 = 264.05。$$

②自由度

总自由度：$df_T = nk - 1 = 4\times 4 - 1 = 15$。

组间自由度：$df_B = k - 1 = 4 - 1 = 3$。

组内自由度：$df_W = k(n-1) = 4(4-1) = 12$。

组间自由度又可以分解为 A，B，A×B 三部分，即

$df_A = k_a - 1 = 2 - 1 = 1$。

$df_B = k_b - 1 = 2 - 1 = 1$。

$df_{A\times B} = df_b - df_A - df_B = 3 - 1 - 1 = 1$。

③ 计算 A，B，A×B 的方差

$$MS_A = \frac{SS_A}{df_A} = \frac{22.57}{1} = 22.57。$$

$$MS_B = \frac{SS_B}{df_B} = \frac{451.57}{1} = 451.57。$$

$$MS_{A\times B} = \frac{SS_{A\times B}}{df_{A\times B}} = \frac{264.05}{1} = 264.05。$$

$$MS_W = \frac{SS_W}{df_W} = \frac{360.25}{12} \approx 30.02。$$

④计算 F 值

A 因素：$F = \frac{MS_A}{MS_W} = \frac{22.57}{30.02} \approx 0.75$。

B 因素：$F = \frac{MS_B}{MS_W} = \frac{451.57}{30.02} \approx 15.04$。

$A\times B$：$F=\dfrac{MS_{A\times B}}{MS_W}=\dfrac{264.05}{30.02}\approx 8.80$。

(3)统计决断

根据 A，B，$A\times B$ 组间自由度均为 1 和组内自由度 df_W 为 12，查 F 值表，得 $F_{0.05(1,12)}=4.75$。

表 8-3　两种学习策略与两种教法对数学学习成绩影响的方差分析表

差异来源	平方和（SS）	自由度（df）	方差（MS）	F	$F_{0.05}$	$F_{0.01}$
A 因素	22.57	1	22.57	0.75	4.75	9.33
B 因素	451.57	1	451.57	15.04**	4.75	9.33
A×B	264.05	1	264.05	8.80*	4.75	9.33
组内	360.25	12	30.02			
总差异	1098.44	15				

注：* 0.05 上显著，** 0.01 上显著。

将计算得到的 F 值与临界值比较，根据方差分析表，有：

A 因素：$F=0.75<4.75=F_{0.05(1,12)}$。

故保留 A 因素（教法）对学生数学学习成绩无显著影响的零假设，而拒绝 A 因素对数学学习成绩有显著影响的备择假设。

B 因素：$F=15.04^{**}>9.33=F_{0.01(1,12)}$。

故在 0.01 显著性水平上拒绝 B 因素（学习策略）对数学学习成绩无显著影响的零假设，接受 B 因素对数学学习成绩有显著影响的备择假设。

A×B：$F=8.80^{*}>4.75=F_{0.05(1,12)}$。

故在 0.05 显著性水平上拒绝 A×B（教法与学习策略）对数学学习成绩交互作用不显著的零假设，接受数学学习成绩受教法与学习策略显著影响的备择假设。

B 因素主效应显著，但同时 A×B 交互效应也显著，因此，进一步检验其两种水平 b_1 和 b_2 在 A 因素 a_1 或 a_2 水平上差异的显著性（即单纯主效应）更为重要。对此，应继续采用单因素方差分析（由于是两均值比较，亦可用独立样本 t 检验）。其进一步计算请参阅前两章内容，此处略过。

通过计算可知，B 因素在 a_1 水平上差异显著，即：采用集中教学的方法时，学科学习策略与通用学习策略对数学成绩的影响有显著的差异，表现在学科学习策略对数学成绩的改善非常明显地优于通用学习策略。但是，B 因素在 a_2 水平上差异不显著，即：在采用分散教学的方法时，二种策略对数学成绩的影响并不显著。

第三节　相关样本的多因素方差分析

各个样本内个体的数据之间存在一一对应关系，则各样本为相关样本。相关样本的多因素方差分析存在两种情况：一种是随机区组设计的多因素方差分析，另一种是重复测量的多因素方差分析。

一、随机区组设计的多因素方差分析

完全随机设计通过随机分配被试、随机安排实验处理来均衡各组被试间的差异，使各个组别在实验处理前各方面在概率上保证基本相同。如果实验结果中组与组之间有显著差异，说明实验处理是有效的。实际上，实验结果中常常包括个体差异，完全随机设计很难把个体差异从组内变异中排除，进而影响实验结果。随机区组设计是配对设计的扩展，也称区组设计或匹配组设计，利用区组方法将被试的个别差异从被试内差异中分离出来。这种设计把条件相同（或相近）的几个受试对象配成区组，每个区组都要接受所有的实验处理，但组中的每个被试随机分配，只接受一种实验处理。在随机区组设计中，各区组、各处理组（即实验操作的自变量）的被试数量相等，且每个区组的被试数取决于处理组数的多少，使得各处理组间的非处理因素（无关变量）较为均衡，减少了实验误差，检验效率高。对随机区组设计的资料分析，如果数据为正态分布，且总体方差相等，采用方差分析。

在多因素的随机区组设计中，对处理间的检验可以采取完全独立样本的原理，考察多个因素的主效应及交互作用。区组检验的公式为：

$$F=\frac{MS_R}{MS_E}。$$

其中，MS_R 表示区组方差，由区组平方和（SS_R）除以区组自由度（df_R）得到。区组平方和的计算公式为：$SS_R=\sum\limits_{j=1}^{k}\frac{(\sum\limits_{i=1}^{n}R_{ij})^2}{n}-\frac{(\sum\limits_{j=1}^{k}\sum\limits_{i=1}^{n}R_{ij})^2}{nk}$。

R 表示某一区组在某种处理的分数；

$\sum\limits_{i=1}^{n}R_i$ 表示某一区组在各处理的分数总和；

$\sum\limits_{j=1}^{k}\sum\limits_{i=1}^{n}R_{ij}$ 表示各个区组在各种处理的分数总和；

n 表示区组数；

k 表示处理数。

MS_E 为误差方差，等于$\frac{SS_E}{df_E}$，SS_E 可以由总平方和减去组间平方和(SS_B)与区组平方和(SS_R)之差，df_E 为总自由度减去组间自由度(df_B)和区组自由度(df_R)之差。

例如，考察识字教学方式与材料形式对学校一年级学生识字量的影响。研究者考虑到可能智力因素是一个无关变量，需要把它的变异分离出来。因此，采用随机区组设计，根据智力测验的分数把 20 个学生分为 5 个区组，区组内 4 个同质被试分别接受一种处理。其中，A 因素表示识字教学的方式，a_1，a_2 分别表示集中识字与分散识字教学模式，B 因素表示识字教学材料，b_1 表示拼音加文字材料，b_2 表示配图加文字材料。一个实验周期后，所有被试的识字量测查结果如表 8-4 所示。请检验：

(1)5 个区组被试的平均识字量是否相等；

(2)4 种处理的平均成绩是否存在显著差异。

表 8-4　识字教学方式与材料形式对小学一年学生识字量的影响实验结果

区组	处理				总和
	a_1b_1	a_1b_2	a_2b_1	a_2b_2	
1	11	43	25	39	118
2	26	32	30	31	119
3	17	35	25	40	117
4	17	46	24	32	120
5	13	44	27	36	120
总和	84	200	131	178	594

解　这是随机区组设计，其步骤如下：

(1)提出假设

①H_0：各个区组的识字量无显著差异；H_1：各个区组的识字量存在显著差异。

②H_0：4 种处理的识字量无显著差异；H_1：4 种处理的识字量存在显著差异。

(2)计算检验统计量

5 个区组在 4 种处理中的识字量属于相关样本，因此可以将区组间的个别差异从组内差异中分离出来，余下实验误差。

①计算平方和

$$总平方和:SS_T=\sum_{j=1}^{k}\sum_{i=1}^{n}X_{ij}^2-\frac{(\sum_{j=1}^{k}\sum_{i=1}^{n}X_{ij})^2}{nk}$$

$$\approx 19551-17641.80=1909.20。$$

$$组间平方和:SS_B=\sum_{j=1}^{k}\frac{(\sum_{i=1}^{n}X_{ij})^2}{n}-\frac{(\sum_{j=1}^{k}\sum_{i=1}^{n}X_{ij})^2}{nk}$$

$$\approx 19180.20-17641.80=1538.40。$$

$$区组平方和:SS_R=\sum_{j=1}^{k}\frac{(\sum_{i=1}^{n}R_{ij})^2}{n}-\frac{(\sum_{j=1}^{k}\sum_{i=1}^{n}R_{ij})^2}{nk}$$

$$\approx 17643.50-17641.80=1.70。$$

$$误差平方和:SS_E=SS_T-SS_B-SS_R$$

$$\approx 1909.20-1538.40-1.70=369.10。$$

②计算自由度

总自由度:$df_T=nK-1=4\times 5-1=19$。

组间自由度:$df_B=K-1=4-1=3$。

区组自由度:$df_R=n-1=5-1=4$。

误差自由度:$df_E=df_t-df_b-df_r=19-3-4=12$。

③计算方差

组间方差:$MS_B=\frac{SS_B}{df_B}=\frac{1538.40}{3}\approx 512.80$。

区组方差:$MS_R=\frac{SS_R}{df_R}=\frac{1.70}{4}\approx 0.43$。

误差方差:$MS_E=\frac{SS_E}{df_E}=\frac{369.10}{12}\approx 30.76$。

④计算 F 值

$$F=\frac{MS_R}{MS_E}=\frac{0.43}{30.76}\approx 0.01。$$

$$F=\frac{MS_B}{MS_E}=\frac{512.80}{30.76}\approx 16.67。$$

(3)统计决断

将上述得到的统计量整理成方差分析表,如表 8-5 所示。

根据 df_R 为 4，df_E 为 12，查 F 值表，得 $F_{0.05(4,12)}=3.26$。计算所得的 $F=0.01<3.26=F_{0.05(4,12)}$，故保留 H_0，即五个区组的识字量无显著差异，区组效应不显著。

根据 df_B 为 3，df_E 为 12，查 F 值表，得 $F_{0.05(3,12)}=3.49$，$F_{0.01(3,12)}=5.95$。计算所得的 $F=16.67>5.95=F_{0.01(3,12)}$。因此在 0.01 的显著水平上拒绝 H_0 而接受 H_1，4 种处理水平之间存在显著的统计学差异。

表 8-5　识字教学方式和材料形式对小学生识字量影响的方差分析表

差异来源	平方和（SS）	自由度（df）	方差（MS）	F	$F_{0.05}$	$F_{0.01}$
区组	1.70	4	0.42	0.01	3.26	
处理间	1538.40	3	512.80	16.67**	3.49	5.95
误差	369.10	12	30.70			
总和	1909.20	19				

需要注意的是，通常随机区组设计的方差分析不对区组差异的显著性进行检验。这是因为，无论区组效应显著还是不显著，对实验目的而言都没有重要意义。

随机区组设计在许多情境中比完全随机设计更加有效，这是由于研究者从总变异中分离出了一个额外变量的效应，从而减小了实验误差，对实验效应的估计更加精确。但是，试验中含有多种处理水平，给同质区组、寻找同质被试等方面都带来了困难。此外，使用随机区组设计的前提是实验中的自变量与额外变量之间无交互作用，如果交互作用存在，则设计是不合理的。

二、重复测量的多因素方差分析

重复测量（repeated measure）是指对同一被试的同一观测指标在不同时间点上进行多次测量，常用来分析该观察指标在不同时间点上的变化，以比较不同时间点动态变化趋势的特征。由于在重复测量的资料中，每个被试作为自身不同时间点的对照，克服了个体间的差异，分析时可以更好地集中于自变量的影响，也有利于减少被试的数量，显得更加经济。

重复测量资料的常见形式包括前后测设计（premeasure-postmeasure design）和重复测量设计（repeated measurement design）。前后测设计本质上是重复测量设计的简化，在时间点上只涉及两次测量。它与配对设计的区别是：在数据特征上，配对设计可以随机分配同一对被试的实验单位，一次得到配对样本的两个数据，同期观察实验结果，而前后测量设计的数据是纵向两侧测验得到的，无法进行同期比较；在设计目的上，配对设计是为了比较两个不同处理的差别，前后测量设计是为了比较某种处理前后的差异；在推断统计上，前后测设计在推断处理是否有效时需假定测量时间对观察结果没有影响。重复测量设计的时间点通常≥3，与随机区组设计的区别在于，前者测量的各时间点是固定的，不能随机分配，有较高的相关；后者每个区组内实验单位彼此独立，区组内被试接受的处理可以随机分配。

重复测量设计的总变异（SS_t）包括组间变异（SS_b）和组内变异（SS_w），分别反映横向分组和纵向分组的变异情况。SS_b 包括处理组间（自变量）的变异和组间误差变异，SS_w 包括时间变异、时间与自变量的交互作用变异和组内误差变异三个部分。相应的，重复测量设计的多因素方差分析中，总自由度也可以做类似的分解。

重复测量的多因素方差分析通常检验处理或者干预的效应、时间效应以及处理和时间的交互效用。具体而言，每种效应的计算如下。

处理效应的 F 值与完全随机设计的方差分析相同，等于$\dfrac{MS_A}{MS_{BE}}$，由$\dfrac{SS_A/df_A}{SS_{BE}/df_{BC}}$获得，$SS_A$ 和 df_A 分别表示处理间的方差和自由度。其中，$SS_A=\dfrac{\sum\limits_{i=1}^{n}X_i^2}{pn}-\dfrac{(\sum\limits_{j=1}^{k}\sum\limits_{i=1}^{n}X_{ij})^2}{nk}$，$\sum X_i^2$表示在每个处理因素上测得数据总分的平方之和，$p$ 表示处理数，n 表示每种处理的被试数。SS_{BE}表示组间误差，其值为 SS_B-SS_A，即组间方差与处理方差之差；其自由度 df_{BE}为组间自由度（df_B）与处理自由度（df_A）之差。

时间效应的 F 值为$\dfrac{MS_B}{MS_{WE}}$，由$\dfrac{SS_B/df_B}{SS_{WE}/df_{WE}}$得到，$SS_B$ 表示时间的方差，计算公式为$\dfrac{\sum\limits_{i=1}^{n}R_i^2}{gn}-\dfrac{(\sum\limits_{j=1}^{k}\sum\limits_{i=1}^{n}X_{ij})^2}{nk}$，$\sum\limits_{i=1}^{n}R_i^2$ 表示每一时间点上各被试的总测得分数平方的和，g 表示时间点的个数，n 表示每种处理的被试数。

时间与处理的交互作用也通过 F 检验进行，$F=\dfrac{MS_{A\times B}}{MS_{WE}}$，可以分解为$\dfrac{SS_{A\times B}/df_{A\times B}}{SS_{WE}/df_{WE}}$获得。$SS_{A\times B}=\dfrac{\sum\limits_{j=1}^{k}\sum\limits_{i=1}^{n}T_{ij}{}^2}{n}-\dfrac{(\sum\limits_{j=1}^{k}\sum\limits_{i=1}^{n}X_{ij})^2}{nk}-SS_A-SS_B$，$T$ 表示每种处理在每个时间点上所有被试测得分数的总和，n 表示每种处理的被试数。其自由度 $df_{A\times B}$的计算公式为：$df_{A\times B}=gp-1-df_A-df_B$。

组内误差平方和(SS_{WE})等于组内平方和减去时间因素的平方和再减去时间与处理交互作用的平方和之差，其表达式为：$SS_{WE}=SS_W-SS_B=SS_{A\times B}$。组内误差的自由度计算公式为：$df_{WE}=df_W-df_B-df_{A\times B}$。

多因素重复测量设计的方差分析表可以如表 8-6 所示：

表 8-6　多因素重复测量设计的方差分析表

变异来源	SS	df	MS	F
组间(对象)	SS_B	$np-1$		
处理(A)	SS_A	$p-1$	MS_A	MS_A/MS_{BE}
组间误差	SS_{BE}	$p(n-1)$	MS_{BE}	
组内(重复)	SS_W	$np(g-1)$		
时间(B)	SS_B	$g-1$	MS_B	MS_B/MS_{WE}
A×B	$SS_{A\times B}$	$(p-1)(g-1)$	$MS_{A\times B}$	$MS_{A\times B}/MS_{WE}$
组内误差	SS_{WE}	$df_w-df_B-df_{A\times B}$	MS_{WE}	

例如：考察 A，B 两种教学模式对英语词汇学习成绩的影响。将 10 名被试随机分成两个教学组。其中一组接受 A 教学模式，另一组接受 B 教学模式，共进行为期 12 周的实验干预。期间，两组在教学时间、教学内容、练习题目、教师教学水平等因素上保持一致。分别在实验前(平衡期)、4 周、8 周和 12 周采用同质的复本测验测得学生英语词汇成绩如表 8-7 所示。请检验：(1)两种教学模式对学生英语词汇学习的成绩影响是否相同；(2)接受实验干预前后不同时间学生英语词汇学习的成绩是否相等；(3)教学模式与时间对学生英语词汇学习的成绩是否存在交互作用。

表 8-7　两种教学模式对学生英语词汇学习成绩的影响

被试	教学模式	时间			
		实验前	4 周	8 周	12 周
1	A	85	81	84	88
2	A	76	79	78	80
3	A	75	72	77	78
4	A	80	84	80	79
5	A	72	76	75	74
6	B	73	78	80	86
7	B	81	84	87	92
8	B	78	85	85	89
9	B	67	70	77	79
10	B	70	74	83	87

解 本题的数据为连续型数据，属于重复测量设计，故采用重复测量方差分析进行检验。

(1)提出假设

①$H_0: \mu_A = \mu_B$；$H_1: \mu_A \neq \mu_B$。

H_0 表示A教学模式和B教学模式对学生英语词汇学习的成绩无显著影响，两种教学模式下学生词汇学习平均成绩相等；H_1 表示A，B两种教学模式对学生英语词汇学习的影响有显著差异。

②H_0：不同时间点学生的英语词汇学习平均成绩相等；

H_1：不同时间点学生的英语词汇学习平均成绩不相等。

③H_0：教学模式和时间对学生英语词汇学习成绩无交互作用；

H_1：教学模式和时间对学生英语词汇学习成绩有交互作用。

(2)计算检验统计量

①计算平方和

总平方和：$SS_T = \sum_{j=1}^{k}\sum_{i=1}^{n} X_{ij}^2 - \frac{(\sum_{j=1}^{k}\sum_{i=1}^{n} X_{ij})^2}{nk} = 253774 - \frac{10099684}{40} = 1281.90$。

组间平方和：$SS_B = \sum_{j=1}^{k} \frac{(\sum_{i=1}^{n} X_{ij})^2}{n} - \frac{(\sum_{j=1}^{k}\sum_{i=1}^{n} X_{ij})^2}{nk}$

$= 253198.5 - 252492.1 = 706.40$。

处理平方和：$SS_A = \frac{\sum_{j=1}^{k} X_i^2}{pn} - \frac{(\sum_{j=1}^{k}(\sum_{i=1}^{n} X_{ij})^2}{nk} \approx \frac{1573^2 + 1605^2}{2 \times 10} - \frac{10099684}{40} = 25.60$。

组间误差平方和：$SS_{BE} = SS_B - SS_A \approx 706.4 - 25.6 = 680.80$。

组内平方和：$SS_W = SS_T - SS_B \approx 1281.90 - 706.40 = 575.50$。

时间因素平方和：$SS_B = \frac{\sum_{i=1}^{n} R_i^2}{gn} - \frac{(\sum_{j=1}^{k}(\sum_{i=1}^{n} X_{ij})^2}{nk} = \frac{2527998}{2 \times 5} - \frac{10099684}{40} = 307.70$。

时间与处理的交互作用平方和：$SS_{A\times B} = \frac{\sum_{j=1}^{k}\sum_{i=1}^{n} T_{ij}^2}{n} - \frac{(\sum_{j=1}^{k}\sum_{i=1}^{n} X_{ij})^2}{nk} - SS_A - SS_B$。

$\approx \frac{1264920}{5} - \frac{10099684}{40} - 25.60 - 307.70$

$= 158.60$。

组内误差平方和：$SS_{WE}=SS_W-SS_B-SS_{A\times B}=575.50-307.70-158.60=109.20$。

②计算自由度

总自由度：$df_t=10\times4-1=39$。

组间自由度：$df_b=np-1=10-1=9$。

处理间自由度：$df_A=p-1=1$。

组间误差自由度：$df_{be}=p(n-1)=8$。

组内自由度：$df_W=np(g-1)=30$。

时间自由度：$df_B=g-1=3$。

处理与时间交互作用的自由度：$df_{A\times B}=(p-1)(g-1)=3$。

组内误差自由度：$df_{WE}=df_W-df_B-df_{A\times B}=24$。

③ 计算方差

处理方差：$MS_A=\dfrac{SS_A}{df_A}\approx\dfrac{25.60}{1}=25.60$ 。

组间误差方差：$MS_{BE}=\dfrac{SS_{BE}}{df_{BE}}\approx\dfrac{680.80}{8}=85.10$。

时间方差：$MS_B=\dfrac{SS_B}{df_B}\approx\dfrac{307.70}{3}=102.57$。

处理与时间交互作用的方差：$MS_{A\times B}=\dfrac{SS_{A\times B}}{df_{A\times B}}\approx\dfrac{158.60}{3}=52.87$。

组内误差方差：$MS_{WE}=\dfrac{SS_{WE}}{df_{WE}}\approx\dfrac{109.20}{24}=4.55$。

④ 计算F值

$F=\dfrac{MS_A}{MS_{BE}}=\dfrac{25.60}{85.10}\approx0.30$。

$F=\dfrac{MS_B}{MS_{WE}}=\dfrac{102.57}{4.55}\approx22.54$。

$F=\dfrac{MS_{A\times B}}{MS_{WE}}=\dfrac{52.87}{4.55}\approx11.62$。

(3)统计决断

根据$df_A=1$，$df_{be}=8$，查F值表，得$F_{0.05(1,8)}=5.32$，计算所得的$F=0.30<5.32=F_{0.05(1,8)}$，故保留$H_0$，两种教学模式对学生英语词汇学习成绩的影响不显著。

根据$df_B=3$，$df_{We}=24$，查F值表，得$F_{0.05(3,24)}=3.01$，$F_{0.01(3,24)}=4.72$，计算所得的$F=22.54>4.72=F_{0.01(3,24)}$，故在0.01的显著水平上拒绝$H_0$而接受$H_1$，时间因素

对学生英语词汇学习成绩具有显著的影响。

根据 $df_{A\times B}=3$，$df_{we}=24$，查 F 值表，得 $F_{0.05(3,24)}=3.01$，$F_{0.01(3,24)}=4.72$，计算所得的 $F=11.62>4.72=F_{0.01(3,24)}$，故在 0.01 的显著水平上拒绝 H_0 而接受 H_1，时间因素和教学模式的交互作用对学生英语词汇学习成绩具有显著的影响。

将得到的统计量整理成方差分析表(表 8-8)。

表 8-8　两种教学模式对学生英语词汇学习成绩重复测量设计的方差分析表

变异来源	SS	df	MS	F	$F_{0.05}$	$F_{0.01}$
组间(对象)	706.40	9				
处理(A)	25.60	1	26.60	0.30	5.32	
组间误差	680.80	8	85.10			
组内(重复)	575.50	30				
时间(B)	307.70	3	102.57	22.54**	3.01	4.72
A×B	158.60	3	52.87	11.62**	3.01	4.72
组内误差	109.20	24	4.55			
总和	1281.90	39				

需要注意的是，重复测量设计的数据除了应满足正态性和独立性的条件外，还应特别满足协方差矩阵(covaruance matrix)的球形性(sphericity)或复合对称性(compound symmetry)。不同于方差反映被试在某一时点上测定值变异性的大小，协方差是在两个不同时点上测定值相互变异性的大小。若球形对称性质不能满足，则方差分析的 F 值是有偏的，增加了Ⅰ类错误的概率。通常球形性质采用 Mauchly 检验，其检验系数若小于设定的显著性标准(如 0.05)，则说明球形性质不能满足，需要进行校正。在本例中，Mauchly 检验值为 0.26，符合球形性质，故不需要进一步处理。球形性质的检验与数据校正已经超出了本教材的范畴，有兴趣的同学可以参考其他教材加以理解。

第四节　多因素方差分析的SPSS操作

在掌握了多因素方差分析的原理后，可以更好地利用SPSS进行相应的统计操作，以便科学、高效地进行数据分析，得到准确的结论。

在SPSS 16.0中，多因素方差分析在General Linear Model（通常简称为GLM）模块中，分别包括Univariate、Multivariate和Repeated Measures三种分析模式，分别对应单因变量多因素方差分析、多因变量方差分析和重复测量方差分析。Multivariate的分析界面和操作规则与Univariate类似，不同之处在于可以检验自变量对多个因变量的影响效应。因此，本节将简要介绍通过SPSS实现单因变量多因素方差分析和重复测量方差分析的过程及结果解读。

一、完全独立样本的多因素方差分析

完全独立样本的多因素方差分析可通过“单因变量多因素方差分析”来实现。以第二节的数据为例说明单因变量的多因素方差分析在SPSS中的实现。该例主要说明，采用集中教学和分散教学法学习学科学习策略和通用学习策略，考察教学方法和学习内容对小学三年级学生数学成绩的影响。具体数据见表8-2。在数据中，学科策略因素的两个水平，“学科学习策略”用1来表示，“通用学习策略”用2表示。教学方法因素的两个水平，1表示集中教学，2表示分散教学。学科策略和教学方法均为类别变量，数学成绩为连续变量。

在SPSS 16.0中打开数据文件后，依次点击“Analyze→General Linear Model→Univarate”，进入单因变量多因素方差分析模式。

在Univariate分析模式中，主界面如图8-3。首先，将“数学成绩”选取到因变量（Dependent Variable）框中，将“学习策略”“教学方法”选取到固定因素（Fixed Factorc(s)，即自变量的含义）框中。“Covariate”框可以选入协变量，将除自变量外可能影响因变量的因素作为协变量加以控制。

打开“Model”按钮，进入模型设定子对话框。

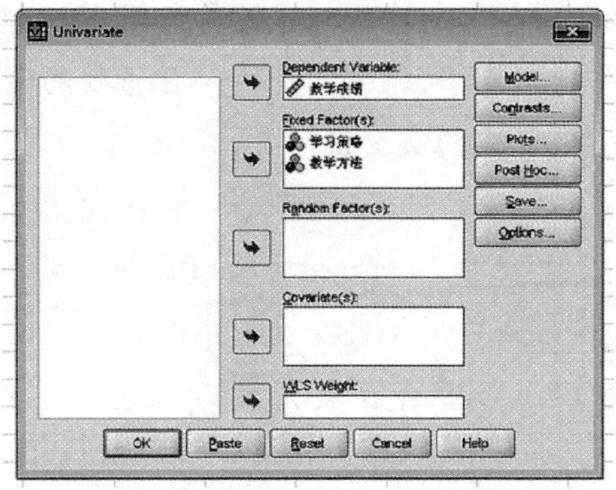

图 8-3　Univariate 分析模式的主界面

在 Specify Model 中，指定模型类型。Full factorial 为系统默认设定，以建立全模型(也叫饱和模型)，包括所有因素的主效应、协变量的主效应以及所有因素与因素之间的交互效应，使用者不需要对变量加以设定。Custom 为自定义模型，使用者需要自行设定模型，点击 Type 的下拉菜单，可以根据需要选定因素仅求某些主效应、或者某些特定因素之间的交互作用等。在本例中，可以选取自定义模型的"Interaction"，分别将"学习策略""教学方法"选入"Model"框中，再同时选定"学习策略"和"教学方法"进入"Model"。实际上，在本例中，该设定与全模型是一致的，如图 8-4。

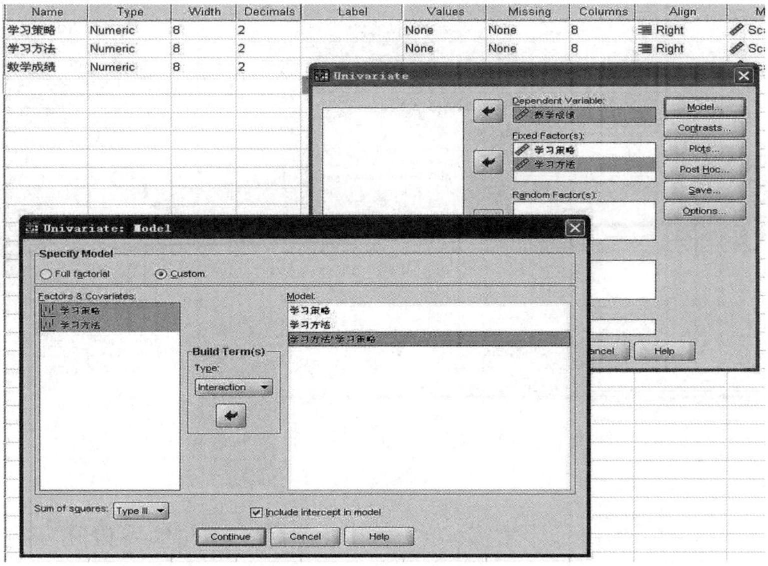

图 8-4　Univariate 的 Model 对话框设定

模型设定中，在 Sum of squares 中提供了四种分解平方和的方法，Type Ⅲ为系统默认，也是最常用的一种，它适用于 Type Ⅰ、Type Ⅱ所列的模型以及没有空单元格的平衡和不平衡模型。有空单元格的情况采用 Type Ⅳ。

点击“Continue”返回主界面，“Contrast”对话框涉及对照方法，一般根据默认设置即可。点击“Plots”按钮，进入“Univariate：Profile Plots”对话框进行图形设定，选择做边际均值图的参数，可以直观地呈现交互作用图。如果两个因素的线相互平行表示无交互作用，不平行则表示可能存在交互效应。选择一个因素作为横坐标变量(Horizontal Axis)，另一个因素进入“Separate Lines”框确定分线变量。有时需要选择因素作为分图变量进入“Separate Plots”，呈现三个变量之间的关系。单击“Add”送入“Plots”中，形成两个因素以“＊”连接的图形表达式。如果需要对表达式进行修改，单击表达式后选择“Remove”进行调整即可(如图 8-5)。

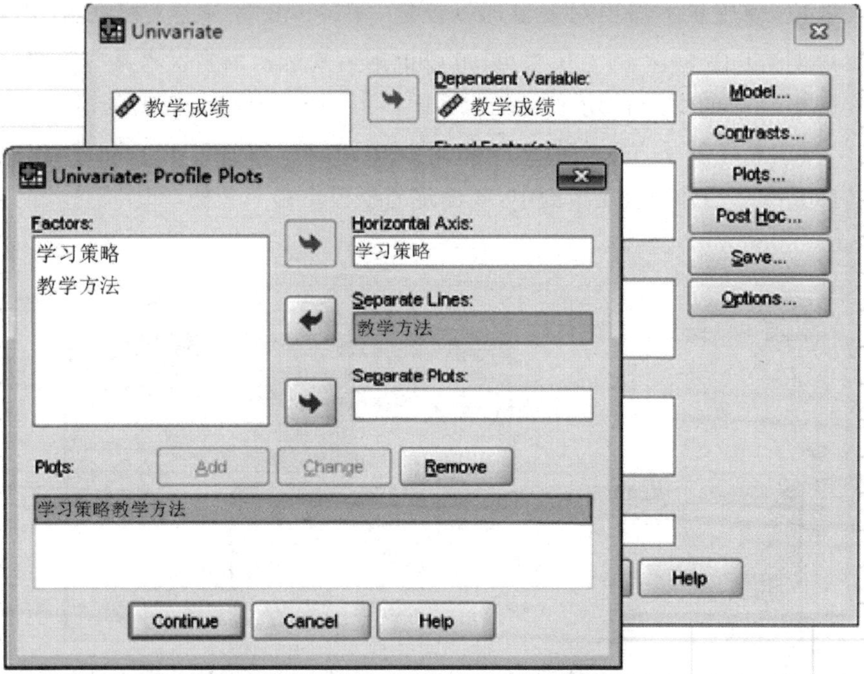

图 8-5　Univariate 的 Plots 对话框设定

在“Post Hoc”中，提供了因素多个水平之间进行比较的事后检验方法，具体含义和使用与单因素方差分析(ANOVA)中一致。

在“Univariate”分析中，“Save(输出)”和“Options(选项)”的使用比较少，采用默认值设置即可。

返回“Univariate”主界面，点击“OK”，执行单因变量多因素方差分析，其输出结果如图 8-6。

Between-Subjects Factors

		Value Label	N
学习策略	1	学科学习策略	8
	2	通用学习策略	8
教学方法	1	集中教学	8
	2	分散教学	8

图 8-6　因素变量表截图

图 8-6 为变量信息，表示学习策略和教学方法分别有两个水平。N 是每一单元的样本容量。

图 8-7 是两种教学方法和策略类型对小学生数学成绩影响的方差分析表。在表中，可以得到，总平方和根据 Type Ⅲ可以分解为学科学习策略的组间平方和、教学方法的组间平方和、学科策略与教学方法的交互作用平方和、误差(即组内平方和)，以及自由度(df)、均方、F 值的结果和显著性概率。

Tests of Between-Subjects Effects

Dependent Variable:数学成绩

Source	Type III Sum of Squares	df	Mean Square	F	Sig.
Corrected Model	738.187[a]	3	246.062	8.196	.003
Intercept	88060.562	1	88060.562	2.933E3	.000
学习策略	451.562	1	451.562	15.042	.002
教学方法	22.562	1	22.562	.752	.403
学习策略 * 教学方法	264.062	1	264.062	8.796	.012
Error	360.250	12	30.021		
Total	89159.000	16			
Corrected Total	1098.437	15			

a. R Squared = .672 (Adjusted R Squared = .590)

图 8-7　方差分析表截图

根据图8-7可以下结论:学科策略对小学生数学学习成绩具有显著影响,且与教学方法构成显著交互效应,教学方法对成绩的影响不显著。因此,在这个研究中,无论何种教学方法对数学学习成绩的影响均具有一致性,互相结合,才可能发挥每种策略的价值和功效。

图8-8显示了,在学科学习策略和通用学习策略中,采用集中教学和分散教学模式对学生数学学习成绩的影响。两条线段出现了交叉,表明两个因素存在交互效应,教学模式和学习策略之间相互影响。

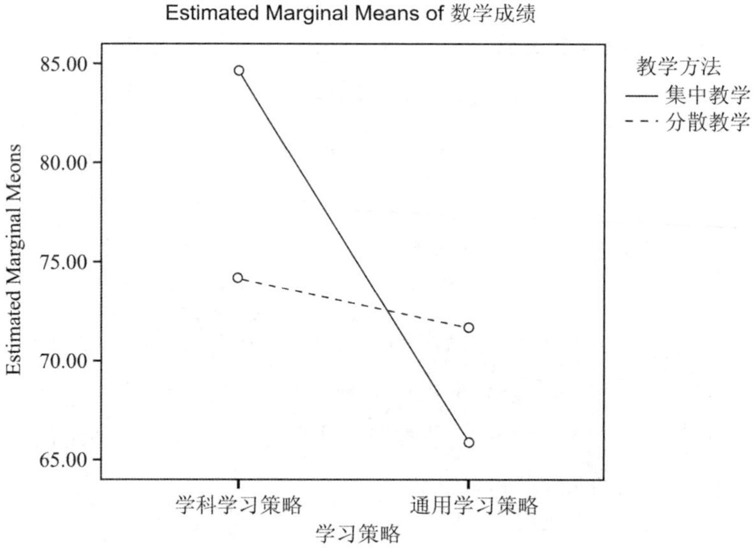

图8-8　两种因素对学生数学成绩的交互效应边际图

二、相关样本的多因素方差分析

相关样本的多因素方差分析可以通过"重复测量方差分析"来实验。在SPSS中,重复测量属于高级分析过程,可以是同一条件下进行的重复测量,以判定各种处理之间是否存在实验效应;也可以是不同条件下的重复测量,除了研究实验效应外,还可以研究形成重复测量条件间的差异及其与处理间的交互效应。

以第三节重复测量设计的多因素方差分析为例来说明SPSS中的重复测量方差分析过程。该例考察A,B两种教学模式对英语词汇学习成绩的影响。将10名被试随机分成两个教学组,一组接受A教学模式,另一组接受B教学模式,共进行为期12周的实验干预。分别在实验前(平衡期)、4周、8周和12周采用同质的复本测验测得学生英语词汇成绩，以证明实验效应、时间效应和二者的交互作用。期间，两组在教学时间、教学内容、练习题目、教师教学水平等因素上保持一致。

打开 SPSS 16.0，读取数据 8-4.sav。依次单击“Analyze→General Linear Model→Repeated Measures”，进入重复测量方差分析模式。

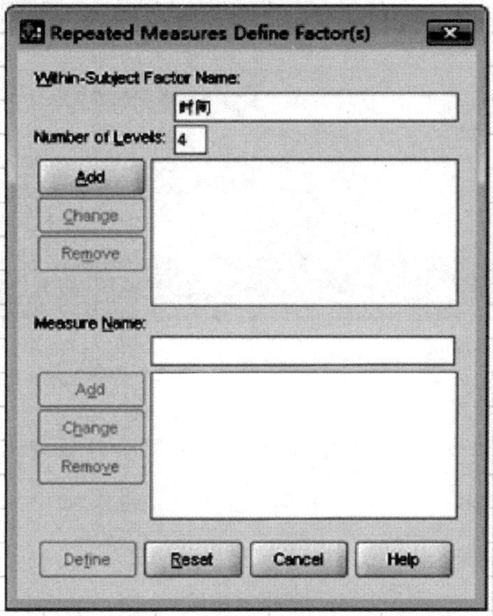

图 8-9　定义被试内因素对话框

首先需要定义重复测量因素（Repeated Measures Define Factorcs，也叫被试内变量）。这里的定义与数据预处理中的变量定义不同，仅仅是重复测量的变量组代号，且在 SPSS 数据文件中并不予以体现。在本例中，重复测量的因素是学生英语词汇成绩，分为 4 个时间点进行的，故有 4 个水平。因此，在“Within-Subject Factor Name”下的框中输入“时间”以替代默认的“factor 1”，在“Number of Levels”中键入“4”，点击“Add”添加到变量框中，显示为“时间(4)”。如果在数据文件中同时还有其余的测量因素，如每周进行一次英语综合测验，可以在“Measure Name”中定义。

点击 Define 进入重复测量方差分析主界面（图 8-10）。首先需要将已经定义的所有被试内因素水平与测量变量进行组合。在变量框中选定“实验前”，单击向右箭头按钮后，原有的“_ ? _(1)”变化为“实验前(1)”，表明“实验前”这个变量下的数据为“时间”因素的第一个水平。依次点选变量名，与定义的组内因素“时间”各个点对应组合。

在变量列表中，选取被试间因素变量（通常是实验处理）“教学模式”，进入“Between-Subjects Factor(s)”中。

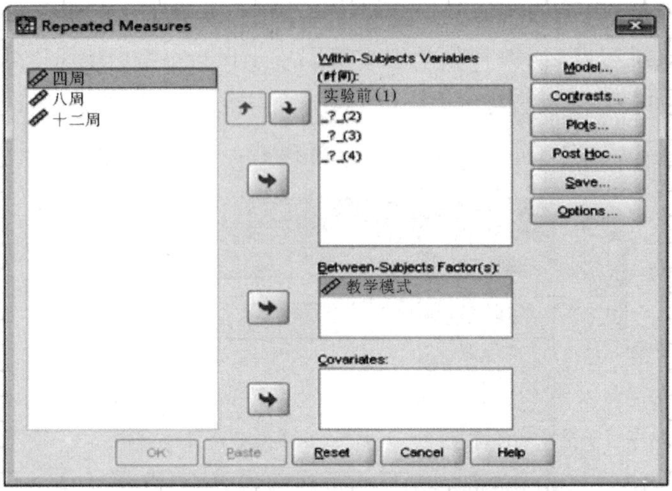

图 8-10　重复测量方差分析主界面

点击"Model"按钮，进入模型设定界面。SPSS 软件中 GLM 模块的三种分析模式中，模型设定的方式是一样的，均提供了 Full factorial（全饱合模型）和 Custom（自定义），默认为全饱合模型，含义相同。但是，重复测量方差分析的模型设定中，被试内因素和被试间因素是分开列表的。在本例中，需要考察时间因素和教学模式因素的主效应以及它们之间的交互作用，因此采用系统默认的全饱和模型即可，如图 8-11 所示。

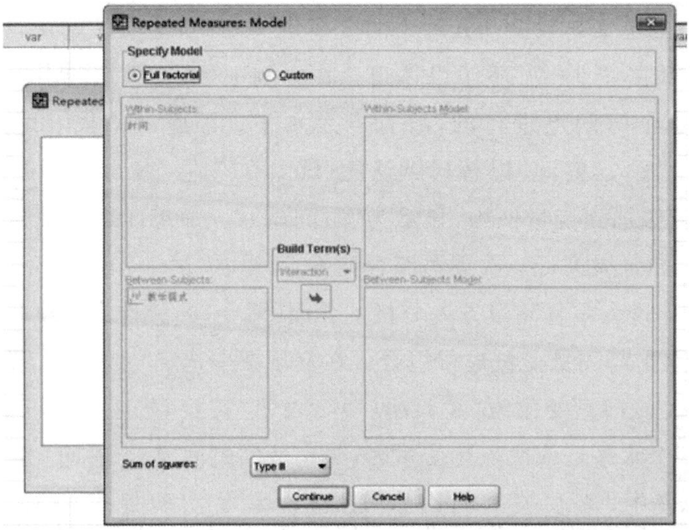

图 8-11　重复测量方差分析的模型设定对话框

另外，在重复测量方差分析中，“Post Hoc”功能针对的是被试间变量的事后检验，这与单因素方差分析的相一致；而“Options”功能中包括了其描述统计“Descriptive statistics”和被试内变量的事后检验（将被试内变量选入右框内、打勾“Compare main effects”检验主效应，默认用“LSD”）等。

在重复测量方差分析主界面单击“OK”，提交运行，输出结果如图 8-12。

Within-Subjects Factors

Measure:MEASURE_1

时间	Dependent Variable
1	实验前
2	四周
3	八周
4	十二周

Between-Subjects Factors

		N
教学模式	1	5
	2	5

图 8-12　**基本信息表截图**

首先是被试内变量和被试间变量的信息。被试内变量为时间，分为 4 个水平；被试间变量为教学模式，包括 2 个水平。

图 8-13 是时间、时间与教学模式交互作用多元检验的结果。采用 Pillai′s Trace、Wilks′lambda、Hotelling′s Trace、Roy′s Largest Root 四种方法进行 F 检验所得统计值显著性水平均小于 0.05，表明时间、时间与教学模式交互作用均显著。不过这些结果更应结合下面的球形检验来一起理解。

Multivariate Tests[b]

Effect		Value	F	Hypothesis df	Error df	Sig.
时间	Pillai's Trace	.955	42.267[a]	3.000	6.000	.000
	Wilks' Lambda	.045	42.267[a]	3.000	6.000	.000
	Hotelling's Trace	21.133	42.267[a]	3.000	6.000	.000
	Roy's Largest Root	21.133	42.267[a]	3.000	6.000	.000
时间 * 教学模式	Pillai's Trace	.911	20.349[a]	3.000	6.000	.002
	Wilks' Lambda	.089	20.349[a]	3.000	6.000	.002
	Hotelling's Trace	10.175	20.349[a]	3.000	6.000	.002
	Roy's Largest Root	10.175	20.349[a]	3.000	6.000	.002

a. Exact statistic

b. Design: Intercept + 教学模式
Within Subjects Design: 时间

图 8-13　时间、时间与教学模式交互作用的多元检验截图

在重复测量方差分析中，数据除了应满足正态性和独立性之外，还需要进行球形检验。如果不满足协方差矩阵的对称性，则容易导致统计结论错误。图 8-14 中是采用 Mauchly 方法进行球形性质检验的结果，所得指标为 0.261、p 为 0.111，大于设定的显著性标注 0.05，说明该球形性质得到确认。如果没有通过球形性质检验，则需要进行自由度矫正。SPSS 提供了三种矫正方法：Greenhouse-Geisser 矫正法、Huynh-Feldt 矫正法、Lower-bound 矫正法，用自由度乘以矫正系数即可。

Mauchly's Test of Sphericity[b]

Measure:MEASURE_1

Within Subject…	Mauchly's W	Approx. Chi-Square	df	Sig.	Epsilon[a]		
					Greenhouse-Geisser	Huynh-Feldt	Lower-bound
时间	.261	9.023	5	.111	.558	.777	.333

Tests the null hypothesis that the error covariance matrix of the orthonormalized transformed dependent variables is proportional to an identity matrix.

a. May be used to adjust the degrees of freedom for the averaged tests of significance. Corrected tests are displayed in the Tests of Within-Subjects Effects table.

b. Design: Intercept + 教学模式
Within Subjects Design: 时间

图 8-14　重复测量方差分析的球形检验截图

而图 8-15 就是被试内效应的检验结果，其中有一个“时间”主效应和一个“时间×教学模式”交互效应（以及误差）。结合着前一个表的结果，由于其球形性质得到了确认，因此我们只看“Sphericity Assumed”（球形假设成立）一行的数据，相应的 SS 平方和、df 自由度、MS 均方、F 检验值及 Sig.显著性水平 p 均与理论讲解中的内容相对应，而两 p 值均小于 0.001，表明其“时间”主效应和“时间×教学模式”交互效应均差异显著。

如果之前的球形检验没有通过，那么就需要参考图中的那三种校正方法了，一般

推荐采用 Greenhouse-Geisser 的校正结果。

Tests of Within-Subjects Effects

Measure:MEASURE_1

Source		Type III Sum of Squares	df	Mean Square	F	Sig.
时间	Sphericity Assumed	307.700	3	102.567	22.542	.000
	Greenhouse-Geisser	307.700	1.675	183.689	22.542	.000
	Huynh-Feldt	307.700	2.332	131.934	22.542	.000
	Lower-bound	307.700	1.000	307.700	22.542	.001
时间 * 教学模式	Sphericity Assumed	158.600	3	52.867	11.619	.000
	Greenhouse-Geisser	158.600	1.675	94.680	11.619	.002
	Huynh-Feldt	158.600	2.332	68.004	11.619	.000
	Lower-bound	158.600	1.000	158.600	11.619	.009
Error(时间)	Sphericity Assumed	109.200	24	4.550		
	Greenhouse-Geisser	109.200	13.401	8.149		
	Huynh-Feldt	109.200	18.658	5.853		
	Lower-bound	109.200	8.000	13.650		

图 8-15　重复测量方差分析的被试内效应检验截图

图 8-16 为各重复测量之间的变化趋势分析，说明的是用一次方曲线(Linear)、还是二次方曲线(Quadratic)、还是三次方曲线(Cubic)来表示其变化趋势。由于这个分析通常不是我们的研究目的，此处略过。

Tests of Within-Subjects Contrasts

Measure:MEASURE_1

Source	时间	Type III Sum of Squares	df	Mean Square	F	Sig.
时间	Linear	307.520	1	307.520	67.291	.000
	Quadratic	.000	1	.000	.000	1.000
	Cubic	.180	1	.180	.040	.847
时间 * 教学模式	Linear	158.420	1	158.420	34.665	.000
	Quadratic	.100	1	.100	.022	.886
	Cubic	.080	1	.080	.018	.898
Error(时间)	Linear	36.560	8	4.570		
	Quadratic	36.400	8	4.550		
	Cubic	36.240	8	4.530		

图 8-16　重复测量方差分析中各重复测量间的变化趋势分析截图

根据图 8-17 被试间效应检验的结果，教学模式主效应不显著，可见两种教学模式对学生英语词汇学习成绩的影响不大。

Tests of Between-Subjects Effects

Measure:MEASURE_1
Transformed Variable:Average

Source	Type III Sum of Squares	df	Mean Square	F	Sig.
Intercept	252492.100	1	252492.100	2.967E3	.000
教学模式	25.600	1	25.600	.301	.598
Error	680.800	8	85.100		

图 8-17　重复测量方差分析的被试间效应检验截图

如果在 Plots 中，以时间为横轴，教学模式为分线变量，可以作出交互作用的均值图（图 8-18），直观地显现出二者所具有的显著交互效应。

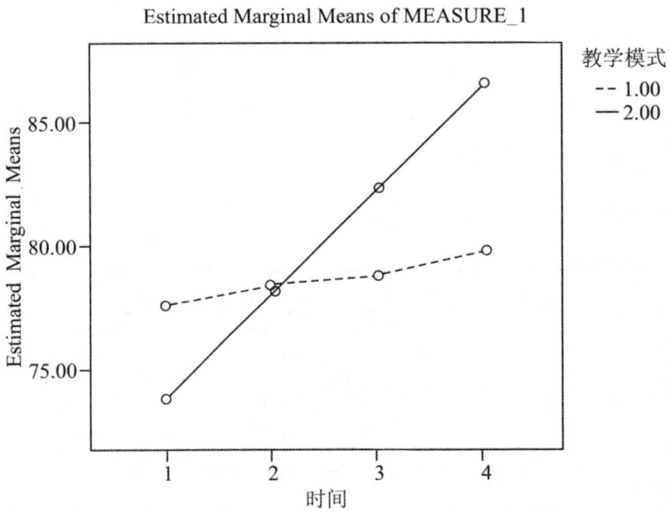

图 8-18　教学模式与时间交互作用的均值图

本章小结

多因素方差分析是针对多个自变量的方差分析。本章主要介绍了多因素方差分析的有关概念和基本原理，并从独立样本和相关样本两方面来展开对两因素方差分析的应用讲解。

(1) 多因素方差分析可以分析主效应和交互效应。每个因素对因变量的影响称为各个因素的主效应。多个因素相结合共同对因变量发生的影响即为交互效应。当交互效应显著时，主效应的分析会变得意义不大，分析其单纯主效应（也叫简单效应）则更为重要。

(2)两因素完全独立样本方差分析将总变异先分解为组间变异和组内变异，再将组间变异分解为两因素各自的组间变异和两因素交互的组间变异(含平方和的分解和自由度的分解)，最后检验两因素各自的主效应和两因素的交互效应。

(3)两因素相关样本方差分析又分为随机区组设计和重复测量两种情况。随机区组设计的两因素方差分析将总变异分解为组间变异、区组变异和误差变异，再检验组间效应。重复测量的两因素方差分析将总变异先分解为组间变异和组内变异，再将组间变异分解为组间自变量变异和组间误差变异、组内变异分解为时间变异、时间与自变量交互的变异和组内误差变异(含平方和的分解和自由度的分解)，最后按需要可检验自变量的主效应、时间的主效应、自变量和时间的交互效应。

(4)多因素完全独立样本方差分析的操作菜单为“Analyze→General Linear Model→Univarate”；多因素相关样本方差分析的操作菜单为“Analyze→General Linear Model→Repeated Measures”。

思考与练习题

1. 举例说明主效应、交互作用和单纯主效应，并说明其相互关系。

2. 较之单因素方差分析，多因素方差分析有哪些主要优点?

3. 表 8-9 的数据来自一个 2(呈现方式)×3(呈现时间)的实验设计，被试被随机分成 6 组，每组接受一个实验处理，测定其记忆效果。试分析交互作用及主效应。

表 8-9　2×3 完全随机化设计的实验结果

呈现方式	呈现时间					
	长		中		短	
	纸制版	电子版	纸制版	电子版	纸制版	电子版
	13	9	11	9	3	4
	11	10	11	9	5	5
	10	10	8	12	6	6
	11	8	12	9	7	4
	14		11	8		6
				11		

4. 表 8-10 的数据来自一项 2(呈现方式)×2(呈现时间)的实验设计，每位被试均接受所有的实验处理，测定其记忆效果。试分析交互作用及主效应。

表 8-10　2×2 重复测量设计的实验结果

呈现方式	呈现时间			
	长		短	
	纸制版	电子版	纸制版	电子版
被试一	13	10	6	7
被试二	11	10	6	7
被试三	10	8	5	5
被试四	11	11	5	6
被试五	14	11	5	6

5. 借助于 SPSS，再对表 8-2、表 8-4、表 8-7、表 8-9、表 8-10 的数据进行多因素方差分析。

第九章　相关分析

在日常生活和学习中，事物间的许多现象因其结果关联紧密常常会格外引人注意，比如你的爸爸妈妈都比较高，你的个头在班上也是较高；某同学有一点偏科，语文和英语成绩都很棒，但是该同学的物理和数学两科却经常拖后腿；再比如平时父母和老师都夸你很聪明，一次偶然的机会你测试了一下智力水平，你发现你的智商是128分，确实高于一般水平。诚如哲学上所言“事物是普遍联系着的”，上述所谈及的现象中所折射出的关联关系是什么？到什么程度？我们有办法来度量它吗？

对事物或现象间的关系的研究称为相关研究，描述两个或几个变量或现象之间相关关系包括多个统计指标，本章将介绍皮尔逊积差相关系数、斯皮尔曼等级相关系数、肯德尔和谐系数、偏相关系数等常用的相关分析计算方法及其在心理与教育测量研究中的应用。

第一节　相关概述

一、相关的概念

在第二、三章中，我们主要关心的是单变量数据分布的统计方法，它描述和分析的是一种数据的某种特征，如集中趋势、离中趋势等。描述统计除了关注单个数据的分布外，还会遇到两个或者多个变量的变化关系问题，相关关系就是两个或者多个变量之间关联程度的研究和探讨。

如果两个事件或两个样本统计量相互不独立，一般存在着某种相互关联的关系。同一组人或同一组个体，若干个变量的测量值之间往往存在着较强的联系。例如，在日常生活中，一个同学上课认真听讲，下课后也投入大量时间学习，我们会推测他可能是一个严谨认真的人，他的成绩应该还不错，这种推测虽然有时难免失误，但其正确的概率往往会比较高。因为根据经验，绝大部分人学习时间与学习效果是成正比的，严谨认真的人学习效果通常也比较好。心理与教育统计学的研究常常需要描述某一变量的测量值和另一变量测量值之间的关系。相关就是变量之间相互关系的测量指标。

事物的各种属性常常是相互关联的。一个事物同其他事物之间的关联关系可分为两种：一种是因果关系，另一种是相关关系。因果关系是指事物之间存在着严格的依存关系，其特征是变量与变量之间的数量关系是一一对应的，某个变量的一个数值，另一个变量都有唯一确定的值与之对应。因果关系通常可以用数学表达式准确地表示出来。例如，圆面积 S 对圆半径 r 的依存关系就是一种函数关系：$S=\pi r^2$。由此式可知，一旦圆的半径 r 确定，面积 S 的值就随之被唯一确定。当所研究的两个事物或现象之间，既存在着一定的数量关系，但又不像因果关系那样能用一个变量的数值精确地求出另一个变量的数值时，我们称这类变量之间的关系为相关关系。因果关系在科学研究中最受重视，因为其所衍生的因果结论往往是科学理论与真理的基础，但科学研究中遇到更多的还是相关关系，在相关关系中，一个变量增加或减少时，另一个变量也随着这个变量的增加或减少而随之变化，但两个变量的相关关系没有函数关系那么精准和唯一。当然我们考察两个变量间的相关关系，要将其置于一定的时间、地点和条件下，因为相关有真实相关和虚假相关，脱离了真实的考察环境，我们往往会被伪相关所迷惑，两个变量之间是否存在相关关系，相关程度是否很高，常常是我们非常关心的问题。比如身高与体重的关联，通常身高越高，体重也越重。又如一个家庭的收入水平往往与子女的受教育程度有着较强的相关关系。收入水平高的家庭，子女受教育程度一般较高，上述都是真实的相关关系，但如下这个案例则是一对虚假的相关关系，过去一年中，家前口的小树长高了20厘米和家中的小孩子长高了5厘米，脱离具体的情境单纯考察数字的变化则可能会被伪相关所迷惑。在心理统计学中，我们称研究这种相关关系问题的理论和方法为相关分析。相关性质的强弱，一般用相关系数来表示。

相关关系与因果关系密切联系但有区别，因果关系一定是相关关系，但相关关系却不一定是因果关系。如果有两个变量A和B相关，则存在以下五种可能性：(1)A导致B；(2)B导致A；(3)第三个变量C导致A和B；(4)A和B互为因果；(5)小样本引起的巧合。可见，导致相关关系的原因，有的是变量间存在因果关系，有的并非变量间存在因果关系，可能是其他一些变量作用的结果，甚至可能是小样本误差引起的偶然现象。探讨事物或变量间的相关关系，只注重它们联系及其密切程度，并不考虑其间是否存在因果关系，如果要探讨事物之间的因果关系，还需要考察变量的时间先后次序，同时借助相关的专业知识和理论来进行情境解析。

二、相关的分类

按照不同的标准，相关关系有不同的分类。

1.简单相关和复相关

按相关关系涉及变量的多少，相关关系可分为简单相关和复相关。两个变量之间的相关关系称为简单相关，比如身高与体重的关系；一个变量与两个或者多个变量的相关关系称为复相关，比如身高与年龄、日均饮食量的关系。

2.线性相关和曲线相关

按变量相关关系的表现形态，相关关系可分为线性相关(或称为直线相关)和非线性相关(或称为曲线相关)。如果现象相关点的分布不表现为直线的关系，而近似于某种曲线方程的关系，例如表现为抛物线、双曲线、指数曲线等非直线形式，则这种关系就是非线性相关。也就是说在两个相关现象中，自变量x的值发生变动，因变量y也随之发生变动，这种变动不是均等的，在图像上的分布是各种不同的曲线形式。例如施肥量和每亩产量之间的关系，在一定数量界限内，施肥量增加，每亩产量相应增加，但一旦施肥量超过一定数量，每亩产量反而出现下降情况，这就是一种非线性相关。

3.正相关和负相关

按变量数值变化方向的总趋势，相关关系可分为正相关和负相关。正相关表现为当一个变量增大或减小时，另一个变量在总的趋势上也增大或减小，即两个变量变化方向的趋势相同；负相关表现为当一个变量增大或减小时，另一个变量在总的趋势上则减小或增大，即两个变量变化方向的趋势相反。

4.完全相关、高度相关、低度相关和零相关

按双变量联系的紧密程度，相关关系可分为完全相关、高度相关、低度相关和零相关。双变量各点在一条直线上，这实际上就是函数关系。在教育与心理现象中，完全相关的变量并不多见。高度相关是指双变量 X，Y 中，当 X 的值变化时，与之相对应的 Y 值增大(或减小)的可能性非常大，其分布特点是，散点比较集中地分布在某条直线的周围。低度相关是指双变量 X，Y 中，当 X 的值变化时，与之相对应的 Y 值增大(或减小)的可能性比较小，其分布特点是，散点比较离散地分布在某条直线的周围。零相关是指双变量 X，Y 中，当 X 的值变化时，与之相对应的 Y 值可能有变动，也可能没有变动，而且毫无规律。

三、相关分析的方法

相关分析是研究变量间相互关系紧密程度的统计分析方法。即它主要研究两个或两个以上变量之间是否存在相关关系，如果存在相关关系，其相关的性质是什么(是线性相关还是非线性，相关是正相关还是负相关)和相关的程度有多少。相关分析的方法包括图示法和计算法。

1.图示法

相关关系的图示，是用散点在平面直角坐标系中的分布情况来描述两个变量之间联系的紧密程度，这种图称为散点图，如 9-1(a)和图 9-1(b)分别是正相关和负相关的散点图，在图 9-1(a)中，一个变量(孤独)由 X 轴表示，另一个变量(害羞)由 Y 轴表示。图中的每个点均代表一个被试在这两个变量上的得分。例如，被试者麦克在孤独特质上的得分是 12，在害羞特质上的得分为 20。

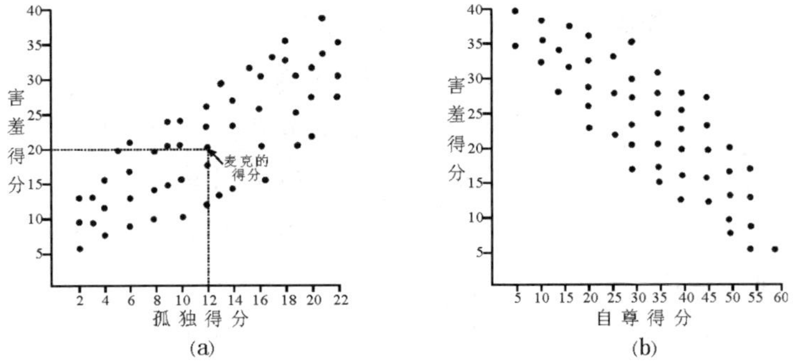

图 9-1　正相关和负相关散点图

在散点图上，图中各点离那条表示完全相关的直线的距离可以体现出两个变量之间的相关程度。完全相关指的是所有点都落在同一条直线上，相关系数是+1.00或-1.00，如图9-2所示。但是在相关研究中，很少出现完全相关的情况，变量之间的相关绝对值常小于1，即$-1.00<r<+1.00$。这样的相关程度在散点图上就可以用离散情况表示，相关性越强，离散程度越小；相关性越弱，离散程度越大。如果二者相关为0，则散点的分布就是无序的，就不可能从一个变量的大小去推断另一个变量的大小。

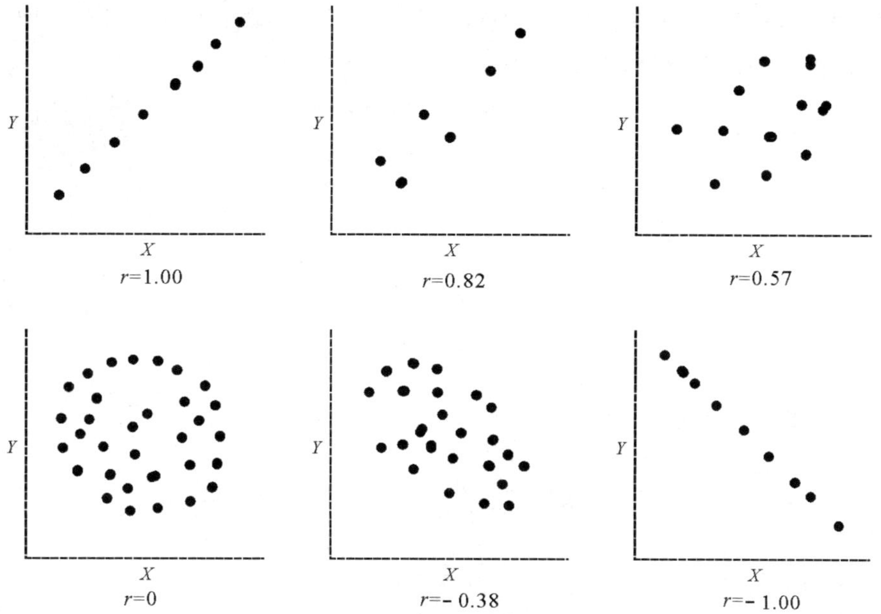

图9-2 两个变量之间不同程度的相关

2.计算法

在数量上表现变量间相关关系的量称为相关量。通过计算用相关量来考察变量间的相互关系，是相关分析的主要方法。

本章研究的相关分析是线性相关分析，即研究两个变量间线性关系的程度。相关系数是描述这种线性关系程度和方向的相关量，通常用r来表示，如果一个变量Y可以确切地用另一个变量X的线性函数表示，那么，两个变量间的相关系数是1或-1。如果变量Y随着变量X的增大或减小而增大或减小，即变化的方向相同，如学习时间与记忆数量，通常学习时间投入越多，英语单词记忆数量也会越多，那么这种相关称为正相关，其所计算出的相关系数$r>0$；如果变量Y随着变量X的增大或减小而减小或增大，即变化的方向相反，如学习时间与错拼单词个数，通常学习时间投入越多，听写单词时错拼的个数就会越少，那么这种相关称为负相关，其所计算出的相关系数 $r<0$。

通常，相关系数的取值范围为[－1.00，1.00]，其中，正负符号代表相关的方向，其值的大小表示相关的程度，值越大，相关程度越高。例如，－0.80 的相关程度要大于＋0.6 的相关程度。其中，我们一般认为，其值小于 0.2 为可忽略不计的极低相关，0.2 至 0.4 之间为低相关，0.4 至 0.7 之间为中等相关，0.7 以上为高相关。但提醒一句，相关系数为顺序数据，不是等距数据，因此，只能比大小，不能做加减运算，更不能做乘除运算。而有些特殊的相关系数（如肯德尔和谐系数等，只要符号不带有 r 的即为特殊相关系数）则不是这个解释，需要另外说明。

第二节　常用的相关分析方法

在心理测量与教育调查研究中，常用的相关分析方法有积差相关法、等级相关法，下面分别介绍积差相关系数、斯皮尔曼相关系数、肯德尔和谐系数这几种常用的相关分析方法。

一、积差相关法

积差相关也称积矩相关、皮尔逊相关，是用英国统计学家皮尔逊(Pearson)提出的计算相关系数的方法。通常人们把离均差这二者积的总和除以 N 叫作“矩”(moment)，把 X 的离均差和 Y 的离均差这二者积的总和除以 N，用“积矩”概念表示。积差相关是一种运用普遍的计算相关系数的方法，也是表示两个变量线性相关方向和程度最常用和最基本的方法。

使用积矩相关法来计算皮尔逊相关系数是有一些先决条件的，通常用于计算的数据资料需要满足下面几个条件：(1)要求 30 对以上的成对的数据，即若干个体每个个体都有两种不同的观测值。例如一个班中每个同学都有物理与化学两科的测验成绩，计算相关的成对数据不宜少于 30 对，否则数据太少使样本失去代表性，使得最终的计算结果有很大的偏差(后面例题中成对的观测值可能少于 30 对，只是限于篇幅和利于演示的考虑)。(2)两列变量各自都呈正态分布，即正态双变量，至少两个变量服从的分布应是接近正态的单峰分布。为了判断计算相关的两列变量的总体是否为正态分布，一般要查询已有的研究资料，若无资料可查，研究者应取较大样本分别对两变量做正态性检验。(3)两个相关的变量都是连续变量，也就是两列数据都是测量数据。(4)两列变量之间的关系应是直线性的，如果是非线性的双变量，不能计算线性相关。

首先来了解积差相关系数的计算公式。

$$r=\frac{n\sum_{i=1}^{n}X_iY_i-\sum_{i=1}^{n}X_i\sum_{i=1}^{n}Y_i}{\sqrt{\left[n\sum_{i=1}^{n}X_i^2-\left(\sum_{i=1}^{n}X_i\right)^2\right]}\cdot\sqrt{\left[n\sum_{i=1}^{n}Y_i^2-\left(\sum_{i=1}^{n}Y_i\right)^2\right]}}\text{。}\qquad\text{(公式 9-1)}$$

此公式是直接使用原始数据来进行计算，当然也可采用下面的另一个计算公式来计算皮尔逊相关系数。

$$r=\frac{\sum_{i=1}^{n}x_iy_i}{NS_XS_Y}\text{。}\qquad\text{(公式 9-2)}$$

此公式是通过标准差来计算相关系数，式中 x，y 为两个变量的离均差 $x=X-\overline{X}$，$y=Y-\overline{Y}$，N 表示成对数据的数目，S_X 表示 X 变量的标准差，S_Y 表示 Y 变量的标准差。

【例 9-1】 一名小学教师对班上的 10 位同学的亲子关系前后间隔一个月进行了两次施测，两次测验成绩如下表：

表 9-1 10 位同学亲子关系施测成绩结果

次别	同学 A	同学 B	同学 C	同学 D	同学 E	同学 F	同学 G	同学 H	同学 I	同学 J
第一次	86	75	72	93	68	74	95	83	92	65
第二次	90	80	70	89	71	71	92	77	86	75

求这 10 位同学两次亲子关系施测的皮尔逊相关系数。

解 依公式，上题的解题详尽步骤为：

(1)求每一个变量的总和，即 $\sum_{i=1}^{n}X_i$ 和 $\sum_{i=1}^{n}Y_i$；

(2)求每一个变量的平方和，即 $\sum_{i=1}^{n}X_i^2$ 和 $\sum_{i=1}^{n}Y_i^2$；

(3)求成对变量乘积之和与每个变量和的乘积，即 $\sum_{i=1}^{n}X_iY_i$ 和 $\sum_{i=1}^{n}X_i\sum_{i=1}^{n}Y_i$。

$$r=\frac{n\sum_{i=1}^{n}X_iY_i-\sum_{i=1}^{n}X_i\sum_{i=1}^{n}Y_i}{\sqrt{\left[n\sum_{i=1}^{n}X_i^2-\left(\sum_{i=1}^{n}X_i\right)^2\right]}\cdot\sqrt{\left[n\sum_{i=1}^{n}Y_i^2-\left(\sum_{i=1}^{n}Y_i\right)^2\right]}}$$

≈ 0.876。

答：这 10 位同学两次亲子关系施测的皮尔逊相关系数为 0.876，表明两次亲子关系施测的相关程度很高，测验结果具有很强的稳定性。

二、等级相关法

积差相关虽然运用最为广泛，计算结果也很精准，但其对计算数据提出了严格的要求，如果有时计算数据达不到要求，比如当我们研究的变量不是等距或等比数据，或者计算数据不是正态分布或近似正态分布时，若要考察它们相关程度就不能再使用积差相关系数法，而要采用其他相关分析方法。等级相关法是依据具有等级顺序的测量数据来研究变量间相互关系的方法。研究等级相关的相关量主要有斯皮尔曼等级相关系数和肯德尔和谐系数。

1.斯皮尔曼等级相关系数

斯皮尔曼等级相关是英国心理学家、统计学家斯皮尔曼(Spearman)根据积差相关的概念推导出来的,因而斯皮尔曼等级相关是积差相关的一种特殊形式,它的本质也是一种两列变量的线性相关。斯皮尔曼等级相关是等级相关的一种,其相关系数用 r_R 或者 r_S 表示。斯皮尔曼等级相关适用于只有两列变量,而且是属于等级变量性质的具有直线线性关系的资料,它主要用于解决两列顺序数据的相关问题。对于属于等距或等比性质的连续变量数据,若按其取值大小,赋以等级顺序,转换为顺序变量数据,亦可计算等级相关,此时不必考虑数据总体分布是否是正态。因而,有些虽属等距或等比变量性质但其分布不符合正态的资料,虽然不能用积差相关的方法求相关,但能够计算等级相关。可见等级相关方法适用的范围比积差相关大,又对数据总体分布不做要求,这正是其优点所在。等级相关的缺点,精确度要差于积差相关,因此,凡符合计算积差相关的资料,不要用等级相关计算。

斯皮尔曼等级相关系数的计算公式如下:

$$r_R = 1 - \frac{6\sum D^2}{N(N^2-1)}。 \quad \text{(公式 9-3)}$$

式中 D 表示各对等级数的差值,即 $D=R_X-R_Y$,N 表示成对样本的数量。

【例 9-2】 两名教师对 10 名大学生的综合素质进行等级评定,将最好的同学评为第 1 等级,将最差的评为第 10 等级。两名教师的评价结果见表 9-2。

表 9-2 等级评定得分及等级相关的计算

同学编号	等级评价		$D=R_X-R_Y$	D^2
	R_X	R_Y		
1	7	5	2	4
2	5	6	−1	1
3	2	3	−1	1
4	8	7	1	1
5	1	2	−1	1
6	10	8	2	4
7	9	10	−1	1
8	4	4	0	0
9	6	9	−3	9
10	3	1	2	4

求这两名教师对这 10 位同学综合能力评价的斯皮尔曼等级相关系数。

解 首先计算这两名教师对同一学生的评定结果的差值 D,然后计算 D^2,计算结果见上表中对应的栏次，评定等级差的平方和$\sum D^2=26$，将这一结果代入斯皮尔曼等级相关计算公式。

$$r_R=1-\frac{6\sum D^2}{N(N^2-1)}=1-\frac{6\times 26}{10(100-1)}=0.842。$$

答：两名教师对这10位同学综合能力评价的斯皮尔曼等级相关系数为0.842，具有高的一致性。

如果计算斯皮尔曼等级相关系数的数据中每列等级数有相同等级，那么之前用于计算的公式需要做一些校正，计算结果才准确。当数据中有相同等级时，其校正公式应为：

$$r_R=\frac{\sum_{i=1}^{n}X_i^2+\sum_{i=1}^{n}Y_i^2-\sum_{i=1}^{n}D_i^2}{2\sqrt{\sum_{i=1}^{n}X_i^2\sum_{i=1}^{n}Y_i^2}}。$$

式中 $\sum_{i=1}^{n}X_i^2=\frac{N^3-N}{12}-\sum C_X$（$N$表示等级数目），

$\sum_{i=1}^{n}Y_i^2=\frac{N^3-N}{12}-\sum C_Y$（$N$表示等级数目），

$\sum C_X=\sum\frac{n^3-n}{12}$（$n$表示$X$变量中各相同等级数），

$\sum C_Y=\sum\frac{n^3-n}{12}$（$n$表示$Y$变量中各相同等级数）。

【例9-3】 10名被试填答两份客户体验等级评定问卷（李科特式五级评分问卷），评定结果见表9-3，求这两张客户体验评定问卷得分的斯皮尔曼相关系数。

表9-3 等级评定得分及等级相关的计算

被试编号	问卷1 X	问卷2 Y	R_X	R_Y	$D=R_X-R_Y$	D^2
1	5	4	1	3.5	−2.5	6.25
2	2	3	8.5	6.5	2	4
3	4	5	3.5	1	2.5	6.25
4	3	2	6.5	8.5	−2	4
5	1	2	10	8.5	1.5	2.25
6	3	4	6.5	3.5	3	9
7	4	4	3.5	3.5	0	0
8	2	1	8.5	10	−1.5	2.25
9	4	3	3.5	6.5	−3	9
10	4	4	3.5	3.5	0	0

从上表中可见，变量 X 和变量 Y 均有相同等级数据，在变量 X 中共有 4 个 3.5 级，2 个 8.5 级，2 个 6.5 级，在变量 Y 中，有 4 个 3.5 级，2 个 8.5 级，2 个 6.5 级，有相同等级的情况与变量 X 一样。

解 首先计算出变量 X 和变量 Y 相同等级的校正数，

$$\sum C_X = \sum \frac{n^3 - n}{12} = \frac{4(4^2 - 1)}{12} + \frac{2(2^2 - 1)}{12} + \frac{2(2^2 - 1)}{12} = 5 + 0.5 + 0.5 = 6,$$

$$\sum C_Y = \sum \frac{n^3 - n}{12} = \frac{4(4^2 - 1)}{12} + \frac{2(2^2 - 1)}{12} + \frac{2(2^2 - 1)}{12} = 5 + 0.5 + 0.5 = 6。$$

然后计算出 $\sum X^2$ 和 $\sum Y^2$，

$$\sum_{i=1}^{n} X_i{}^2 = \frac{N^3 - N}{12} - \sum C_X = \frac{10^3 - 10}{12} - 6 = 76.5,$$

$$\sum_{i=1}^{n} Y_i{}^2 = \frac{N^3 - N}{12} - \sum C_Y = \frac{10^3 - 10}{12} - 6 = 76.5。$$

最后将其全部代入计算公式。

$$r_R = \frac{\sum_{i=1}^{n} X_i^2 + \sum_{i=1}^{n} Y_i^2 - \sum D^2}{2\sqrt{\sum_{i=1}^{n} X_i^2 \sum_{i=1}^{n} Y_i^2}}$$

$$\approx \frac{76.5 + 76.5 - 43}{2\sqrt{76.5 \times 76.5}}$$

$$\approx 0.719。$$

答：这两张客户体验评定问卷得分的斯皮尔曼相关系数 0.719，具有高的一致性。

斯皮尔曼等级相关系数与皮尔逊相关系数相比，不要求总体分布是正态分布，只要数据达到等级水平即可计算相关系数。在对总体分布形式不太了解或不能对变量进行等距测量时，研究两个变量之间的关系，可以优先考虑斯皮尔曼等级相关系数。

2.肯德尔和谐系数

肯德尔和谐系数是计算多列等级变量相关程度的一种相关量，由此可见它区别于斯皮尔曼等级相关系数在于斯皮尔曼等级相关系数仅讨论两个等级变量的相关程度。肯德尔和谐系数的适用情形是：k 个评分者评价 n 个人或者 n 件作品，也可以是同一个人先后 k 次评价 n 个人或者 n 件作品；斯皮尔曼相关系数的适用情形是：两个评分者评价 n 个人或者 n 件作品，或是同一个人先后两次评价 n 个人或者 n 件作品。通过计算肯德尔和谐系数，我们可以较为客观地判断评价结果的一致性程度，肯德尔和谐系数通常用 W 来表示。

肯德尔和谐系数的计算公式如下：

$$W=\frac{SS}{\frac{1}{12}k^2(n^3-n)}。\quad（公式 9-4）$$

其中 n 是被评的对象数目，k 是评分者的人数或等级变量的列数，SS 是每一个被评对象所评等级之和 R_i 与所有这些和的平均数 $\bar{R}$ 的离差平方和，即

$$SS=\sum(R-\bar{R})^2=\sum R^2-\frac{(\sum R)^2}{n}。$$

当 k 个评分者同时对 n 个被评价对象进行等级评定时，若 k 个评分者的意见完全一致，则 n 个 R_i 分别为 $k,2k,3k,4k,\cdots,nk$，此时 $\bar{R}=\frac{k(n+1)}{2}$，$SS=\frac{1}{12}k^2(n^3-n)$，此时 W 的计算结果为 1；若 k 个评分者的意见完全不一致，则 $SS=0$，$W=0$，因此，肯德尔和谐系数 W 的变化范围是 $0\leqslant W\leqslant 1$。

【例 9-4】 某中心小学举行学生作文比赛，请 5 位教师作评委，有 6 篇作文进入最后的终评环节，5 位评委老师对入围作文的终评结果见表 9-4，试求五位评委老师评价结果的一致性程度。

表 9-4 五位评委对入围作文的终评结果

评分者 $k=5$	论文 1	论文 2	论文 3	论文 4	论文 5	论文 6
A	3	1	2	5	4	6
B	2	1	3	4	5	6
C	3	2	1	5	4	6
D	4	1	2	6	3	5
E	3	1	2	6	4	5

解 5 个评委老师对 6 篇入围作文进行了评价，其评价结果的一致性程度就是要计算多列等级变量相关程度，也就是要计算肯德尔和谐系数，将表中的数据代入肯德尔和谐系数计算公式，可得

$$W=\frac{SS}{\frac{1}{12}k^2(n^3-n)}$$

$$\approx\frac{333.5}{\frac{1}{12}\times 5^2\times(6^3-6)}\approx 0.76。$$

答：五位评委老师评价结果的一致性程度为0.76，表明该评价结果具有一定的一致性，其评分者信度可接受。

如果同一评分者对 n 个对象的评价出现相同等级时，需要对上述肯德尔和谐系数的计算公式进行校正，此时校正公式如下：

$$W=\frac{SS}{\frac{1}{12}[k^2(n^3-n)-k\sum_{i=1}^{k}C_i]}。$$

其中 n 是被评的对象数目，k 是评分者的人数或等级变量的列数，SS 是每一个被评对象所评等级之和 R_i 与所有这些和的平均数 $\bar{R}$ 的离差平方和，$C_i=\sum_{j=1}^{m_i}n_{ij}^3-n_{ij}$，$m_i$，表示第 i 个评分者的评定结果中出现相同等级的个数，n_{ij} 为第 i 个评分者的评定结果中第 j 个重复等级的相同等级数。对于评定结果中无相同等级的评分者，则 C_i 为0。

【例9-5】 某学院进行职称评聘，邀请三位职称评定专家对6位候选人进行综合评定，终评结果见表9-5，试求三位评委老师评价结果的一致性程度。

表9-5 六位评委对入围作文的终评结果

评定专家 $k=3$	候选人1	候选人2	候选人3	候选人4	候选人5	候选人6
A	1	4	2.5	5	6	2.5
B	2	3	1	5	6	4
C	1.5	3	1.5	4	5.5	5.5

解 依题意，本题是求相同等级情况下的肯德尔和谐系数，评定专家A和评定专家C都出现了相同等级，评定专家A出现了两个2.5级，评定专家C出现了两个1.5级和两个5.5级，根据有重复等级情况出现时的公式进行校正。

$C_A=2^3-2=6, C_B=0, C_C=(2^3-2)+(2^3-2)=12,$

$C_A+C_B+C_C=18,$

$$W=\frac{SS}{\frac{1}{12}[k^2(n^3-n)-k\sum C]}$$

$$\approx\frac{791.5-\frac{63^2}{6}}{\frac{1}{12}[3^2(6^3-6)-3\times18]}$$

≈ 0.85。

答：三位评委老师评价结果的一致性程度为 0.85，表明该评价结果具有高的一致性，其评分者信度较高。

第三节　偏相关分析

一、偏相关的定义

前面介绍的相关分析方法，比如皮尔逊相关系数所考察的两个变量之间的关系属于简单相关，但两个变量之间的关系可能没有那么简单，我们在心理与教育研究领域中，两个变量之间的相关关系可能或多或少要受到第三个变量的影响。比如有研究得出，个人的社会成功与其在大学时期的成功存在高的正相关，由此研究者得出结论：大学不成功，未来也不会成功。而事实上，读者可能都已经看出，这两者可能是一种虚假相关，两者更有可能是共同受到个人能力的影响。对此，我们就要想办法排除个人能力对这两方面的影响，从而得出个人的社会成功与大学成功之间真正的相关程度。这就需要涉及偏相关技术，偏相关是研究在消除第三变量影响之后两个变量之间相关程度的方法。基于此，偏相关也称为纯相关或净相关。

偏相关分析的任务是：在研究两个变量之间的线性关系时，控制可能对其产生影响的其他变量。即在计算两个连续变量 x 与 y 之间的相关时，将第三变量 z 的影响 r_{xz} 和 r_{yz} 排除后得到 x 与 y 这两个变量之间的纯净相关，用符号 $r_{xy.z}$ 表示。点号左边的两个下标代表要计算的偏相关的两个变量，点号右边的下标表示要消除其影响的变量。

二、偏相关的计算

偏相关的计算公式

$$r_{xy.z}=\frac{r_{xy}-r_{xz}r_{yz}}{\sqrt{(1-r_{xz}^2)(1-r_{yz}^2)}}\text{。}\qquad\text{（公式 9-5）}$$

公式中 $r_{xy.z}$ 是控制了变量 z 的影响到的情况下计算的 x 与 y 之间的偏相关系数，r_{xy} 是变量 x 与 y 间的简单相关系数，r_{xz} 和 r_{yz} 分别是变量 x 与 z 间的简单相关系数和 y 与 z 间的简单相关系数。

【例 9-6】 某研究者调查得到一批被试每个人的个人社会成功（X）、个人大学成功（Y）和个人能力（Z）三者的得分，计算得出个人社会成功与大学成功的相关系数 $r_{xy}=0.58$，个人社会成功与能力的相关系数 $r_{xz}=0.70$，个人大学成功与能力的相关系数 $r_{yz}=0.80$，现拟控制个人能力的影响，求个人社会成功与个人大学成功之间的纯相关。

解　使用偏相关来分析个人社会成功与个人大学成功之间的纯相关，将已知的相关结果代入到偏相关计算公式。

$$r_{xy.z}=\frac{r_{xy}-r_{xz}r_{yz}}{\sqrt{(1-r_{xz}^2)(1-r_{yz}^2)}}\approx\frac{0.58-0.70\times0.80}{\sqrt{(1-0.70^2)(1-0.80^2)}}\approx0.047。$$

答：控制了个人能力的影响之后，个人社会成功与个人大学成功之间几乎不存在相关。

关于偏相关分析的应用，需要注意如下几个方面。

第一，计算偏相关的基本假定是：所有变量之间的关系都是线性的，否则就不能计算偏相关。

第二，使用偏相关分析进行研究和分析之前，预先应估计变量互相影响的因果链，如果控制某个自变量的效应，可以使最后结果的精度提高，如果控制的是因变量，则会导致错误的估计，其最后的结果可能是一个大大的负数，我们在使用过程中一定要控制好一些可能的自变量。

第三，不能用偏相关计算来代替心理学的实验操控，所有偏相关分析是一种事后控制技术，而且其结果不容易进行正确的解释，因为在计算偏相关时，使用了多个简单相关系数，往往这些双变量的简单相关系数包含有误差，这些误差会在计算过程中进行累积。

第四节　相关分析在 SPSS 软件中的实现

皮尔逊相关系数、斯皮尔曼等级相关系数、肯德尔和谐系数以及偏相关在 SPSS 软件中都可以便捷地实现。相关分析在 SPSS 软件中的实现，主要是通过“Analyze”菜单下面“Correlate”。下面我们分别结合案例来讲解相关分析在 SPSS 软件中的实现过程。

我们以本章中的例 9-1 建立数据文件 data9-1，例中第一次亲子关系测量的变量名为“第一次”，第二次亲子关系测量的变量名为“第二次”，依次录入数据，并以此为例来看皮尔逊相关系数在 SPSS 软件中的实现。

打开“Analyze”菜单下面“Correlate”下的“Bivarate”对话框。将源变量区中的“第一次”“第二次”两个变量移到目标变量区。勾选“Correlation Coeficients”中的“Pearson”。

点击“OK”，即可生成结果，如图 9-3。

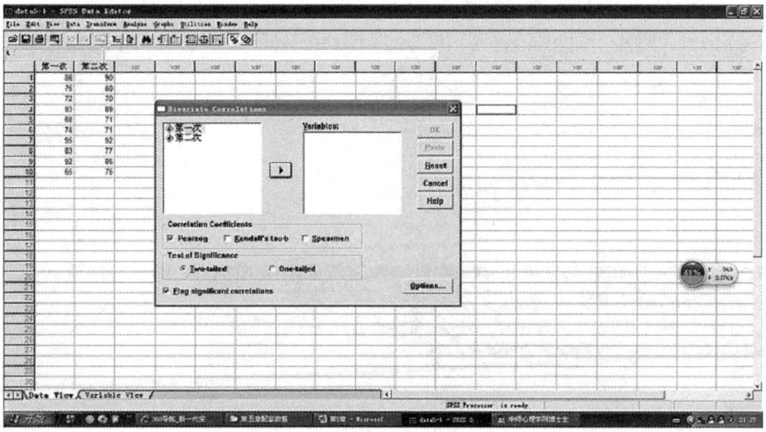

图 9-3　皮尔逊相关系数在 SPSS 实现过程示范截图 1

其输出结果如图 9-4。

Correlations

Correlations

		第一次	第二次
第一次	Pearson Correlation	1	.876**
	Sig. (2-tailed)	.	.001
	N	10	10
第二次	Pearson Correlation	.876**	1
	Sig. (2-tailed)	.001	.
	N	10	10

**. Correlation is significant at the 0.01 level

图 9-4　皮尔逊相关系数在 SPSS 实现过程示范截图 2

两次亲子关系测验的相关系数为 0.876，“＊＊”表示在 0.01 水平上，它们的相关系数具有显著意义。

我们以本章中的例 9-2 建立数据文件 data9-2，例中建立两个变量，一个变量名为“教师甲”，另一个变量名为“教师乙”，依次录入两位教师对 10 名同学的等级评价数据，并以此为例来看斯皮尔曼等级相关系数在 SPSS 软件中的实现。

打开“Analyze”菜单下面“Correlate”的“Bivarate”对话框。将源变量区中的“教师甲”“教师乙”两个变量移到目标变量区。勾选“Correlation Coeficients”中的“Spearman”。

点击“OK”，即可生成结果。如图 9-5。

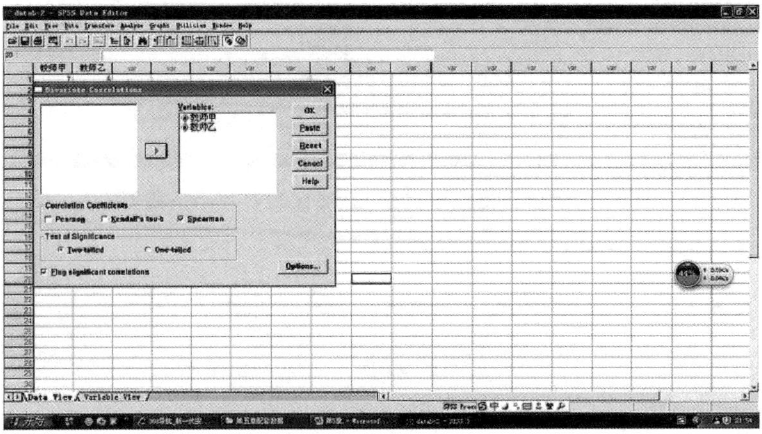

图 9-5　斯皮尔曼等级相关系数在 SPSS 实现过程示范截图 1

其输出结果如图 9-6。

Nonparametric Correlations

Correlations

			教师甲	教师乙
Spearman's rho	教师甲	Correlation Coefficient	1.000	.842**
		Sig. (2-tailed)	.	.002
		N	10	10
	教师乙	Correlation Coefficient	.842**	1.000
		Sig. (2-tailed)	.002	.
		N	10	10

**. Correlation is significant at the 0.01 level (2-tailed).

图 9-6　斯皮尔曼等级相关系数在 SPSS 实现过程示范截图 2

两位教师对 10 名同学评价的斯皮尔曼相关系数为 0.842,“ * * ”表示在 0.01 水平上,它们的相关系数具有显著意义。

我们以本章中的例 9-4 建立数据文件 data9-3,例中建立六个变量,“论文 1”“论文 2”“论文 3”“论文 4”“论文 5”“论文 6”,依次录入 6 篇论文所获得的评分,并以此为例来看肯德尔和谐系数在 SPSS 软件中的实现。

打开“Analyze”菜单下面“Nonparametric Tests”的“K Related Samples”对话框。将源变量区中的“论文 1”“论文 2”“论文 3”“论文 4”“论文 5”“论文 6”6 个变量全部移到目标变量区。勾选“Test Types”中的“Kendall's W”。

点击“OK”,即可生成结果。如图 9-7。

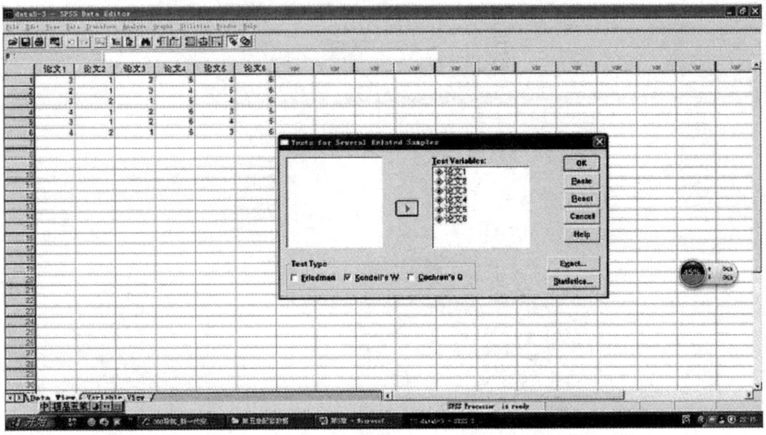

图 9-7　肯德尔和谐系数在 SPSS 实现过程示范截图 1

其输出结果如图 9-8。

Test Statistics

N	6
Kendall's W[a]	.867
Chi-Square	26.000
df	5
Asymp. Sig.	.000

a. Kendall's Coefficient of Concordance

图 9-8　肯德尔和谐系数在 SPSS 实现过程示范截图 2

6 位教师对 6 篇论文的等级评价的一致性系数为 0.867，它们的相关系数具有显著意义。

最后我们再以下例来演示偏相关在 SPSS 软件中的实现。

【例 9-7】 某学习小组有 10 位同学，辅导员老师对其德、智、体进行按等级给定成绩，结果如表 9-8 所示，问控制“德”这一因素后，“智”与“体”的纯相关。

表 9-8　学生德智体成绩排序表

同学	德	智	体
1	10	9	7
2	9	7	9
3	8	6	6
4	7	4	4
5	6	10	8
6	5	8	10
7	4	5	5
8	3	3	2
9	2	1	3
10	1	2	1

建立数据数据文件 data9-4，例中建立三个变量，“德”“智”“体”，依次录入辅导员老师依据等级所给定的成绩。

打开“Analyze”菜单下面“Correlate”的“Partial”对话框。将左侧源变量区中选择要分析的“智”与“体”两个变量，同时将“德”选择移至“Controlling for”框。

点击“OK”，即可生成结果，如图 9-9。

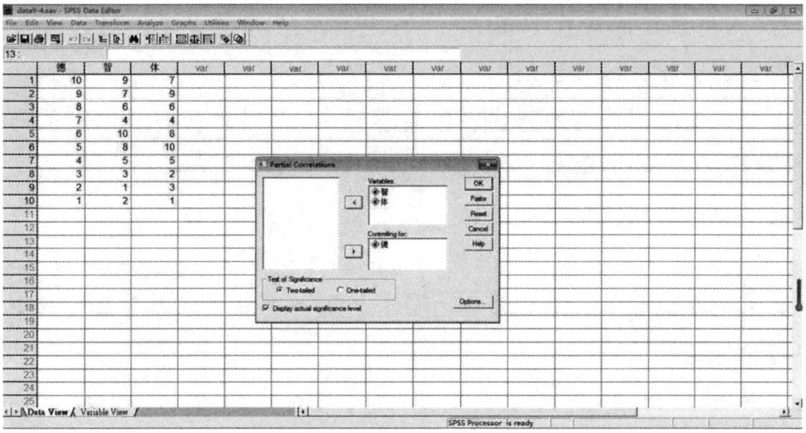

图 9-9　偏相关在 SPSS 实现过程示范截图 1

其输出结果如图 9-10。

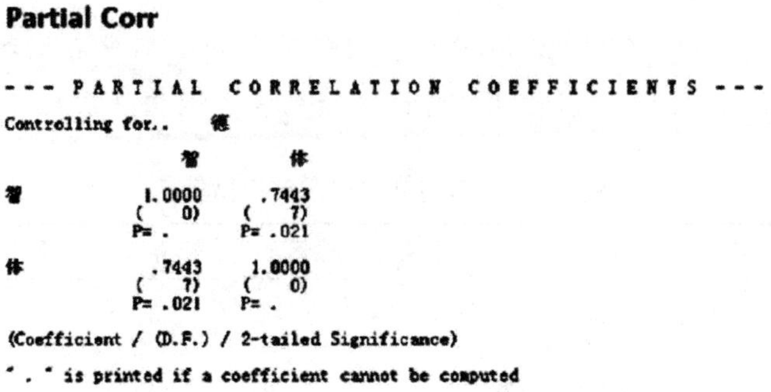

Partial Corr

```
--- PARTIAL CORRELATION COEFFICIENTS ---

Controlling for..   德

              智          体

智          1.0000      .7443
           (    0)     (    7)
           P= .        P= .021

体           .7443     1.0000
           (    7)     (    0)
           P= .021     P= .

(Coefficient / (D.F.) / 2-tailed Significance)

" . " is printed if a coefficient cannot be computed
```

图 9-10　偏相关在 SPSS 实现过程示范截图 2

输出结果表明，在控制了“德”的条件下，“智”和“体”的纯相关系数为 0.7443，检验结果在 0.05 水平上差异显著。

本章小结

相关分析是对两个或多个变量之间关联程度的分析。本章主要介绍了积差相关法、各种等级相关法、偏相关分析的应用条件及计算方法。

(1)相关分析包括利用散点图来预判是否直线相关等信息的图示法和计算相关系数来精确表示相关方向和相关程度的计算法。

(2)通常,相关系数的取值范围为[−1.00,1.00],其中,正负符号代表相关的方向,其值的大小表示相关的程度,值越大,相关程度越高。

(3)积差相关法处理的是两列成对的连续数据,两列数据的总体服从正态分布或渐近正态的单峰分布,两列数据为直线相关,通常为大样本容量。

(4)斯皮尔曼等级相关处理的是两列成对的定序数据,两列数据为直线相关。肯德尔和谐系数考察的是由等级排序法得到的多列定序数据的一致性程度。

(5)偏相关是在消除第三变量影响之后分析两个变量之间相关程度的方法。基于此,偏相关也称为纯相关或净相关。

(6)皮尔逊积差相关、斯皮尔曼等级相关均可以通过“Analyze→Correlate→Bivarate”中的“Pearson”“Spearman”来实现。

思考与练习题

1.什么是相关?相关关系与因果关系有什么区别与联系?

2.相关有哪些分类?

3.某数学学习兴趣小组 10 位同学某学期先后参加了期中考试和期末考试,其成绩如表 9-9 所示。求这 10 位同学两次考试成绩的皮尔逊相关系数。

表 9-9　10 位同学两次考试成绩结果

次别	同学 1	同学 2	同学 3	同学 4	同学 5	同学 6	同学 7	同学 8	同学 9	同学 10
期中考试	86	75	72	93	68	74	95	83	92	65
期末考试	90	80	70	89	71	71	92	77	86	75

4.某校组织 10 位学生代表对两家通信服务商的各项服务指标进行等级评价(5 为很好,4 为较好,3 为未可置否,2 为较差,1 为差),结果见表 9-10。试求其斯皮尔曼等级相关系数。

表 9-10　学生对两家通信商服务评价表

被试编号	通信商 A	通信商 B
1	5	4
2	2	3
3	4	5
4	3	2
5	1	2
6	3	4
7	4	4
8	2	1
9	4	3
10	4	4

5. 某公司拟发布一则形象广告片，邀请三位专家对五条候选广告片进行综合评定，终评结果见表 9-11，试求三位专家老师评价结果的肯德尔和谐系数。

表 9-11　三位专家对候选广告片的评审结果

评定专家 $k=3$	广告片 1	广告片 2	广告片 3	广告片 4	广告片 5
A	1	2	4	3	5
B	2	1	2	4	5
C	2	3	1	4	5

6.某班同学参加体能测试，有身高(X)、体重(Y)和肺活量(Z)三个生理测量指标统计结果，已知身高与体重两科成绩的相关系数 $r_{xy}=0.47$，体重与肺活量的相关系数 $r_{xz}=0.63$，身高与肺活量的相关系数 $r_{yz}=0.77$，现拟控制肺活量的影响，求身高与体重之间的纯相关。

7.请使用 SPSS 软件练习计算上述题目的皮尔逊相关系数、斯皮尔曼相关系数和肯德尔和谐系数。

第十章　回归分析

“回归”是由英国著名生物学家兼统计学家高尔顿在研究人类遗传问题时提出来的。为了研究父代与子代身高的关系，高尔顿收集了 1078 对父子的身高数据。他发现这些数据的散点图大致呈直线状态，也就是说，总的趋势是父亲的身高增加时，儿子的身高也倾向于增加。但是，高尔顿对试验数据进行了深入地分析，发现了一个很有趣的现象：当父亲高于平均身高时，他们的儿子身高比他更高的概率要小于比他更矮的概率；父亲矮于平均身高时，他们的儿子身高比他更矮的概率要小于比他更高的概率。它反映了一个规律，即这两种情况下儿子的身高有向他们父辈的平均身高回归的趋势。1855 年，高尔顿发表《遗传的身高向平均数方向的回归》一文，他将儿子与父母身高的这种现象拟合出一种线形关系，分析出儿子的身高 Y 与父亲的身高 X 大致可归结为一下关系：$Y=0.8567+0.516X$（单位为米）。

这就是最早的线性回归分析，本章我们将走进线性回归分析，从相关到回归，从一元线性回归分析到多元线性回归分析，从纸笔运算到软件操作。

第一节　回归分析概述

一、从相关分析到回归分析

变量之间的关联程度，可以用相关系数说明。但是，相关系数不能提供变量之间相互关联的细节。例如，学生的平时考试成绩与高考分数是高相关的，即使我们算出了这两个变量之间的相关系数，仍然无法回答这样的问题：某学生几次毕业会考的平均分数为530分，他参加高考最多可以得多少分？为了能从一个变量的取值对另一变量的取值做出预测，需要寻求更为详细的描述变量取值变化规律的方法。我们必然要从相关分析走向回归分析，回归分析就是根据一个已知变量来预测另一个变量平均值的统计方法。

回归与相关之间既存在着密不可分的关系，也有本质的区别。从关系看，若两变量无相关时(即 $r=0$)，则不存在预测的问题；若两变量存在相关关系，那么相关程度愈高，误差愈小，预测的准确性越高；当变量完全相关时(即 $r=1$)，意味着不存在误差，其预测将会完全准确。从区别看，一是相关表示两个变量双方向的相互关系，回归只表示一个变量随另一个变量变化的单方向关系。二是回归中有因变量和自变量的区分，相关并不表明事物的因果关系，对所有的研究变量平等看待，不做因变量、自变量的区分。

回归分析在心理与教育科学研究中有着广泛的应用，科学研究有四个层次：描述、预测、解释和控制，回归分析可以解决预测以及解释这两层级的问题。在心理与教育科学研究中，我们有着太多需要进行预测和解释的问题情境，比如，根据学生的数理化成绩来预测他的专业成长，根据学生的社团干部经历来预测他未来的管理绩效。对这种类似情境的回答与解决，是基于相关分析进行的更高层级的科学探索。

根据回归分析是用一个自变量去预测一个因变量，还是用多个自变量去预测一个因变量，可将其划分为一元回归分析和多元回归分析；根据预测变量与被预测变量之间是否线性相关可以分为线性回归分析和非线性回归分析，本章主要介绍线性回归分析。非线性回归分析可以结合散点图中各点所拟合的曲线趋势，通过一定的函数关系转换成线性回归分析。

二、回归分析的任务

进行一次较为完整的回归分析，需要进行如下四方面的工作。

（一）回归方程的建立

回归分析的首要任务就是建立变量间的函数模型，要确定几个相关变量是否存在相关关系，如果存在，找出它们之间存在的数学模型，即建立因变量与自变量的数学函数关系表达式。这其中包括如下重要步骤：(1)确定研究情境中有几个变量；(2)变量间的内在逻辑关系，即明确哪个变量是自变量，哪个变量是因变量；(3)求出方程中的参数。

（二）回归方程的检验

建立了回归方程模型，并不一定意味着回归方程一定有效，还需要进一步求证变量之间关联的紧密程度，只有回归方程真实地反映了因变量和自变量之间的关系，所建立的回归方程才是有效的。回归方程的有效性检验主要包括：(1)回归方程的显著性检验；(2)回归方程的拟合优度检验；(3)回归系数的显著性检验。

（三）回归方程的预测

建立了变量间有效的回归方程，能够揭示变量间真实的数量关系，从某些侧面描述客观事物运动的规律性。有了规律性的认识，就可以实现某些预测和控制。估计、预测因变量的取值范围，是回归分析的主要目的所在，回归方程所提示的关系能够帮助我们利用回归方程进行估计和预测，通过控制或调整自变量的值而达到控制因变量变化趋势的目的。

（四）回归方程的优化

只有一个自变量的一元回归分析，只需要完成前面三个过程就实现了一次完整的预测，然而事物总是复杂多变的，影响因变量的因素往往是多方面的。当我们建立多元回归方程时，自变量中谁的影响最大，谁的影响次之，谁的影响可以忽略不计？多元回归分析中对回归方程的优化，就是对多元回归方程的所有自变量进行因素分析，找出主要影响因素、次要影响因素，剔除无关因素。

第二节　一元线性回归

一、一元线性回归模型

一元线性回归是指只有一个自变量的线性回归(linear regression)，对具有线性关系的两个变量，回归的目的首先是找出因变量(一般记为 Y)关于自变量(一般记为 X)的定量关系。

【例 10-1】 10 位大一学生平均每周所花的学习时间及他们期末考试成绩见表 10-1。试求一个平均每周花 35 小时学习的学生，他期末考试的成绩会是多少？

表 10-1　10 位大学生平均每周学习时间与期末成绩统计表

大学生编号	每周平均学习时间(单位:小时)	期末考试成绩(单位:分)
1	40	78
2	43	93
3	18	76
4	10	67
5	25	78
6	33	74
7	27	65
8	17	52
9	30	88
10	47	89

观察数据我们可以发现两者之间呈正相关，不过更直接的方法是绘制散点图，即分别用两列变量做横、纵轴，描点。若它们的分布在一条带状区域，就预示着两列变量之间有相关，如图 10-1 所示。若没有随机误差的影响，这些点将落在一条直线上，这条直线称回归线(regression line)，它是描述因变量 Y 关于自变量 X 关系的最合理的直线。

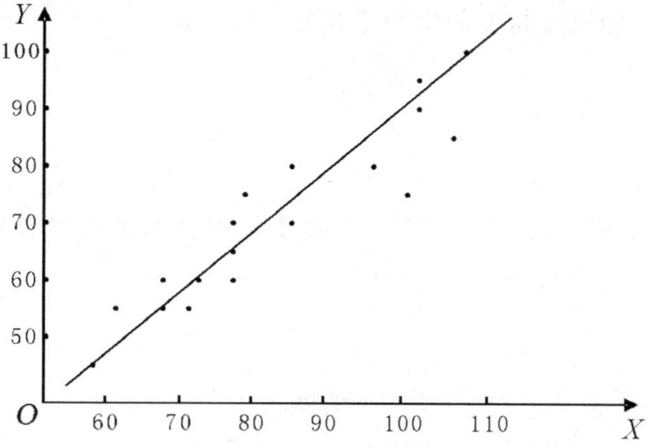

图 10-1 **学习时间与期末成绩的关系图**

如果作一直角坐标系，以学习时间 x_i 为横轴，考试成绩 y_i 为纵轴，把表 10-1 中的数据画在这个坐标系上，我们可以看出两者的变化有近似于直线的关系，因此，可以用一元线性回归方程，以学习时间为自变量，以考试成绩为因变量来描述它们之间的关系。即：

$$y_i=a+bx_i+e_i(i=1,2,\cdots,n)。\qquad (公式\ 10\text{-}1)$$

其中：y_i 是因变量 Y 的第 i 个观察值，

x_i 是自变量 X 的第 i 个观察值，

a 与 b 是回归系数，

n 是样本容量，

e_i 为对应于 Y 的第 i 个观察值的随机误差，这是一个随机变量。

在上述线性模型中，自变量 X 是个非随机变量，对于 X 的第 i 个观察值 x_i，Y 的观察值 y_i 是由两个部分所组成的：bx_i 和 e_i，前者是一个常数，后者是一个随机变量，所以 Y 也是一个随机变量。

对于上述回归模型中的随机误差 e_i 要求满足如下的假设条件：

(1)应当是服从正态分布的随机变量，即 e_i 满足“正态性”的假设；

(2)e_i 的均值为零，即 $E(e_i)=0$，我们称 e_i 满足“无偏性”的假设；

(3)e_i 的方差等于 $\sigma^2(e_i)=e_i^2$，这就是说，所有的 e_i 分布的方差都相同，即满足“共方差性”的假设；

(4)各个 e_i 间相互独立，即对于任何两个随机误差 e_i 和 $e_j(i\neq j)$ 其协方差等于零，即，$Cov(e_i,e_j)=0(i\neq j)$，这称之为满足“独立性”的假设。

综上所述，随机误差必须服从独立的相同分布。

基于上述假定，随机变量的数学期望和方差分别是：

$E(y_i)=a+bx_i$，

$\sigma^2(e_i)=e_i^2$，

由此：$y_i \sim N(a+bx_i, e_i^2)$。

这就意味着，当 $X=x_i$ 时，y_i 是一个服从正态分布的随机变量的某一个取值。如果不考虑式中的误差项，我们就得到简单的式子：

$$\hat{y}=a+b\,x_i\,。$$

这一式子称为 Y 对 X 的回归方程。依据这一方程在直角坐标系中所绘的直线称为回归直线。

二、模型参数的估计

回归模型中的参数 a 与 b 在一般情况下都是未知数，必须根据样本数据(x_i, y_i)来估计。确定参数 a 与 b 值的原则是要使得样本的回归直线同观察值的拟合状态最好，即要使得偏差最小。为此，可以采用“最小二乘法”的办法来解决。

对应于每一个 x_i，根据回归直线方程可以求出一个 $\hat{y}_i$，它就是 y_i 的一个估计值。估计值和观察值之间的偏差 $e_i=(y_i-\hat{y}_i)$。有 n 个观察值就有相应的 n 个偏差。要使模型的拟合状态最好，就是说要使 n 个偏差的总和最小。但为了计算方便起见，我们以误差的平方和最小为标准来确定回归模型。这就要求

$$Q=\sum_{i=1}^{n}(y_i-\hat{y})^2=\sum_{i=1}^{n}(y_i-a-bx_i)^2\,。$$

是个极小值。

根据微积分中的极值定理，要使上式取极值，其对 a 与 b 所求的偏导数应为0，即

$$\frac{\partial Q}{\partial a}=-2\sum_{i=1}^{n}(y_i-a-bx_i)=0，$$

$$\frac{\partial Q}{\partial b}=-2\sum_{i=1}^{n}(y_i-a-bx_i)x_i=0。$$

经整理后可得：

$$\sum_{i=1}^{n}y_i=na+b\sum_{i=1}^{n}x_i\,，$$

$$\sum_{i=1}^{n}x_iy_i=a\sum_{i=1}^{n}x_i+b\sum_{i=1}^{n}x_i^2\,。$$

解上式，可得：

$$b=\frac{\sum_{i=1}^{n}x_iy_i-\frac{1}{n}(\sum_{i=1}^{n}x_i)(\sum_{i=1}^{n}y_i)}{\sum_{i=1}^{n}x_i^2-\frac{1}{n}(\sum_{i=1}^{n}x_i)^2},$$

$$a=\frac{\sum_{i=1}^{n}y_i}{n}-b\frac{\sum_{i=1}^{n}x_i}{n}。$$

记 $\overline{X}=(\sum_{i=1}^{n}x_i)/n,\overline{Y}=(\sum_{i=1}^{n}y_i)/h$，

$$S_{XX}=\sum_{i=1}^{n}(x_i-\overline{x})^2=\sum_{i=1}^{n}x_i^2-\frac{1}{n}(\sum_{i=1}^{n}x_i)^2,$$

$$S_{XY}=\sum_{i=1}^{n}(x_i-\overline{x})(y_i-\overline{y})=\sum_{i=1}^{n}x_iy_i-\frac{1}{n}(\sum_{i=1}^{n}x_i)(\sum_{i=1}^{n}y_i),$$

$$S_{YY}=\sum_{i=1}^{n}(y_i-\overline{y})^2=\sum_{i=1}^{n}y_i^2-\frac{1}{n}(\sum_{i=1}^{n}y_i)^2。$$

于是，得到参数 a 与 b 的简单表达形式如下：

$$b=S_{XY}/S_{XX},$$

$$a=\overline{y}-b\overline{x}。$$

求出参数 a 与 b 以后，就可以得到回归模型：

$$\hat{y}=a+bx。\quad（公式 10-2）$$

由此，只要给定了一个 x_i 值，就可以根据回归模型求得一个 $\hat{y}_i$ 来作为实际值 y_i 的预测值。

根据例 10-1 的数据可以计算有关的统计量如下，求其回归系数和截距。

$$b=\frac{S_{XY}}{S_{XX}}=\frac{971}{1304}\approx0.74,$$

$$a=\overline{y}-b\overline{x}=76-0.74\times29\approx54.54。$$

所以，以学习时间预测考试成绩的回归方程为：

$$\hat{y}=54.54+0.74x。$$

若某人的学习时间为 35 小时，其考试成绩则为：

$$\hat{y}=54.54+0.74x=80.44。$$

三、回归方程的检验

回归方程在一定程度上揭示了特定变量之间的相关关系，并找出了代表这一关系

比较合适的数学模型。但方程的效果如何，只有在两变量具有显著的线性相关关系时，所建立的回归方程才是有效的。

一、回归方程显著性的检验

以 $\hat{y}=a+bx$ 来说，根据方差分析的原理，在回归的方差分析中总变异被分解为自变量的变异和误差的变异。其分析过程也是从总平方和的分解到自由度的分解，再到均方，最后是对自变量对误差影响程度进行比较。

回归平方和的大小反映着自变量 X 的重要程度，而误差平方和大小则反映了实验误差及其他因素对实验结果的影响。因变量 Y 的平方和为：

$$SS_T=\sum_{i=1}^{n}(Y_i-\bar{Y})^2,$$

$$\because\ Y_i-\bar{Y}=(Y_i-\hat{Y}_i)+(\hat{Y}_i-\bar{Y}),$$

$$\therefore\ SS_T=\sum_{i=1}^{n}(Y_i-\bar{Y})^2=\sum_{i=1}^{n}[(Y_i-\hat{Y}_i)+(\hat{Y}_i-\bar{Y})]^2$$

$$=\sum_{i=1}^{n}(Y_i-\hat{Y}_i)^2+2\sum_{i=1}^{n}(Y-\hat{Y}_i)(\hat{Y}_i-\bar{Y})+\sum_{i=1}^{n}(\hat{Y}_i-\bar{Y})^2。$$

$$又\ \because\sum_{i=1}^{n}(Y_i-\hat{Y}_i)\ (\hat{Y}_i-\bar{Y})=0,$$

$$\therefore\ SS_T=\sum_{i=1}^{n}(Y_i-\hat{Y}_i)^2+\sum_{i=1}^{n}(\hat{Y}_i-\bar{Y})^2=SS_E+SS_R\ 。$$

即：总平方和 = 误差平方和 + 回归平方和。

回归平方和的公式推导如下：

$$SS_R=\sum_{i=1}^{n}(\hat{Y}_i-\bar{Y})^2,$$

$$\because\hat{Y}_i=a+bX_i,\bar{Y}=a+b\bar{X},$$

$$\therefore SS_R=\sum_{i=1}^{n}(\hat{Y}_i-\bar{Y})^2$$

$$=\sum_{i=1}^{n}(a+bX_i-a-b\bar{X})^2$$

$$=\sum_{i=1}^{n}(bX_i-b\bar{X})^2$$

$$=b^2\sum_{i=1}^{n}(X_i-\bar{X})^2$$

$$=b^2\left[\sum_{i=1}^{n}X_i^2-\frac{(\sum_{i=1}^{n}X_i)^2}{N}\right]。$$

直线回归方程效果的好坏取决于回归平方和与误差平方和(剩余平方和)的大小，它反映着回归效应与误差效应的大小，当回归效应等于或接近误差效应时，比值等于1或接近1，说明回归效应不显著；随着回归效应影响的增加，F 值逐渐增大，当 F 值达到一定的临界水平时，我们就可以做出回归效应显著的推测。换句话说，方程效果的好坏取决于回归平方和在总平方和中所占的比例，即

$$\frac{SS_R}{SS_t}。$$

比例愈大说明回归效果越好，自变量 X 与因变量 Y 之间的线性关系越显著；反之则越差。

以例10-1的回归方程为例，检验其方程效果。

$\hat{Y}=0.74X+54.54$。

(1)建立假设

H_0:方程效果不显著，即自变量X与因变量Y之间没有显著的线性关系。

H_1:方程效果显著，即自变量X与因变量Y之间存在着显著的线性关系。

(2)方差分析

① 求平方和

$\sum_{i=1}^{n} X_i=290, \sum_{i=1}^{n} X_i^2=9714, \bar{X}=29, S_X=11.42,$

$\sum_{i=1}^{n} Y_i=760, \sum_{i=1}^{n} Y_i^2=59152, \bar{Y}=76, S_Y=11.80, \sum_{i=1}^{n} X_iY_i=23011,$

$SS_T=59152-\frac{760^2}{10}=1392,$

$SS_R=0.74^2\times\left(9714-\frac{290^2}{10}\right)=0.5476\times1304\approx714.07,$

$SS_E=1392-714.07=677.93$。

② 求均方

$MS_R=\frac{714.07}{1}=714.07,$

$MS_R=\frac{677.93}{10-2}\approx84.74$。

③ 求回归率

$F=\frac{714.07}{84.74}\approx8.43$。

(3)比较与决策

当分子自由度为1，分母自由度为8时，$F_{(1,8)0.05}=5.32$。因为，$F=8.43>F_{(1,8)0.05}=5.32$，$p<0.05$，效果显著。所以接受研究假设，拒绝虚无假设，说明自变量 X 与因变量 Y 之间存在显著的线性关系。

(4)列方差分析表摘要

表 10-2　回归方程的方差分析表

变异来源	SS	df	MS	F
回归	714.07	1	714.07	8.43*
剩余	677.93	8	84.74	
总计	1392	9		

二、回归系数的检验

(一)回归系数检验的基本思想

从总体中抽取样本计算的样本回归系数与总体回归系数之间存在着抽样误差，即对于样本的回归系数 b 来说，即使抽自一个回归系数 $\beta=0$ 的总体，因抽样误差的影响，样本回归系数 b 也有可能不为0。若 b 在以 $\beta=0$ 为中心的抽样分布上出现误差的概率较大(即 $p>0.05$)，则 b 与 $\beta=0$ 之间无显著差异，其差异主要是抽样误差，可忽略不计，说明 b 是来自 $\beta=0$ 总体。这时即使计算的 b 值较大也不能认为 X 与 Y 之间存在线性关系。相反，若 b 在以 $\beta=0$ 的抽样分布上出现误差的概率较小(即 $p<0.05$)，则 b 与 $\beta=0$ 之间存在显著差异，说明 b 并非来自 $\beta=0$ 的总体。这时即使计算出的 b 值较小，也应承认 X 与 Y 存在着线性关系。回归系数的检验采用 t 检验法，其公式为

$$t=\frac{b-\beta}{SE_B}=\frac{b-0}{SE_B}\text{。}\qquad\text{(公式 10－3)}$$

(二)回归系数的标准差

1.定义式

在方程 $\hat{Y}=a+bX$ 中，当回归线上与所有自变量(X_i)相对应的各个因变量(Y_i)的残值(即($Y_i-\hat{Y}$)都呈正态分布，且残值的方差齐性时，可以直接用残值($Y_i-\hat{Y}$)的估计误差及自变量 X_i 的离差平方和表示回归系数的标准差，即有

$$SE_{B_{YX}}=\frac{SE_{YX}}{\sqrt{\sum_{i=1}^{n}(X_i-\overline{X})^2}},$$

$$\because\ SE_{YX}=\sqrt{\frac{\sum_{i=1}^{n}(Y_i-\hat{Y})^2}{n-2}},$$

$$\therefore\ SE_{B_{YX}}=\sqrt{\frac{\sum_{i=1}^{n}(Y_i-\hat{Y})^2}{(n-2)\sum_{i=1}^{n}(X_i-\overline{X})^2}}。$$

$$又\ \because\ \frac{\sum_{i=1}^{n}(Y_i-\hat{Y})^2}{n-2}=SS_E,$$

$$\therefore SE_{B_{YX}}=\sqrt{\frac{SS_E}{\sum_{i=1}^{n}(X_i-\overline{X})^2}}=\sqrt{\frac{SS_E}{\sum_{i=1}^{n}X_i^2-(\sum_{i=1}^{n}X_i)^2/n}}。\qquad（公式 10-4）$$

同理，在方程 $\hat{X}=bY+a$ 有

$$SE_{B_{XY}}=\sqrt{\frac{\sum_{i=1}^{n}(X_i-\hat{X})^2}{(n-2)\sum_{i=1}^{n}(Y_i-\overline{Y})^2}}=\sqrt{\frac{MS_E}{\sum_{i=1}^{n}(Y_i-\overline{Y})^2}}。\qquad（公式 10-5）$$

2.相关法

$$SE_{B_{YX}}=\frac{S_Y}{S_X}\sqrt{\frac{1-r^2}{n-2}}。$$

同理，对 $\hat{X}=bY+a$ 方程，有

$$SE_{B_{YX}}=\frac{S_X}{S_Y}\sqrt{\frac{1-r^2}{n-2}}。$$

如例 10-1：其回归方程为

$\hat{Y}=0.74X+54.54$

(1)建立假设

$H_0:b=\beta=0$，$H_1:b\neq\beta=0$。

(2)计算统计量

① 求样本回归系数的标准差

残值法：$SE_{B_{YX}}=\sqrt{\frac{84.74}{9714-290^2/10}}\approx\sqrt{\frac{59.67}{1304}}\approx 0.21$。

相关法：$SE_{B_{YX}}=\frac{11.80}{11.42}\times\sqrt{\frac{1-0.72^2}{10-2}}\approx 0.25$。

② 求 t 值

$t=\frac{b}{SE_{B_{YX}}}=\frac{0.74}{0.21}\approx 3.52$。

或 $t=\frac{0.74}{0.25}\approx 2.96$。

(3)比较与决策

当 $df=10-2=8$ 时，$t_{(8)0.05/2}=2.31$，$t=3.52$（或 $t=2.96$）$>t_{(8)0.05/2}=2.31$，$p<0.05$，关系显著。拒绝虚无假设，接受研究假设，表明两个变量之间存在显著的线性关系。

四、回归模型的预测

建立回归方程的最终目的是利用方程从已知事实推测相应的未知事实，即进行预测(forecast)。预测是将已知变量值作为自变量代入相应的回归方程而推算出另一个变量的估计值及置信区间统计方法。

1.预测的标准差

$$SE_{YX}=\sqrt{\frac{SS_E}{N-2}}\text{。}\qquad\text{（公式 10-7）}$$

当样本容量很大时，且$\sqrt{n/(n-1)}$接近于1时，又已知两个样本的相关系数和标准差，可用下式计算预测的标准差，即

$$SE_{YX}=S_Y\sqrt{1-r^2}\text{。}$$

但应用此公式有条件限制，$n\to\infty$，$\sqrt{n/(n-1)}\approx 1$。

2.预测的置信区间

就 $\hat{Y}=a+bX$ 而言，其预测区间为

$Y=\hat{Y}\pm 1.96SE_{YX}$ 或 $Y=\hat{Y}\pm 2.58SE_{YX}$。

如例10-1，其预测的标准差和置信区间为

$SE_{YX}=11.80\sqrt{1-0.72^2}\approx 8.19$，

$Y=80.44\pm 1.96\times 8.19\approx 64.39\sim 96.49$。

学习时间为35小时的学生，其测验成绩有95%的可能落在64.39～96.49分之间。这个置信区间较大，一是因为样本容量较小，二是因为预测的标准差较大。

第三节　多元线性回归分析

一元线性回归分析主要是研究一个自变量对一个因变量的影响关系，然而客观现象是复杂的，一个结果可以是多种原因的综合作用。心理与教育研究中的现象尤其如此，例如某位同学的学习成绩，可能受智力水平、努力程度、教养方式、学习习惯、班风校风等因素的影响。一般来说，我们在进行回归预测时，如果能尽可能全面地考虑到各种因素的影响，预测的效果会更好一些，因此，在实际研究中，我们常常遇到更多的情况是用多个自变量的最优组合来预测因变量的问题，这就需要建立一个多元线性回归方程模型。

一、多元线性回归模型

多元线性回归分析是研究一个因变量与多个自变量之间线性相关关系的统计分析方法。多元线性回归是一元线性回归的扩展，其基本原理和计算方法与一元线性回归方程基本相同，由于自变量的增加，计算更加复杂，本节我们侧重于多元回归分析的方法逻辑与过程步骤，计算我们将交给 SPSS 软件来完成，就不再举例。

假设一个随机变量 Y 与 m 个非随机变量 X 之间存在线性相关关系，则它们之间的关系可以用以下的线性回归模型来表示：

$$Y=\beta_0+\beta_1X_1+\beta_2X_2+\cdots+\beta_mX_m+e。\qquad（公式 10\text{-}8）$$

其中：Y 是因变量，

$X_i(i=1,2,\cdots,m)$是自变量，

$\beta_i(i=0,1,2,\cdots,m)$是模型的参数，称为偏相关系数，

e 是随机误差。

对于上述模型中的非随机变量 X_i 的第 j 个取值 X_{ij}，Y 的观察值 Y_j 由两部分组成：$(\beta_0+\beta_1X_1+\beta_2X_2+\cdots+\beta_mX_m)$和 e_j。前者是个常数，后者是个随机变量，所以 Y_j 也是个随机变量。

与一元线性回归模型同样的，我们也必须假设多元线性回归模型中的误差项必须满足正态性、无偏性、共方差性和独立性的条件。假设 $e\sim N(0,\sigma_e^2)$，则

$$E(Y)=(\beta_0+\beta_1X_1+\beta_2X_2+\cdots+\beta_mX_m+e)$$
$$=\beta_0+\beta_1X_1+\beta_2X_2+\cdots+\beta_mX_m。$$
$$\sigma^2(Y)=\sigma^2(\beta_0+\beta_1X_1+\beta_2X_2+\cdots+\beta_mX_m+e)$$
$$=0+\sigma^2(e)=\sigma_e^2。$$

由此可见：$Y \sim N(\beta_0 + \beta_1 X_1 + \beta_2 X_2 + \cdots + \beta_m X_m, \sigma_e^2)$。

二、模型参数的估计

多元线性回归模型的参数 $\beta_i(i=0,1,2,\cdots,m)$ 及 σ_e^2 在一般情况下都是未知数，必须根据样本数据$(y_j, x_{1j}, x_{2j}, \cdots, x_{mj})$来估计。

回归参数 $\beta_i(i=0,1,2,\cdots,m)$ 的估计方法还是“最小二乘法”。根据样本数据$(y_j, x_{1j}, x_{2j}, \cdots, x_{mj})$来估计 $\beta_i(i=0,1,2,\cdots,m)$时产生残差的平方和

$$Q = \sum_{j=1}^{k}(y_j - \hat{y}_j)^2$$

$$= \sum_{j=1}^{k}[y_j - (\beta_0 + \beta_1 x_{1j} + \cdots + \beta_m x_{mj})]^2。$$

取极小值。

为此，对 Q 分别求 $\beta_i(i=0,1,2,\cdots,m)$ 的偏导数，并令其等于零，由此，可以得到 $m+1$个方程。

$$\frac{\partial Q}{\partial \beta_0} = 0 \quad \frac{\partial Q}{\partial \beta_1} = 0 \quad \cdots \quad \frac{\partial Q}{\partial \beta_k} = 0$$

因书写较繁琐，不一一列出。

若对于自变量 $X_1, X_2, \cdots, X_m$ 和因变量 Y 共有 n 组观察数据。x_{ik} 表示自变量 X_i 的第 k 次观察值，y_i 表示因变量 Y 的第 i 次观察值。

令：

$$l_{ij} = \sum_{k=1}^{n}(x_{ik} - \bar{x}_i)(x_{jk} - \bar{x}_j)(i,j=1,2,\cdots,m),$$

$$l_{i0} = \sum_{k=1}^{n}(x_{ik} - \bar{x}_i)(y_k - \bar{y})(i=1,2,\cdots,m),$$

$$l_{00} = \sum_{k=1}^{n}(y_k - \bar{y})^2,$$

$$\bar{x}_i = \frac{1}{n}\sum_{k=1}^{n}x_{ik}(i=1,2,\cdots,m),$$

$$\bar{y} = \frac{1}{n}\sum_{k=1}^{n}y_k。$$

则回归系数 $\beta_i(i=0,1,2,\cdots,m)$可以由下列方程组求出：

$$l_{11}\beta_1 + l_{12}\beta_2 + + l_{1m}\beta_m = l_{10},$$

$$l_{21}\beta_1 + l_{22}\beta_2 + + l_{2m}\beta_m = l_{20},$$

……

$$l_{m1}\beta_1 + l_{m2}\beta_2 + + l_{mm}\beta_m = l_{m0}。$$

常数项 $\beta_0 = Y - \sum_{i=1}^{n}\beta_i \cdot \overline{X}_i$。

多元线性回归模型中的另一个常数是 Y_j 的方差 σ_e^2。因为多元线性回归模型中有 $m+1$ 个回归参数要估计，所以 σ_e^2 的无偏估计量应当是：

$$\hat{\sigma}_e^2 = \sum(y_j - \hat{y}_j)^2/(n-m-1)。 \quad （公式 10-9）$$

三、多元线性回归方程的检验

与一元线性回归模型相同，我们在得到多元线性回归模型以后也需要对模型中所包含的变量是否确实与因变量之间存在线性相关关系，以及回归模型的拟合效果如何进行分析检验做判断。多元回归中的方差分析和显著性检验可分为几个部分，首先是对总离差平方和以及回归离差平方和进行分解，分别测定 Y 与 m 个自变量 X 之间总体上的相关程度，以及 Y 与某个或者若干个自变量 X 的相关程度，并分别引进多元相关系数和偏相关系数的概念。然后，用 F 检验进行总相关检验和偏相关的检验。在此基础上再进行残差分析。

（一）总离差平方和的分解和多元相关系数

与一元线性回归时一样，我们也可以定义多元线性回归的总离差平方和 SS_t，并把它分解为 SS_R 和 SS_e 两部分

$$SS_T = \sum_{j=1}^{k}(Y_j - \hat{Y}_j)^2$$
$$= \sum_{j=1}^{k}(\hat{Y}_j - \overline{Y}_j)^2 + \sum_{j=1}^{k}(Y_j - \hat{Y}_j)^2。$$

与一元线性回归时一样我们也把上式记作

$$SS_T = SS_R + SS_E,$$

其中：$\hat{Y}_j = \hat{\beta}_0 + \hat{\beta}_1 x_{1j} + \hat{\beta}_2 x_{2j} + \cdots + \hat{\beta}_m x_{mj}$。

根据上述分解式我们也可以定义多元相关系数 R^2：

$$R^2 = \frac{SS_R}{SS_T} = \sum_{j=1}^{k}(\hat{Y}_j - \overline{Y}_j)^2 / \sum_{j=1}^{k}(Y_j - \overline{Y}_j)^2 = 1 - \sum_{i=1}^{n}(y_i - \hat{y}_i)^2 / \sum_{i=1}^{n}(\overline{y}_i - \hat{y}_i)^2$$
$$= 1 - \frac{SS_e}{SS_t}。$$

它反映了由于使用 Y 与 m 个 X 之间的线性回归模型用 $\hat{Y}_j$ 来估计 $E(Y_j)$，而使总离差平方和 SS_T 减少的程度，从而表明了 Y 与 X 之间的线性相关程度及拟合模型的优良程度。SS_R 越大，R^2 越大，说明 Y 与 X 之间的线性相关程度越高，说明线性模型的拟合优度越高；反之 SS_R 越小，R^2 越小，说明 Y 与 m 个 X 的线性相关度越低，即

线性模型的拟合优度越低。

R^2 的计算公式说明 $0 \leqslant r^2 \leqslant 1$，若 $\hat{Y}=Y$，则 $SS_t=SS_R$，$SS_E=0$，$R^2=1$，说明用估计模型 $\hat{Y}_j$ 估计 $E(\hat{Y}_j)$ 解释了所有的总离差平方和 SS_t，拟合值与实际值无差异，此时变量间完全线性相关。

如果 $\hat{Y}_j=\bar{Y}$，则 $SS_t=SS_e$，$SS_R=0$，$R^2=0$，说明回归模型 $\hat{Y}_j$ 估计 Y 不能解释任何的总离差平方和 SS_t，拟合模型无效，说明变量间完全线性无关。

在一元线性回归的情形 $r=\pm\sqrt{R^2}$，但在多元线性回归的情形下，自变量的个数 $m \geqslant 2$ 时，回归系数的符号可能有正有负，难以确定，因此，我们规定多元相关系数总是为正的，即 $r=+\sqrt{R^2}$。

由此说明多元相关系数不能说明 Y 与 k 个 X 之间的线性相关方向，仅仅说明了它们之间的线性相关程度。

（二）回归离差平方和与偏相关系数

在多元线性回归模型中，如果增加与 Y 相关的某个自变量 X，则 SS_R 随之增加，而 SS_e 随之减少，因此，SS_R 还可以被进一步分解。例如，若原回归模型中只包括自变量 $x_1, x_2, \cdots, x_k$，若模型中增加了与 Y 相关的另一个自变量 x_{k+1} 以后，使 SS_R 增加的那部分称为"x_{k+1} 的净增回归平方和"，并定义为 $SS_R(\frac{x_{k+1}}{x_1, x_2, \cdots, x_k})$。于是

$$SS_R(\frac{x_{k+1}}{x_1, x_2, \cdots, x_k})=SS_R(x_1, x_2, \cdots, x_{k+1})-SS_R(x_1, x_2, \cdots, x_k)$$

$$=SS_E(x_1, x_2, \cdots, x_k)-SS_E(x_1, x_2, \cdots, x_{k+1})。$$

由此我们得出对于变量 x_{k+1} 的偏相关系数的计算公式：

$$r_{yx_{k+1}}=\sqrt{\frac{SS_E(x_1, x_2, \cdots, x_k)-SS_E(x_1, x_2, \cdots, x_{k+1})}{SS_E(x_1, x_2, \cdots, x_k)}}。\text{（公式 10-10）}$$

它反映了把自变量 x_{k+1} 纳入模型以后使得原模型的残差平方和 $SS_R(x_1, x_2, \cdots, x_k)$ 减少的程度。某一变量的偏相关系数越大，说明 Y 与这一变量的偏相关程度越大，反之，某一变量的偏相关系数越小，说明 Y 与这一变量的偏相关程度越小。

（三）多元回归模型的 F 检验

对于一元回归方程而言，对自变量 X 的系数做是否为零的假设检验也就等价于对整个回归模型进行了显著性检验。但对多元回归模型而言，对回归模型中各个系数分别进行的显著性检验与对整个回归方程的显著性检验是不同的。因此，我们既需要

对整个回归方程进行显著性检验，也需要对回归模型中各个系数分别进行显著性检验。

1. 总相关的 F 检验

对整个回归方程进行显著性检验通常采用 F 检验，即检验 Y 与 k 个 X 之间整体上是否存在显著的线性相关关系，此时检验的步骤如下。

(1)建立假设

原假设 $H_0：\beta_1=\beta_2=\cdots=\beta_k=0$；

备择假设 $H_1：\beta_i$ 不全为 $0(i=1,2,\cdots,n)$。

事实上，在所有的自变量 X 中，只要有一个 X 与 Y 之间存在显著线性相关，那么 Y 与 k 个 X 之间的相关系数就不等于 0，反过来若 Y 与 k 个 X 之间的相关系数不是零，在 k 个 β_i 中必有一个不为零。

(2) 计算检验统计量 F

$$F=\frac{SS_R(x_1,x_2,\cdots,x_k)/k}{SS_E(x_1,x_2,\cdots,x_k)/(n-k-1)}=\frac{MS_R}{MS_E}。\quad \text{(公式 10-11)}$$

F 是两个平均离差平方和(方差)之比，可以证明如果 H_0 正确，分子 MS_R 的数学期望等于 MS_E 的数学期望，即 $E(MS_R)=E(MS_E)=\sigma_\varepsilon^2$，$F$ 服从自由度为 k 和 $(n-k-1)$的 F 分布。如果 H_0 为假，$E(MS_R)>E(MS_E)$。因此，如果 H_0 正确，F 值将接近于 1；如 H_0 为假，则 F 值将大大超过 1。

(3)判断 H_0 是否成立。当显著性水平确定为 α，自由度为 k 和 $n-k-1$ 时，查 F 分布表得 F_α。如果 $F\geqslant F_\alpha$，则拒绝 H_0。说明 Y 与 k 个 X 之间总的来说存在显著性相关，接受 H_0。说明 Y 与 k 个 X 之间不存在显著性相关。

2. 偏相关的 F 检验

偏相关检验的目的在于检验新加入模型的 X 是否与 Y 存在显著的线性相关。通过总相关的 F 检验表明 Y 与 k 个自变量 X 在整体上存在显著的线性相关，但并不意味着各个 X 都与 Y 存在显著的线性相关，偏相关是检验在 Y 与$(k-1)$个 X 存在显著的线性相关的条件下，X_k 是否与 Y 存在显著的线性相关，即 X_k 进入模型后对减少模型的残差平方和是否有显著的作用。

偏相关检验的步骤如下。

(1)提出原假设 $H_0:\beta_k=0$，

备择假设 $H_1:\beta_k\neq0$。

(2)计算检验统计量 F：

$$F=\frac{SS_R(x_1,x_2,\cdots,x_{k-1})-SS_R(x_1,x_2,\cdots,x_k)}{SS_E(x_1,x_2,\cdots,x_k)/(n-k-1)}$$

$$=\frac{SS_R(x_k/x_1,x_2,\cdots,x_{k-1})}{SS_E(x_1,x_2,\cdots,x_k)/(n-k-1)}\text{。}$$

(3)判断 H_0 是否成立。当显著性水平为 α 时,查 F 分布表求出 F_α(分子自由度为 1,分母自由度为 $n-k-1$)。如果 $F\geqslant F_\alpha$,则拒绝原假设,说明 Y 与 X_k 之间存在显著偏相关,反之,接受原假设,说明 Y 与 X_k 之间不存在显著偏相关。

第四节　回归分析在 SPSS 软件中的实现

回归分析在 SPSS 软件中都可以便捷地实现。回归分析在 SPSS 软件中的实现，主要是通过“Analyze”菜单下面“Regression”。下面我们分别结合案例来讲解回归分析在 SPSS 软件中的实现过程。

我们以本章中的例 10-1 建立数据文件 data10-1，例中每周平均学习时间的变量名为“学习时间”，期末考试成绩的变量命名为“考试成绩”，依次录入数据，并以此为例来看一元线性回归在 SPSS 软件中的实现。

打开“Analyze”菜单下面“Regression”的“Linear”对话框。将源变量区中的“学习时间”作为自变量移至“Independent(s)”区域，将源变量区中的“考试成绩”作为因变量移至“Dependent”区域(如图 10-3)。点击对话框中“Statistics...”按钮，出现如图10-4所示的对话框，勾选“Estimates、Confidence intervals、Descriptives”等，点击“Continue”返回。

点击“OK”，即可生成结果。

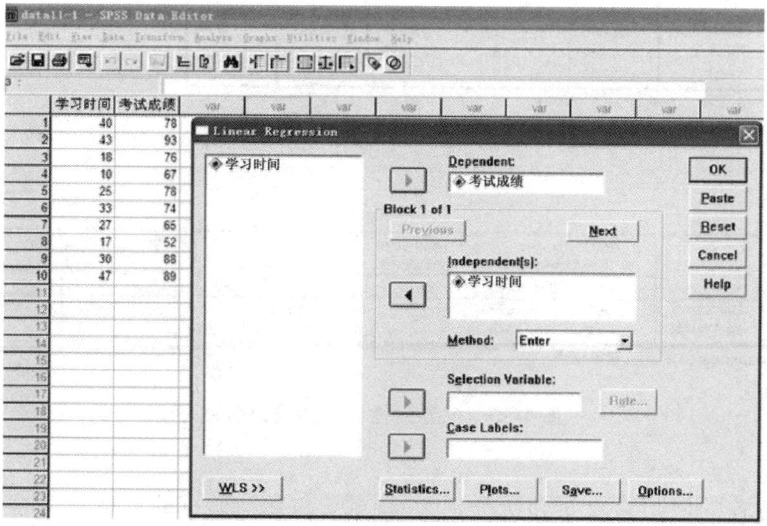

图 10-3　一元线性回归的主对话框

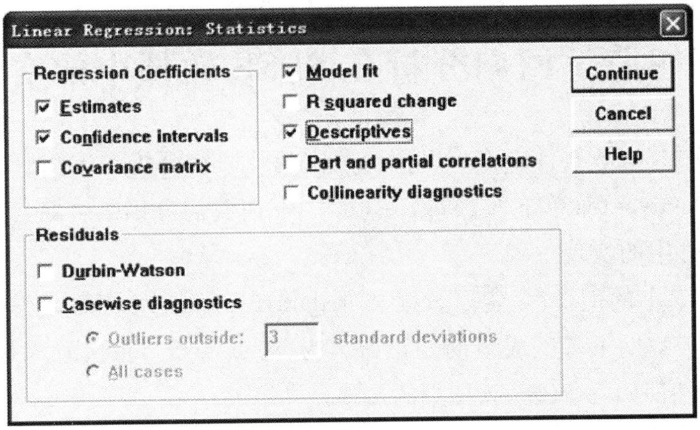

图 10-4　一元线性回归的 Statistics 子对话框

其部分输出结果如图 10-5。

ANOVA[b]

Model		Sum of Squares	df	Mean Square	F	Sig.
1	Regression	723.038	1	723.038	8.647	.019[a]
	Residual	668.962	8	83.620		
	Total	1392.000	9			

a. Predictors: (Constant), 学习时间

b. Dependent Varable: 考试成绩

Coefficients[a]

Model		Unstandardized Coefficients		Standardized Coefficents	t	Sig.	95% Confidence Interval for B	
		B	Std. Error	Beta			Lower Bound	Upper Bound
1	(Constant)	54.406	7.893		6.893	.000	36.205	72.606
	学习时间	.745	.253	.721	2.941	.019	.161	1.329

a. Dependent Varable: 考试成绩

图 10-5　一元线性回归的结果截图

回归方程的回归系数 a 和 b 分别为 54.406 和 0.745，据此可以写出一元线性回归方程为 $Y=54.406+0.745X$，回归系数的 t 检验和回程方程的方差分析结果表明，所建立的一元线性回归方程是有效的。

【例 10-2】 10 位大一学生平均每周所花的学习时间、智商分数及他们期末考试成绩见表 10-2。试求一个每周平均花 35 小时学习、智商为 125 的学生，他期末考试的成绩会是多少？

表 10-2　10 位大学生平均每周学习时间与期末成绩统计表

大学生编号	每周平均学习时间(单位:小时)	智商分数	期末考试成绩
1	40	118	78
2	43	128	93
3	18	110	76
4	10	114	67
5	25	138	78
6	33	120	74
7	27	106	65
8	17	124	52
9	30	132	88
10	47	130	89

我们以上例中的例 10-2 建立数据文件 data10-2,例中每周平均学习时间的变量命名为“学习时间”,智商测验结果命名为“智商”, 期末考试成绩的变量命名为“考试成绩”,依次录入数据,并以此为例来看多元线性回归在 SPSS 软件中的实现。

打开“Analyze”菜单下面“Regression”的“Linear”对话框。将源变量区中的“学习时间”“智商”作为自变量移至“Independent(s)”区域,将源变量区中的“考试成绩”作为因变量移至“Dependent”区域,自变量的引入方法为默认的 Enter 法(如图 10-6)。点击对话框中“Statistics...”按钮,出现如图 10-4 所示的对话框,勾选“Model fit、Part and Partial correlation”等,点击“Continue”返回。

点击“OK”,即可生成结果。

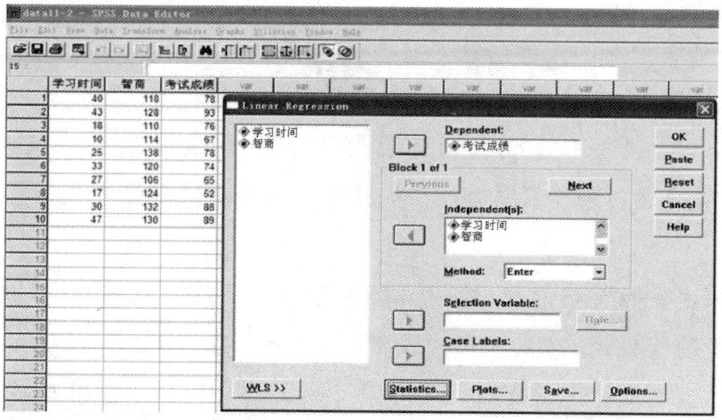

图 10-6　多元线性回归在 SPSS 实现过程示范截图 1

其部分输出结果如图 10-7。

ANOVA[b]

Model		Sum of Squares	df	Mean Square	F	Sig.
1	Regression	797.345	2	398.673	4.693	.051[a]
	Residual	594.655	7	84.951		
	Total	1392.000	9			

a. Predictors: (Constant), 智商, 学习时间

b. Dependent Varable: 考试成绩

Coefficients[a]

Model		Unstandardized Coefficients		Standardized Coefficients	t	Sig.	Correlations		
		B	Std. Error	Beta			Zero-order	Partial	Part
1	(Constant)	20.297	37.328		.544	.603			
	学习时间	.649	.275	.628	2.358	.051	.721	.665	.582
	智商	.302	.323	.249	.935	.381	.483	.333	.231

a. Dependent Varable: 考试成绩

图 10-7　多元回归分析在 SPSS 实现过程示范截图 2

回归方程的回归系数 a，b_1，b_2 分别为 20.297，0.649 和 0.302，据此可以写出二元线性回归方程，即考试成绩＝20.297＋0.649×学习时间＋0.302×智商，回归系数 b_1 的 t 检验和回程方程的方差分析结果都边缘显著，而回归系数 b_2 的 t 检验结果不显著，这表明所建立的二元线性回归方程还算有效，学习时间就可以预测考试成绩，但智商对考试的成绩预测较差。

将已知条件“某智商为 125 的学生每周平均花 35 小时学习”，代入二元线性回归方程，即可预测出这位同学的期末考试成绩会是 80.762 分。

本章小结

线性回归分析是根据一个或多个自变量来预测一个因变量的统计方法。本章主要介绍一元线性回归、多元线性回归的原理与应用分析。

(1)相关分析中没有自变量与因变量的区分，两类变量之间为双向的相互关系。回归分析中有自变量与因变量的区分，表示的是因变量随着自变量的变化而变化的单向关系。

(2)进行一次较为完整的回归分析，需要进行如下四方面的工作：①回归方程的建立；②回归方程的检验；③回归方程的预测；④回归方程的优化。

(3)在一元线性回归方程 $Y = a + bX$ 中，a，b 分别表示截距与斜率(b 又叫回归系数)，Y 为因变量，X 为自变量。因变量的观测值与预测值之间的差异叫作残差。运用最小二乘法和平均数可以建立这一模型。在一元线性回归中，对回归系数的显著

性检验和对整个线性回归方程的显著性检验是等价的。

(4)多元线性回归分析需要区分回归系数的显著性检验和对整个线性回归方程的显著性检验。

(5)在 SPSS 中，一元线性回归分布、多元线性回归分布位于同一个操作菜单“Analyze→Regression →Linear”。

思考与练习题

1.什么是回归？回归分析与相关分析有什么区别与联系？

2.回归有哪些分类？

3.某高中抽取了10位同学的三月会考英语科成绩和高考英语科成绩如表10-3所示，试建立会考成绩对高考成绩的回归方程，并检验方程的有效性。

表 10-3　10 位同学会考和高考英语科考试成绩统计表

	同学 1	同学 2	同学 3	同学 4	同学 5	同学 6	同学 7	同学 8	同学 9	同学 10
会考成绩	86	75	72	93	68	74	95	83	92	65
高考成绩	90	80	70	89	71	71	92	77	86	75

4.请使用 SPSS 软件练习计算上题的线性回归方程。

5.某公司10位员工绩效考核结果与工作努力程度、工作能力评价的分数评定表如表10-4，请用 SPSS 求出员工纯净考核结果(Y)对工作努力程度(X_1)、工作能力(X_2)的回程方程。

表 10-4　10 位员工绩效考核结果与工作努力程度、工作能力评价的分数评定表

	员工 1	员工 2	员工 3	员工 4	员工 5	员工 6	员工 7	员工 8	员工 9	员工 10
考核结果(Y)	83	67	74	48	72	66	90	54	71	65
努力程度(X_1)	88	68	76	60	74	57	86	62	63	45
工作能力(X_2)	75	47	60	57	79	63	67	58	70	69

第十一章　χ^2 检验

在心理和教育研究中，我们得到的数据有计数资料和计量资料之分，那么适用的统计方法也有所不同。比如说，在现在市场的营销策略中，企业会把同一产品设计成不同的包装，通过观察购买不同包装产品的人数，来比较消费者对这几种包装设计的喜欢程度是否存在差异，从而掌握消费者的购买趋势。在这种研究中得到的数据就是计数资料，而计数资料能用前面章节中提到的统计方法来分析吗？前面所涉及的统计方法更多为“均值”比较（如 t 检验、方差分析），而计数资料是无法得到均值的，因此这些方法显然是不太合适的。

χ^2 检验是比较适合处理计数资料的方法之一，在本章中我们将学习 χ^2 检验的基本原理及其相应检验方法。

第一节 χ^2 检验的基本原理

一、χ^2 检验的基本概念

在对收集来的数据进行统计分析前，首先应清楚数据的分类，然后再根据数据的类型来选择恰当的统计方法。在心理和教育研究中，收集到的数据有计数资料和计量资料之分。一般通过等距、比率量表得到的数据属于计量资料，而通过名称、顺序量表得到的数据就是我们这章重点所要用到的计数资料。比如，在某次业主大会中，将他们对某项提议的态度分为"赞成""反对""无所谓"三类，就可以得到持不同意见的人数；在一次期末考试中，将同学们的成绩按照某一标准分为"优""良""中""差"，即可以得到每一个等级上的人数；在某产品的使用人群调查中，可以获得不同性别即"男""女"上的使用人数……这些都属于计数资料。

推断统计中的 t 检验和 F 检验适用资料针对的是计量数据，收集到的计数资料的差异检验则需要使用到 χ^2 检验（卡方检验）。

χ^2 检验属于非参数检验，它不像参数检验那样涉及总体平均数、总体方差等参数，非参数检验不要求已知总体的具体分布形式，只是针对总体分布与某种已知分布是否吻合来进行假设检验，而且它对数据资料的要求也不高，测量水平最低的定类数据就可以用 χ^2 检验的方法来进行。由此可见，非参数检验比参数检验的适用面更广，但非参数检验所依赖的数据非常简单，它的功效一般低于参数检验。

χ^2 检验也是非参数检验中最常用的一种方法，它主要用来处理离散型数据计数之后的计数资料的检验问题，同样适用于某些连续型数据，其总体分布未知或者总体分布属于非正态。

二、χ^2 检验的分类

χ^2 检验主要应用于两个方面：一是配合度检验，用来检验一个变量下多个分类的实际观察次数与理论期望次数是否存在差异的问题，因此也叫"单变量 χ^2 检验"。其中，实际观察次数是指在实际调查中得到的频数，理论期望次数是指根据概率分布或者某种理论次数分布得到的频数，即从样本的分布来推断总体分布是否符合某种理论次数分布。比如在一项民意调查中民众的不同态度是存在显著差异的，这里的态度是一个变量，分别为"支持""反对""无所谓"三种类别，一般情况下得到的实际观察次数与期望次数是不一样的，那么要检验实际得到的这三种不同态度与理论上的次数是否

吻合，就可以使用单变量 χ^2 检验。

二是独立性检验，用来检验两个及两个以上变量下各个分类之间是否有关联（独立）的问题，因此也叫“双变量 χ^2 检验”及“多变量 χ^2 检验”。如果对一个变量来说，其他变量上分类频数的变化对它不起作用，则说明变量之间是独立的，否则就是互为关联的。比如对高中分文理科的态度是否存在性别差异，即是男生更支持文理分科，还是女生更支持文理分科呢。这个问题中，性别是一个变量，有“男”“女”两个取值，态度是另外一个变量，有“支持”“反对”“无所谓”三个取值，那么使用双变量 χ^2 检验就能探讨对高中文理分科的态度是否存在性别差异这个问题。

三、χ^2 检验的基本公式

前面提到，χ^2 检验处理的是实际观察次数与理论期望次数是否存在显著差异的问题。1899 年，统计学家皮尔逊（Pearson）提出了 χ^2 检验的公式，他认为，实际观察次数与理论次数之差的平方再除以理论次数，是一个与 χ^2 分布非常近似的次数分布。所以，我们将从样本中得到的实际观察次数用 f_o 表示，理论期望次数用 f_e 表示，则 χ^2 检验的基本公式如下：

$$\chi^2=\sum\frac{(f_o-f_e)^2}{f_e}。\qquad（公式 11-1）$$

χ^2 值反映的是样本实际分布与理论分布的偏离程度。当各分类项的 f_o 与 f_e 均相等时，那么 $\chi^2=0$，说明实际分布与理论分布完全吻合，而 f_o 与 f_e 相差越大，χ^2 值越大，这说明实际分布与理论分布差异也越大。简单的来说，f_o 与 f_e 差异越小，越不容易检验达到显著性水平，f_o 与 f_e 差异越大，越容易检验达到显著性水平。只有当 χ^2 值大到一定程度，超过了某一临界值，我们就可以认为在抽样误差允许的范围内，实际分布与理论分布有显著差异性，即可以拒绝虚无假设而接受备择假设，而 χ^2 值小于这一临界值时，则认为在抽样误差允许的范围内，样本分布与理论分布是吻合的，即可以接受虚无假设。χ^2 检验的临界值是单侧的，它随着某一特定的显著水平、不同的自由度下变化而变化，在计算中，临界值是通过查询 χ^2 表获得的。

第二节　单变量 χ^2 检验

单变量 χ^2 检验适用于只有一个变量的计数资料，也叫配合度检验、适应性检验。主要用于检验某一变量取值的实际观测频次与理论次数之间的差异问题。单变量 χ^2 检验，其统计原理是检验这一单一变量各分类的实际观察次数与期望次数的差异程度，以检验样本所在的分布是否与期望分布吻合。

一、单变量 χ^2 检验的应用问题

χ^2 检验的一般步骤与参数检验一致，第一步是提出统计假设，虚无假设是实际观察次数与期望次数无显著差异，备择假设是实际观察次数与期望次数有显著差异，接下来应用基本公式计算 χ^2 值，然后查 χ^2 分布表得到临界值，两者相比较就可以得出接受或者拒绝虚无假设的结论。在此过程中，我们还需计算出 χ^2 检验方法中的自由度和理论次数这两个因素的值。自由度的计算一般是计数资料的分类项目数，减去计算期望次数时用到样本统计量的个数，所以单变量 χ^2 检验自由度 $df=k-m=k-1$（其中 k 为调查资料的类别数，m 为计算期望次数时用到的样本统计量个数）。而理论次数的计算一般是依据某种理论或者概率分布来计算，根据实际情况确定某种计算方法。

【例 11-1】　在某项民意调查中，随机调查 300 个人得出的三种态度分别为：赞成 120 人，反对 89 人，中立 91 人，请问持这三种态度的人数是否有显著差异？

解　民众的态度分为三类，假设三项分类的实际观察次数相等，那么它的概率也应该是相等的，即 $p=\frac{1}{3}$，服从均匀分布，理论次数＝总数×$\frac{1}{3}$。因此，要检验这三种态度是否有显著差异，也就是要检验每种态度的实际观察次数与期望次数是否达到了显著性差异。

根据题意已知：

$$N=300, f_e=300\times\frac{1}{3}=100, f_{o1}=120, f_{o2}=89, f_{o3}=91$$

计算值：

$$\chi^2=\sum\frac{(f_o-f_e)^2}{f_e}=\frac{(120-100)^2}{100}+\frac{(89-100)^2}{100}+\frac{(91-100)^2}{100}=6.02。$$

确定自由度值：

$df=k-m=3-1=2$。

查 χ^2 分布表得：当 $df=2$ 时，得 $\chi^2_{0.05(2)}=5.99$。

故 $\chi^2>\chi^2_{0.05(2)}$，$p<0.05$。

答：故可推论，民众在这项民意调查中持这三种态度的人数存在显著差异(做这一结论犯错误的概率小于0.05)。

【例 11-2】 某辅导员根据以往经验猜测有考研意向的男女比例为1∶3，今年考研意向的统计结果为女生35名，男生25名，请问今年有考研意向的男女生人数比例是否不符合该辅导员的经验？

解 在此题中，该辅导员的猜测是由以往经验总结而来，应服从经验分布，假设男女生有考研意向的人数分布与辅导员的经验分布相同，所以理论次数为样本总人数乘以相应类别的概率。

据题意已知：$N=35+25=60$，$f_{o男}=25$，$f_{o女}=35$。

理论次数为：$f_{e男}=60\times\dfrac{1}{4}=15$，$f_{e女}=60\times\dfrac{3}{4}=45$。

设：H_0 ∶ $f_o=f_e$，

　　H_1 ∶ $f_o\neq f_e$，

$$\chi^2=\sum\frac{(f_o-f_e)^2}{f_e}=\frac{(25-15)^2}{15}+\frac{(35-45)^2}{45}\approx 8.89。$$

查 $df=2-1=1$ 时，$\chi^2_{0.05(1)}=3.84$。

故 $\chi^2>\chi^2_{0.05(1)}$，差异显著。

答：今年有考研意向的男女生人数分布与辅导员的经验有显著差异，表现为与辅导员的经验相比，实际上男生考研的人数比例没经验总结的那么少，女生考研的也没那么多。

二、单变量 χ^2 检验与比率关系的应用

当我们收集到的计数资料是以百分比或者比率的方式来呈现的时候，对于这种资料，我们既可以采取将百分数转换成实际频数来计算，也可以将计算得到的 χ^2 值乘以 $\dfrac{N}{100}$后得到新的 χ^2 值，最后再用这个新的 χ^2 值来查 χ^2 分布表，这两种方法得到的结果是一致的。

【例 11-3】 某商家邀请消费者对一产品的外观进行评价，在调查的500人中显示"非常喜欢"的人有10%，"比较喜欢"的人有25%，"不可置否"的人有22%，"比较不喜欢"的人有28%，"非常不喜欢"的人有15%，请问五种态度有无显著差异？

解 根据题意已知，如果这五种态度之前的人数无差异，那么此分布服从均匀分

布，各种态度人数的概率应是相等的，即各种态度的理论频率为 20％。

设：H_0：各种态度的百分数无显著差异，

H_1：各种态度的百分数有显著差异。

$$\chi^2=\sum\frac{(f_o-f_e)^2}{f_e}$$

$$=\frac{(10-20)^2}{20}+\frac{(25-20)^2}{20}+\frac{(22-20)^2}{20}+\frac{(28-20)^2}{20}+\frac{(15-20)^2}{20}$$

$$=\frac{100}{20}+\frac{25}{20}+\frac{2}{20}+\frac{64}{20}+\frac{25}{20}$$

$$=10.9。$$

$$\chi^2\times\frac{N}{100}=10.9\times\frac{500}{100}=54.5，$$

当 $df=5-1=4$ 时，$\chi^2_{0.05(4)}=14.9$。

故 $\chi^2>\chi^2_{0.05(4)}$，差异显著。

答：持这五种态度的人数有显著差异。

第三节　双变量 χ^2 检验

双变量 χ^2 检验是分析两个变量（因素）多个分类项目的计数资料所用的统计方法，用来检验两个变量是否具有独立或依存的关系，也称为独立性 χ^2 检验。如果两变量是独立的，即对一个变量来说，另一个变量的多项分类上数据的变化是在样本取样的误差范围内的；两个变量若是依存的，即说明两个变量是存在交互作用的。如检验性别与兴趣等离散变量之间是否有关联时，通常可采用双变量 χ^2 检验。

一、双变量 χ^2 检验的一般步骤

由于双变量 χ^2 检验是针对两个变量来分析，所以我们在进行统计分析前会将资料编制成 R×C 列联表，即把一个变量的分类项目写成行（R），另一个变量的分类项目写成列（C），比如，要检验考研意向在性别上是否存在差异，以某班学生为样本，收集来的资料如表 11-1 所示：

表 11-1　某班学生考研意向调查结果

性别	考研意向		合计
	不考研	考研	
男	18	4	22
女	22	8	30
合计	40	12	52

如上表所示，把该班调查结果编制为一个 2×2 列联表，也是最简单的列联表即四格表，这种形式教育与心理等调查中比较常见。

独立性 χ^2 检验跟单变量 χ^2 检验一样，首先是要提出虚无假设与备择假设。虚无假设为两变量之间是独立的（即各单元格的实际观测频次与理论期望频次均相等），备择假设为两变量之间是非独立的或是有关联的（即至少有一个单元格的实际观测频次与理论期望频次存在显著差异）。而独立性 χ^2 检验理论期望次数的计算，是根据列联表的数据推算出来的。以表 11-1 的数据为例，我们来计算各单元格的理论期望次数。

在上表中，用 f_x 表示每行的和，用 f_y 表示每列的和，则每个单元格的理论次数的计算公式为：

$$f_e=\frac{f_{xi}f_{yi}}{N}。\qquad（公式 11-2）$$

我们将各理论次数填入四格表中即可得到下表 11-2：

表 11-2　某班学生考研意向调查结果(含理论次数)

考研意向(变量 1)

性别(变量 2)	不考研	考研	f_x
男	18 (16.92)	4 (5.08)	22
女	22 (23.08)	8 (6.92)	30
f_y	40	12	52

计算出理论次数后，接下来就是选择 χ^2 检验的公式计算 χ^2 值，

$$\chi^2=\sum\frac{(f_o-f_e)^2}{f_e}=\frac{(18-16.92)^2}{16.92}+\frac{(4-5.08)^2}{5.08}+\frac{(22-23.08)^2}{23.08}+\frac{(8-6.92)^2}{6.92}$$

$$=0.07+0.21+0.05+0.17=0.5。$$

相应的自由度的计算公式为：$df=(R-1)(C-1)$。　　（公式 11-3）

其中，R 为每一行的分类项目，C 为每一列的分类项目，结合表 11-2，此例子中的自由度为：$df=(2-1)(2-1)=1$。查附表 6 的 χ^2 表得出，此时临界值 $\chi^2_{0.05(1)}=3.84$。

比较计算所得的 χ^2 检验值和 χ^2 临界值的大小，$0.5<3.84$，检验值小于临界值，差异不显著。也就是得出，考研意向的人数比例在性别上没有显著差异。

其他非四格表的 χ^2 检验，以此类推，只是分类项多些，计算量大些。

二、独立样本四格表 χ^2 检验

独立样本四格表 χ^2 检验，相当于独立样本比率差异的显著性检验，当我们的统计资料是两个二分变量时，我们可以把统计结果整理成两个比率的形式，也可以按上述所说的四格表形式呈现出来，整理成四格表形式，具体形式如下所示：

表 11-3 独立样本四格表的图示

		变量 A 1	变量 A 2	
变量B	1	A	B	A+B
变量B	2	C	D	C+D
		A+C	B+D	N

针对此类独立样本四格表 χ^2 检验，我们还有一个简捷公式来简化计算过程。在上表中，$N=A+B+C+D$，A，B，C，D 分别代表了各单元格的实际观测次数，计算 χ^2 值可以用下面的简捷公式：

$$\chi^2=\frac{N(AD-BC)^2}{(A+B)(C+D)(A+C)(B+D)}。 \qquad \text{（公式 11-5）}$$

【例 11-4】 某单位员工集体在医院进行例行体检，员工共 150 人。在最后的体检报告中，健康水平如表 11-4 所示。请问：健康水平是否存在显著的性别差异。

表 11-4 不同性别在健康水平上的人数分布

	健康水平		合计
	健康	不健康	
男	70	15	85
女	48	17	65
合计	118	32	150

解

$$\chi^2=\frac{N(AD-BC)^2}{(A+B)(C+D)(A+C)(B+D)}$$

$$=\frac{150(70\times17-15\times48)^2}{(70+15)(48+17)(70+48)(15+17)}$$

$$\approx1.59,$$

$df=(R-1)(C-1)=1$。

查 χ^2 临界值表得 当 $df=1$ 时，$\chi^2_{0.05(1)}=3.84$。

故 $\chi^2<\chi^2_{0.05(1)}$，即差异不显著。

答：健康水平不存在显著的性别差异。

三、相关样本四格表的独立性 χ^2 检验

相关样本四格表 χ^2 检验，相当于相关样本比率差异的显著性检验。当我们的研究资料是同一样本，或者是相关的两个样本，在不同的条件下进行调查得到的，那么我们就可以采用相关样本四格表的 χ^2 检验进行分析，这种方法也多适用于"前测一后测设计"的情况。它的简捷公式为：

$$\chi^2=\frac{(A-D)^2}{A+D}。 \quad （公式 11-6）$$

在上式中，A，D 分别表示在相关样本四格表中两次调查分类项目不一致的单元格的实际观测次数。

【例 11-5】 在全校抽选 100 名同学进行体能测试，由于有部分同学第一次测试结果很差，学校安排加强体育锻炼，发现有一些同学的体能得到了提高。统计结果如表 11-5所示。问前后两次体能测试结果是否存在显著差异？

表 11-5 体能测试的两次测验结果

		第一次结果		
		及格	不及格	
第二次结果	不及格	7	15	22
	及格	55	23	78
合计		62	38	100

解 根据题意已知，前后两次参加体能测验的是同一个样本，是前后测设计，属于相关样本的独立性 χ^2 检验。

设：H_0：两个测验无关联，前后两次体能测试结果没有显著性差异；

H_1：两个测验有关联，前后两次体能测试结果有显著性差异。

$\chi^2=\frac{(A-D)^2}{A+D}=\frac{(7-23)^2}{7+23}\approx 8.53$。

查 χ^2 临界值表得 当 $df=1$ 时，$\chi^2_{0.05(1)}=3.84$。

故 $\chi^2>\chi^2_{0.05(1)}$，即差异显著。

答：前后两次测验结果存在显著性差异，后测成绩好于前测，即学校加强体育锻炼的安排是有效的。

第四节　χ^2 检验的 SPSS 操作

χ^2 检验可以根据样本数据资料，推论出样本的总体分布与期望分布或某一理论分布有无显著差异，在这节中，我们将学习如何利用 SPSS 软件来对数据进行 χ^2 检验方法的处理分析。

一、单变量 χ^2 检验的 SPSS 应用

在前文中提到，单变量的总体分布的推断分为两种情况，一是服从均匀分布，即分类项目的期望次数是相等的，二是服从经验分布或某一理论分布，即分类项目的期望次数可以是不等的。那么我们先用例 11-1 中的数据来进行服从均匀分布的 χ^2 检验分析。

在例题中，样本分类数目有三个，分别为赞成 120 人、反对 89 人、中立 91 人，要检验这三种态度是否存在显著差异。其具体操作步骤如下。

(1)建立 SPSS 数据文件

χ^2 检验的 SPSS 对数据的输入没有特定的要求，只需定义变量和存放各实际观测次数的变量，并为该变量做加权处理即可，如图 11-1 所示（注：类别的变量取值中，1 为赞成、2 为反对、3 为中立）。

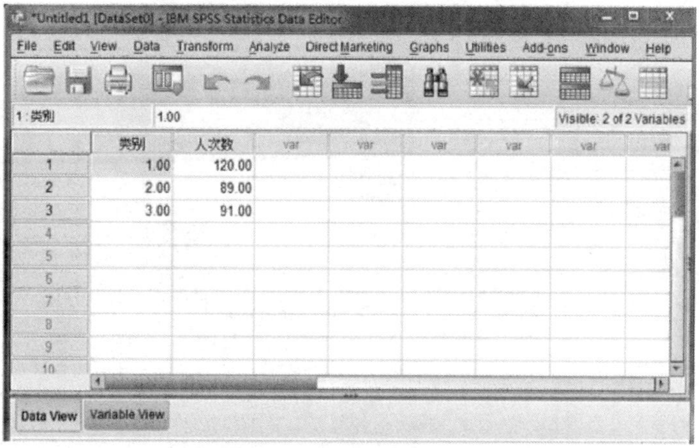

图 11-1　配合度 χ^2 检验的数据编辑窗口

SPSS 中加权处理的基本操作步骤如下：

选择菜单:"Data→Weight Cases"

如图 11-2 所示,选择"Weight cases by"按钮,然后将"人次数"变量移到左边"Frequency Variable"方框中,最后单击"OK"即可。

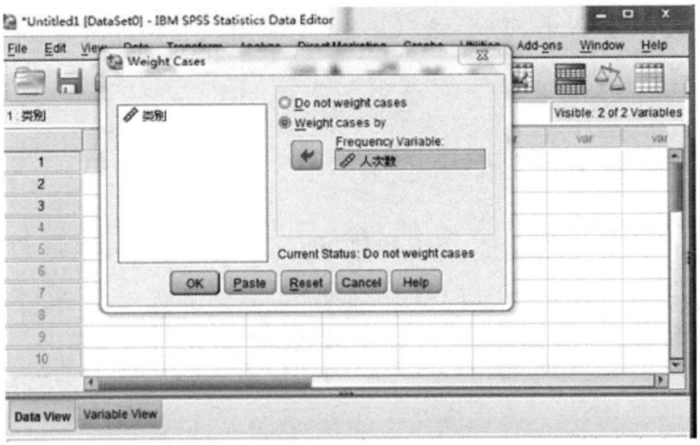

图 11-2 加权处理对话框操作示意图

特别需要的注意是,此处对频次变量进行定义的加权处理,仅在已知计数资料的情况下使用。而平时得到的原始数据输入之后,没有产生频次变量,因此完全不需要做此操作!

(2)进行 χ^2 检验操作

选择菜单:"Analyze →Nonparametric Tests →Chi-Square Test",打开对话框,如图 11-3 所示。

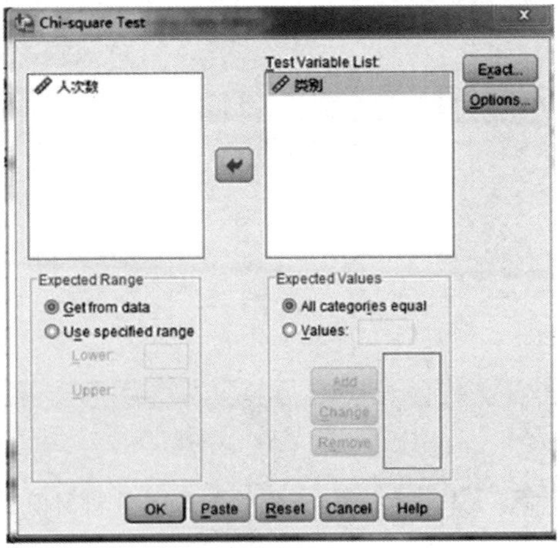

图 11-3 单变量 χ^2 检验的主对话框

首先，从左边变量列表中将待检验的变量移入右边的“Test Variable List”方框中，此例中待检验的变量即“类别”；然后勾选“Expected Range”中的“Get form data”，表示所有数据都参与分析；勾选“Expected Values”中的“All categories equal”，表示所有分类的频数相同，即服从均匀分布；最后，单击“OK”即完成操作。

(3)解释结果

经过上述操作会出来两个表格，如表 11-5、11-6 所示。

如表 11-5 所示，表格中表示的是实际观测次数 Observed N、理论期望次数 Expected N、两者之间的差异量 Residual。300 个观察数据中，表示赞同、反对、中立的人数分别为 120,89,91，按照均匀分布来看，理论期望人数分别为 100 人，实际观测次数与理论期望次数的差分别为 20，－11，－9。

表 11-5　单变量 χ^2 检验的频数结果

类别	Observed N	Expected N	Residual
1.00	120	100.0	20.0
2.00	89	100.0	－11.0
3.00	91	100.0	－9.0
Total	300		

表 11-6 中表示的是 χ^2 统计量以及对应的 p 值。其中，$\chi^2 = 6.020$，$p = 0.049 < 0.05$，说明持三种态度的人数差异达到了显著性水平，实际观察次数与期望观察次数有显著差异。

表 11-6　单变量 χ^2 检验的结果

	类别
Chi-Square	6.020[a]
df	2
Asymp. Sig.	.049

下面我们用 11-2 的例子来进行符合经验分布、非均匀分布的 χ^2 检验 SPSS 操作。

(1)建立 SPSS 数据文件

建立 SPSS 数据文件步骤与 11-1 的例子一致，文件建立完成之后同样做加权处理来定义频数变量，这里便不再赘述，如图 11-4 所示（注：性别的变量取值中，1 为女、2 为男）。

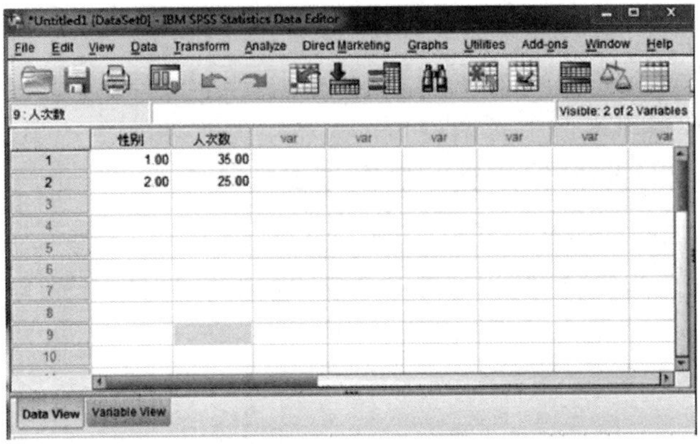

图 11-4　单变量 χ^2 检验的数据编辑窗口

(2)进行 χ^2 检验操作

选择菜单："Analyze →Nonparametric Tests →Chi-Square Test"，打开对话框，如图 11-5 所示。

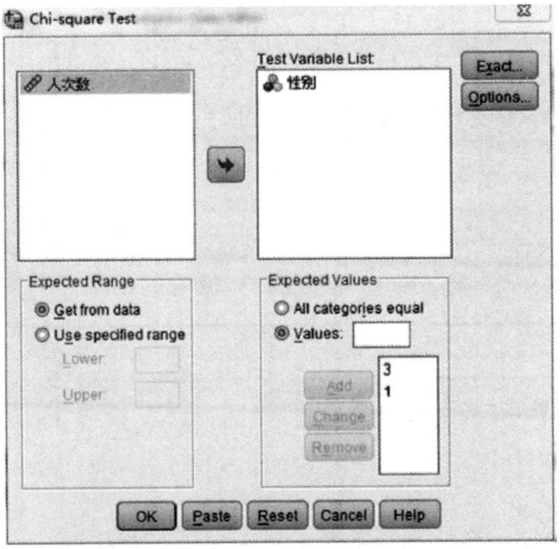

图 11-5　单变量 χ^2 检验的主对话框

首先，从左边变量列表中将待检验的变量移入右边的"Test Variable List"方框中，此例中待检验的变量即"性别"；然后勾选"Expected Range"中的"Get from data"，表示所有数据都参与分析；勾选“Expected Values”中的“Values”，激活后面的小方框，按“性别”取值编码顺序先后填入经验分布的期望值，此处性别中1为男、2为女，则先输入3，单击“Add”添加到下面的方框中，再输入1，“Add”添加即可。最后，单击“OK”即完成操作。

(3)解释结果

经过上述操作会出来两个表格，如表11-7、11-8所示。

表11-7　单变量 χ^2 检验的频数结果

	Observed N	Expected N	Residual
1.00	35	45.0	−10.0
2.00	25	15.0	10.0
Total	60		

表11-7中表示的是实际观测次数、理论期望次数、两者之间的差异量。60个观测数据中，表示男女生的人数分别为25，35，按照经验分布来看，理论期望人数分别15，45，实际观测次数与理论期望次数的差异量分别为10，−10。

表11-8　单变量 χ^2 检验的结果

	性别
Chi-Square	8.889
df	1
Asymp. Sig.	.003

表11-8中表示的是 χ^2 统计量以及对应的 p 值。结果说明，此例中的男女生的人数差异达到了显著性水平，其中 $\chi^2=8.889$，$p=0.003<0.05$，表示实际观测次数与理论期望次数有显著差异，所以今年有考研意向的男女生人数比例不符合该辅导员的经验，男生有考研意向的人数比例比预期的多些，而女生相对比预期的少些。

二、双变量独立样本 χ^2 检验的SPSS应用

在采用列联表形式的双变量独立样本 χ^2 检验数据中，最简单的形式就是四格表，其他形式的以此类推。下面，我们以11-4中的例子来说明双变量独立样本 χ^2 检验的

操作过程。

(1)建立 SPSS 数据文件

首先建立 SPSS 文件,在 11-4 的例子中有男女性别、健康水平两个实际调查变量和人次数这一频次变量,在 SPSS 文件中输入三列数据,然后进行加权处理,其具体步骤同单变量 χ^2 检验,结果如图 11-6 所示。(注:性别的变量取值中,1 为男、2 为女;健康水平的变量取值中,1 为健康、2 为不健康。)

同样,原始数据的输入格式即不完全需要通过加权处理来定义频次变量,因为原始数据的输入格式没有频次变量。

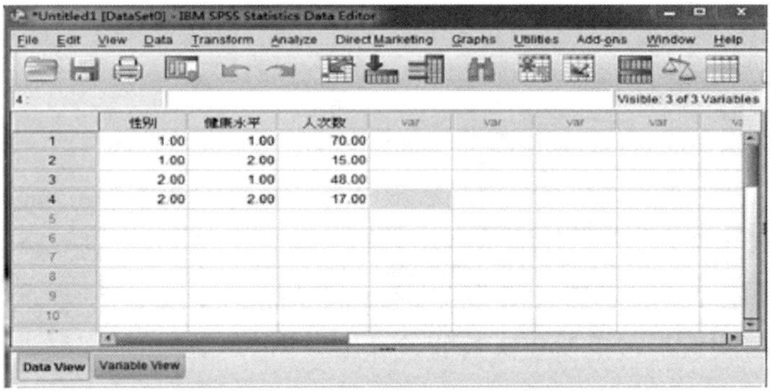

图 11-6 独立性 χ^2 检验的数据编辑窗口

(2)进行 χ^2 检验操作

选择菜单;“Analyze →Descriptive statistics→Crosstabs”打开对话框,如图 11-7 所示。

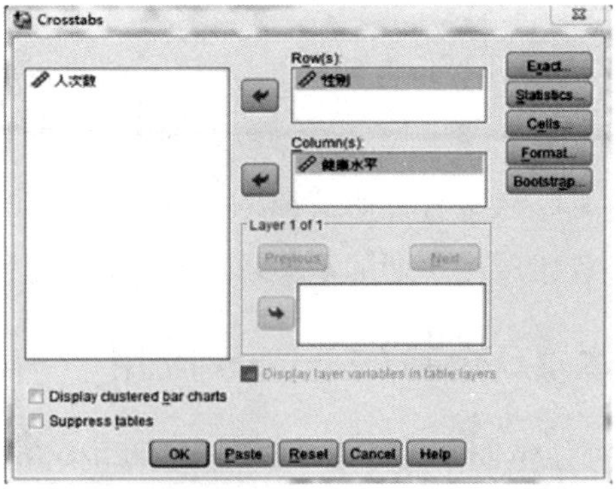

图 11-7 双变量独立样本 χ^2 检验的主对话框

首先，将左边对话框中的“性别”变量移到右边的“Row”对话框中，将“健康水平”变量移到“Column(s)”对话框中；然后单击界面上的“Statistics...”按钮，在出现的对话框中勾选“Chi-square”选项，如图 11-8 所示。然后点击“Continue”按钮回到原界面，最后点击“OK”完成操作。

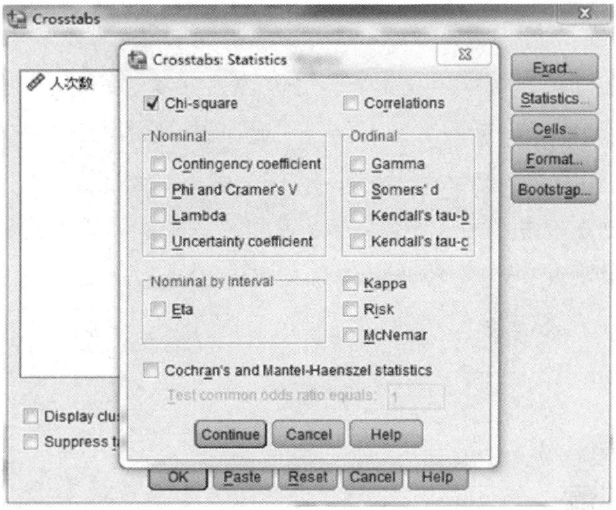

图 11-8　双变量独立样本 χ^2 检验的“Statistics”子对话框

(3)解释结果

经过上述操作，结果中会出现数据总和和 χ^2 检验结果三个图表，我们主要看 χ^2 检验结果，具体统计结果见表 11-9。

表 11-9　独立性 χ^2 检验的结果

	Value	df	Asymp. Sig. (2－sided)
Pearson Chi-Square	1.588	1	.208
Continuity Correctionb	1.122	1	.290
Likelihood Ratio	1.576	1	.209
Linear-by-Linear Association	1.578	1	.209
N of Valid Cases	150		

由表 11-9 可知，本例中 $\chi^2=1.588$，$p=0.208>0.05$，所以健康水平不存在显著的性别差异。

本章小结

χ^2 检验适用于由定类数据转换而来的计数资料的差异显著性检验。本章主要介绍 χ^2 检验的原理，与单变量 χ^2 检验、双变量 χ^2 检验的应用分析。

(1)χ^2 检验主要应用于两个方面：一是配合度检验，用来检验一个变量下多个分类的实际观察次数与理论期望次数是否存在差异的问题，因此也叫"单变量 χ^2 检验"；二是独立性检验，用来检验两个及两个以上变量下各个分类之间是否有关联(或相互独立)的问题，因此也叫"双变量 χ^2 检验"及"多变量 χ^2 检验"。

(2)双变量 2×2 四格表的 χ^2 检验可以用相应的简易公式进行计算。

(3)在 SPSS 中，单变量 χ^2 检验的操作菜单为"Analyze→Nonparametric Tests→Chi-Square Test"；双变量独立样本 χ^2 检验的操作菜单为"Analyze→Descriptive statistics→Crosstabs"。

思考与练习题

1. 心理统计学中的计数资料的分析方法有哪些？

2. χ^2 检验的适用资料有哪些？

3. 根据研究者对顾客喜爱衣服品牌的调查，调查结果表示，在随机抽取的 300 名市民中，喜欢 A 品牌的 70 人，喜欢 B 品牌的 98 人，喜欢 C 品牌的 132 人，问市民对衣服品牌的喜爱是否不同。

4. 假设某高中在高考中考入本一、本二、本三、专科的人数比例是 2∶5∶2∶1。今年考入各大学批次的实际人数如表 11-10 所示，请问该高中的升学人数是否与上述比例有明显差异？

表 11-10　某高中的升学人数统计表

本一	本二	本三	专科
132	365	223	110

5. 某班级由于某次考试成绩不如人意，班主任决定试行新的教学方法。在一段时间的教学后进行第二次考试，前后两次考试成绩如表 11-11 所示。请问新的教学方

法是否有效。

表 11-11　两次测试成绩表

		第一次测试 不及格	第一次测试 及格
第二次测试	及格	14	42
	不及格	36	8

6. 在某次征文大赛网评结果中，工作人员针对排名第一的作品进行了具体调查，调查结果如表 11-12 所示，请问不同性别对该作品的评价是否有显著差异？

表 11-12　不同性别对作品评价表

		评价水平 不喜欢	评价水平 喜欢
性别	男	20	15
	女	28	29

第十二章　因素分析

因素分析(factor analysis)也叫因子分析，是由英国心理学家、统计学家斯皮尔曼(C.Spearman)于1904年所创始，是在心理学领域中对“智力结构”进行分析时发展起来的一种多变量解析手段。目前它的用途与贡献已经不仅仅局限于智力等心理学的研究领域，因素分析已经被广泛地应用于社会学、管理学等各个领域的研究当中。

第一节　因素分析的基本原理

一、因素分析的目的

因素分析是为了减少变量数目，简化数据（data reduction），用较少的更有意义的潜在构念来解释一组观测变量。从心理测量学的角度来看，就是用简洁的“维度结构”来概括与综合所测的众多题项的结果。

例如，在“大学生压力调查”研究中，研究者首先会设计调查问卷。通过开放式问卷的调查以及对其进行的内容分析，研究者就能得到诸多大学生压力事件具体描述的题项，编制出封闭式问卷。再进一步的调查之后，研究者就能得到每个题项的压力程度。但问题来了，如果真要分析大学生的压力现状，研究者不可能把所有题项得分分别进行分析报告，就好比报告考试每道题得了几分一样，信息量太大，研究者报告也麻烦，读者听着也抓不到要点。此时，因素分析就“冒”出来了，这就是它的用武之地，研究者通过因素分析得到，大学生的压力可以归类为“学习压力”“生活压力”“人际压力”“情感压力”和“就业压力”五大方面，即五个维度。而只需要通过对这五个维度的得分进行分析，研究者就可以简明扼要地把大学生压力现状展现出来，而不需要繁琐却又无实际效用地报告所有原始题项的得分。

二、探索性因素分析（EFA）与验证性因素分析（CFA）

探索性因素分析（exploratory factor analysis，EFA）通常无预期理论结构，然后用此分析来达到找出众多观测变量的本质结构，并进行降维处理的目的。通过探索性因素分析，我们可以对诸多原始观测变量进行归类与汇总，得到综合后的少数几个核心因子，并以这几个少数的核心因子来解释具有错综复杂关系的诸多原始观测变量。

验证性因素分析（confirmatory factor analysis，CFA）则适用于分析之前，研究者已经有预期理论结构，然后通过此分析来检验其结构的准确性。同样，验证性因素分析也是最终得出少数几个核心因子来解释其诸多原始观测变量的变化。其中，这些核心因子就是心理学、教育学中所称的“维度”。

前者无预期理论构念而对其探索，后者有预期假设而对其验证。两者并非完全对立。实践中通常以探索性因素分析开始，以验证性因素分析结束，并与已有理论相互磨合。

三、基本数理原理简介

1.共变抽取和因子负荷

因素分析以尽可能少的信息丢失为前提，将诸多原有反应变量归类成较少的几个综合指标，即因素、维度。因此，因素个数应远远少于原有变量个数，即题项数，并且因素之间为较低相关。

为达到上述目的，因素分析采用的统计思路即为共变抽取，它是指相关程度高的各个观测变量，用“因素”的共同相关部分来表示。其运算过程类似于回归分析，其数学模型为：

$$X_1 = a_{11}F_1 + a_{12}F_2 + \cdots + a_{1m}F_m + \varepsilon_2,$$
$$X_2 = a_{21}F_1 + a_{22}F_2 + \cdots + a_{2m}F_m + \varepsilon_2,$$
$$\cdots\cdots \qquad \text{（公式 12-1）}$$
$$X_i = a_{i1}F_1 + a_{i2}F_2 + \cdots + a_{im}F_m + \varepsilon_i。$$

各等式含义为：反应变量第 i 题表达为由 m 个因素组成的回归方程式。其中，X_i 为某被试在第 i 题上的得分，$F_1 \cdots F_m$ 分别表示该被试在 m 个公因子（common factor，即因素）上的得分，a_{im} 表示第 i 题在相应回归方程上的（标准回归）系数，称为“因子负荷”（factor loadings）。每题在每个因子上均有一个因子负荷，其因子负荷值越大，就表明该因子对该题得分的变化反应越敏感，也等同于该题越应该属于该因子（即维度）。由此可知，因素分析预期的良好结果宜为：每题在某因子上负荷足够大，在其他因子上足够小。这样有利于题项归类。

2.题项的共同度

每题的方差（即变异）均可分解为各因子的方差（即上述数学模型中各回归系数的平方）与误差方差两个独立部分。其中，由各公因子方差所贡献的总和称为该题的共同度 h_i^2（communality）。每题均有且仅有一个共同度。其公式如下：

$$h_i^2 = a_{i1}^2 + a_{i2}^2 + \cdots + a_{im}^2。 \qquad \text{（公式 12-2）}$$

注：$a_{i1}^2 \cdots a_{im}^2$ 为各公因子对第 i 题 X_i 的方差贡献，即各回归系数的平方。

共同度的大小所体现的是所有公因子对该题方差的总贡献量，反映了该题的变异中能被所有公因子共同解释的部分（即所有公因子对该题共同起解释作用的程度）。因此，其值越高越好，共同度越高就越能表明所抽取的公因子越能解释该题得分的变化反应。根据已有研究者的经验总结，共同度应大于 0.4，至少大于 0.3。

3.因子的特征值与方差解释率

上述数据模型是以题项 X 为因变量、各因子 F 为自变量建立的回归方程组。那么，将该回归方程组以题项 X 为自变量、各因子 F 为因变量进行转换之后，同样也能得到另一组相同含义却是不同角度的回归方程组（该数学模型略）。其中，每个公因子在每道题上也均有一个回归系数。我们将某公因子在所有题上的（标准回归）系数的平方和用于代表该公因子对所有题方差贡献的总和，并称其为该公因子的特征值(eigenvalue)。

$$\nu_j^2 = a_{1j}^2 + a_{2j}^2 + \cdots + a_{pj}^2 。 \quad （公式 12\text{-}3）$$

注：$a_{1j}^2 \cdots a_{pj}^2$ 为各题对第 j 个因子的方差贡献，也为各回归系数的平方。

相对应的，某公因子的特征值越大，既反映出该公因子对所有题的影响力越大，也体现了该公因子在所有公因子中越为重要。

另外，方差解释率(% of variance explained)为特征值除以总题量，其含义即为平均到各题上的方差贡献，其值大小的实际说明同特征值。

第二节　因素分析的步骤

在进行因素分析之前，一定要明确其数据是否适合做因素分析，尤其是数据类型这一块，必须引起研究者的重视。

一、样本数据要求和统计前提

1. 观测变量必须是连续变量，并且与总分的含义呈直线关系。通常，我们将李科特(Likert)五点计分之类的观测变量认定为连续变量，但如果其得分与总分含义之间相关并非直线相关，那么该观测变量也不适合于做因素分析。例如，在编制有关“学习状态”好坏的测验时，用一道“考前紧张”程度的题来进行测试，而两者根据实际情况，并非直线相关，反而是考前中等紧张程度是最佳学习状态，那么该题就不适合纳入其总测验的因素分析。

2. 样本容量足够充足。根据经验标准，通常要求样本容量与题量之比至少为5∶1，原则上样本容量越大越好，但这样会增加研究的工作量，所以研究者需结合实际情况来编写其测验题量和确定样本容量。

3. 考察变量内部的相关性是否适合于因素分析。如前所述，因素分析的基本原理是基于各观测变量之间的相关矩阵的。因此，如果大部分相关系数都比较低，则说明各观测变量之间的结构不紧密，难以进行归类来抽取公因子以达到简化数据、建立维度的目的，即不适合做因素分析。对此相关适合度的检验方法，常用的有以下两种：

方法一：巴特利特球形检验(Bartlett-test of sphericity)，要求其 p 值小于0.05(即推翻 H_0)，可进行因素分析。

方法二：KMO 取样适合度检验(Kaiset-Meyet-Olkin measure of sampling adequacy)，对其 KMO 值比较常用的判断标准为：大于0.9的为非常适合进行因素分析，大于0.8的为适合，大于0.7的为一般，低于0.7的不适合。

二、因子提取的方法

因子提取的方法有很多种，最常用的是主成分分析法(principal components)，其他的还有主轴因子法、最小二乘法、极大似然法等。各种方法尽管适用面和目的性有所区别，但面对适宜资料时其分析结果差别并不大。

三、因子数的确定

在进行因素分析、抽取公因子的时候，我们一直会围绕着一个必须要明确解决的问题：到底抽取多少个公因子合适呢。

每个因子对观测变量的变化的解决力度是有限的，所以，抽取出的公因子数越多，该因素模型就越能解释其所有观测变量的变化。但是，因素分析本身的目的又是在精减数据，用少量几个公因子来解释所有观测变量的变化情况，所以抽取出的公因子数越多，就越不能达到简化数据、建立维度结构的作用。

对此，我们需要借助于以下一些经验来确定其因子数：

(1)根据"特征值"确定因子数(Kaiser准则)。抽取出来的公因子的特征值需大于1。这是SPSS的默认标准，但通常会造成因子抽取数目过多。

(2)根据"方差解释度"确定因子数：(在未进行因子旋转前)每个因子至少解释5%以上，所有因子解释的累计方差百分数至少在40%以上。也有说宜为60%以上，甚至80%以上，但通常心理学、教育学研究中难以达到。

(3)根据"碎石图"(scree test)确定因子数：如图12-1可见，其曲线的下降呈先快后慢的趋势，而其中的拐点处即为应当抽取的因子数，按图12-1所求，宜确定因子数为3个或5个。因此，该检验又形象地被称为"陡坡检验"。

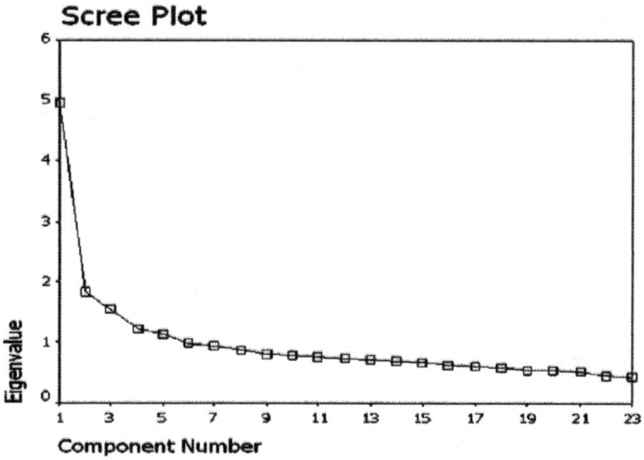

图12-1 根据碎石图确定因子数示意

(4)根据"因子所包含的项目数"确定因子数：通常每个因子至少包含三道题。

(5)根据"因子的可理解性"确定因子数：抽取出的因子(即维度)要比较容易理解

与命名。

由此可见，因子数的确定，是既要考虑统计分析本身，又要结合实际情况的需要。

四、因子旋转

通过之前几个步骤的操作，我们就可以确定其公因子数。但在实际研究中，通常各观测变量在初始所得的各公因子上的因子负荷矩阵所表达的含义是不明确的，即不能进行各题项的有效归类。对此，我们需要进一步进行因子旋转。

因子旋转(factor rotation)就是为了更易于解释所得出的各因子，即让每个观测变量在尽可能少的因子上有较高的负荷，结合问卷编制等实例，就是为了便于确定哪些题项属于哪个维度的。可见，因子旋转的宗旨就是，改善因子负荷矩阵，突显出各因子的实际含义。

此处先说明一下，针对相同数据，采用不一样的因子旋转方法，甚至采用相同的旋转方法，都有可能得出不一样的结果。这也是因素分析与前面各章所述的统计方法的不同之处。之前讲的 t 检验、方差分析等各种统计方法，通常都只有唯一解，而因素分析是可以得出多种解的。在多个解中，只要你的解是真实有效的，均为正确解。

那么，怎样的因子旋转结果才可以被认为是有效的解呢？对此，为了做到“结构简单、意义明确”这一确定因子旋转的标准，已有研究者们给出了如下两条原则。

(1)在各因子上，只有少数的观测变量具有较高负荷，不能一个因子内包含大量因子负荷绝对值均高的观测变量；

(2)每个观测变量尽可能地只在一个因子上具有较高的因子负荷，而不能同时在多个因子上均有较高负荷。

因子旋转的方式有以下两大类。

(1)正交旋转：即设定各因子之间相关为 0，最常用的方法有方差极大法(varimax)等；

(2)斜交旋转：即允许各因子之间存在相关，最常用的方法有 Promax 斜交旋转(需自设斜交参数)等。

五、各变量所属维度的确定与维度命名

此步骤是对因子旋转后的因子负荷矩阵(factor matrix)的分析，从而确定各维度所包含的各题项，以及确定各维度的含义与名称。

对于删除题项的标准，根据已有研究者的经验总结为以下 2 条：

(1)最大因子负荷值小于 0.30($a<0.30$)，予以删除；

(2)较大两个因子负荷值相近的($d<0.10$),予以删除。

例如,下图 12-2 中,按其经验标准①,V53 题在所有三个因子上的负荷均小于 0.3,予以删除;按其经验标准②,V35 题和 V45 题的两较大因子负荷值相近(两值的差均小于 0.1),予以删除。

Rotated Factor Matrix

	Factor		
	1	2	3
V63	.682		
V76	.669		
V56	.580		
V78	.532		
V44	.530		.384
V73	.432		
V35	.403		.398
V98		.699	
V100		.682	
V108		.578	
V105		.397	
V53			
V19			.569
V9			.480
V31	.308		.461
V45	.316		.397
V3			.375
V22			.371

注:因子负荷小于 0.3 的不予呈现。

图 12-2 根据旋转后的因子负荷矩阵来确定予以删除的题项的示意图

另外,还要根据各题项的含义与相应所属维度的含义的相符程度,剔除或修正那些归类不当的题项。

最后,根据各因子即维度所包含题项的综合含义来命名维度。其中,负荷越高的题项,对该维度的命名具有更多的决定力。

由此可见,维度结构的确定,同样也既要考虑统计分析本身,又要结合实际情况的需要。

第三节 因素分析的SPSS操作

【例 12-1】 某研究者想了解7类智力题(常识、词汇、算术、积木、拼图、阅读理解、图片排列)的分类,对智力进行成分分析。对此他调查了一批被试,得到各智力题的得分,数据输入 SPSS 如图 12-3(由于篇幅有限,仅呈现了 20 人,此为虚拟数据)。试分析这7类智力题能归为几类,那几类又可命名为什么智力?

	常识	词汇	算术	积木	拼图	阅读理解	图片排列
1	25.00	40.00	17.00	50.00	21.00	32.00	40.00
2	23.00	38.00	13.00	47.00	16.00	28.00	36.00
3	15.00	24.00	10.00	18.00	10.00	12.00	12.00
4	28.00	50.00	16.00	26.00	7.00	28.00	20.00
5	27.00	48.00	15.00	24.00	11.00	24.00	20.00
6	26.00	50.00	17.00	26.00	10.00	32.00	16.00
7	27.00	46.00	19.00	18.00	8.00	26.00	20.00
8	13.00	16.00	6.00	60.00	20.00	12.00	44.00
9	14.00	20.00	9.00	55.00	24.00	8.00	36.00
10	10.00	18.00	8.00	55.00	18.00	14.00	40.00
11	27.00	54.00	17.00	28.00	17.00	24.00	32.00
12	26.00	34.00	19.00	40.00	14.00	32.00	24.00
13	24.00	40.00	16.00	36.00	18.00	28.00	16.00
14	16.00	30.00	11.00	50.00	18.00	20.00	40.00
15	17.00	32.00	10.00	50.00	24.00	24.00	36.00
16	22.00	38.00	10.00	18.00	22.00	22.00	36.00
17	20.00	28.00	9.00	60.00	20.00	18.00	44.00
18	20.00	28.00	9.00	48.00	15.00	22.00	24.00
19	15.00	30.00	10.00	36.00	13.00	24.00	16.00
20	17.00	28.00	11.00	36.00	11.00	16.00	32.00

图 12-3 例 12-1 的数据输入示例

解 按题意,此类研究目的宜进行因素分析。并且各题项的数据类型为等距数据、各智力题项得分与总智力水平之间为直线正相关,均符合因素分析的要求。

步骤 1:因素分析的选择菜单为"Analyze → Data Reduction → Factor..."(如图 12-4 所示),进入"Factor Analysis"主对话框(如图 12-5 所示),此对话框中,左侧是待选变量,右侧"Variable:"中选入需要参与分析的变量,右下方的"Selection Variable"为用于个案选择的限定变量(比如,如果想只分析男性的数据,那么就选入性别变量再在"Value"界定,通常很少用到)。

最右侧的五个子对话框分别是:"Descriptives..."描述、"Extraction..."抽取、"Rotation..."旋转、"Scores..."因子值、"Options..."设置。由于各子对话框及按钮的功能众多,后面我们只讲重要的、较为常用的功能。

将需要进行数据简化的所有题项选入到"Variables"框中(如图 12-6 所示)。

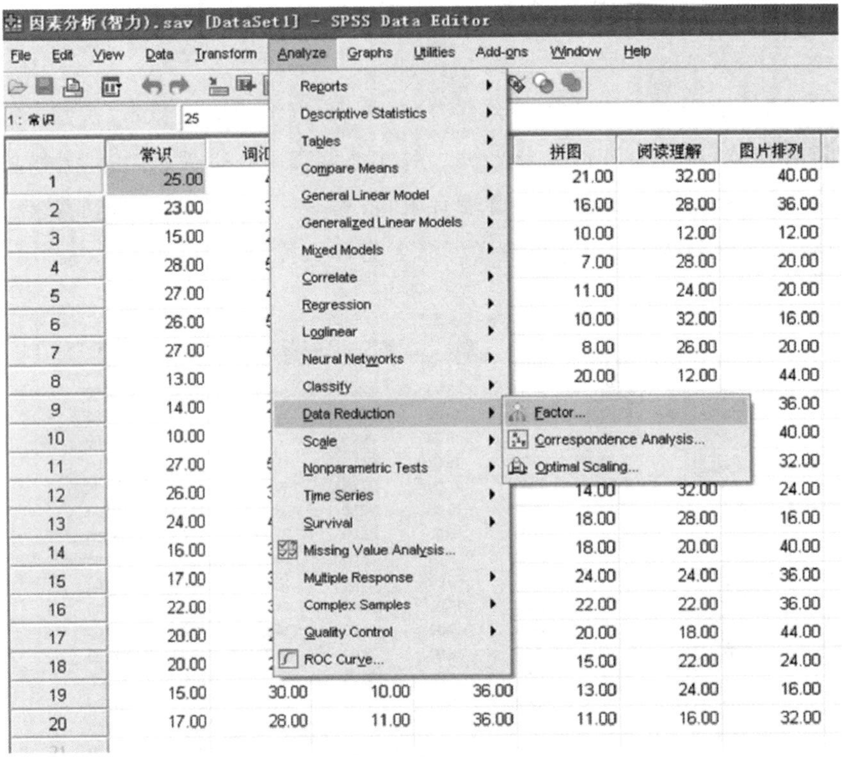

图 12-4　因素分析的菜单示意图

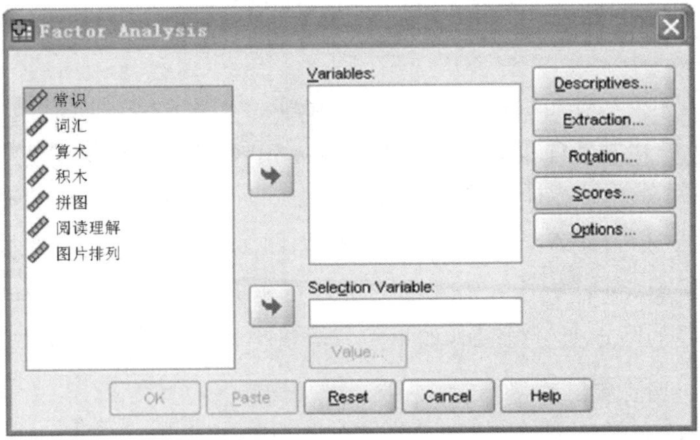

图 12-5　因素分析的初始主对话框

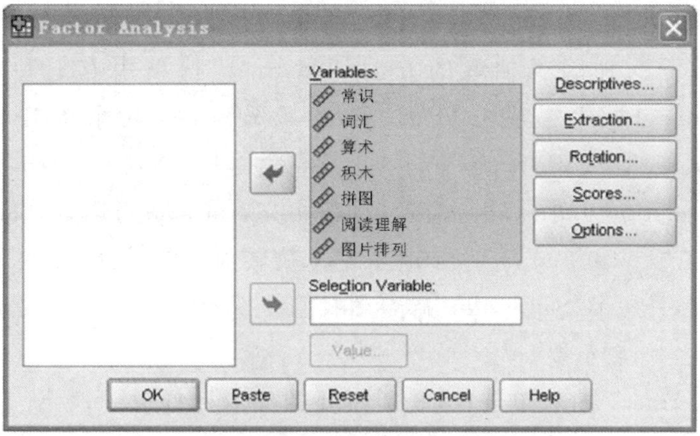

图 12-6　因素分析选定变量后的主对话框

步骤 2:点击"Descriptives..."进入"描述"子对话框(如图 12-7 所示),其中"Initial solution"初始解为默认选项,而另一处我们专注并需要打勾的是"KMO and Bartlett's test of sphericity",即进行"Bartlett 球形检验与 KMO 取样适合度检验"(用以考察各题项内部的相关性及样本是否适合于因素分析),选定后单击"Continue"回到主对话框。

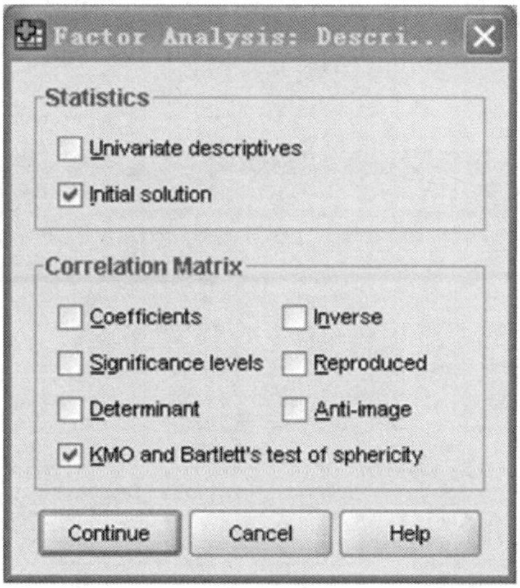

图 12-7　因素分析的"描述"子对话框

步骤3:点击“Extraction...”进入“因子抽取”子对话框(如图12-8所示),其中,SPSS16.0提供了八种因子抽取的方法,“Method”选项中有七种方法,默认为“Principal components”主成分分析,通常都选这种,其余的还有“Maximum likelihood”最大似然法、“Principal axis factoring”主轴分析法等,“Analyze”分析单选框默认为“Correlation matrix”相关矩阵,即按相关矩阵来进行因素分析,“Display”显示多选框默认有“Unrotated factor solution”未旋转前的因子分析结果,即“输出未旋转前的初始解”,另一个“Scree plot”碎石图我们要手动打勾,因为它是用以确定因子数的参考标准之一,较重要。

下方的“Extract”抽取单选框,是很重要的抽取标准设定,默认为“Eigenvalues over:1”,即指抽取特征值超过1的所有因子,但这个标准通常会抽取过多因子,通常只用于完成没有理论建构的探索性分析,当然如果你有一定依据,也可以增大此值;另一个按钮“Number of factors”则是指定一个特定数字作为因子数量,比如你在因素分析之前已有理论建构,预期就是3个维度或分成3类,那就单击“Number of factors”,在此处输入3,常用于验证性分析。而这两种抽取均需根据实际情况来结合着应用,并且一般要重复多遍才可能达到较为满意的结果,特别是因素分析所得结果与预期理论建构不符时,更是要多次分析与磨合。此例假设没有理论建构,那么就按默认标准进行因子抽取。

最下方的“Maximum Iterations for Convergence”为允许迭代的最大次数,默认为25次。设置完毕后点击“Continue”返回主对话框。

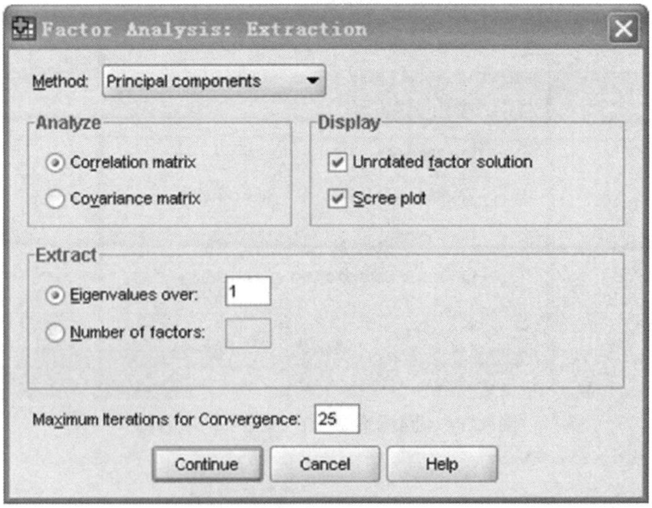

图12-8　因素分析的“抽取”子对话框

步骤 4：点击“Rotation...”进入“因子旋转”子对话框（如图 12-9 所示），“Method”旋转方法单选框中选择“Varimax”方差极大法（也叫最大变异法），它是直交旋转中最常用的方法，此处选择该方法进行分析，其余选项有“Direct Oblimin”直接斜交转轴法、“Quartimax”四次方最大值、“Equamax”相等最大值法、“Promax”转轴法等。“Display”复选框中默认选定“Rotated solution”输出旋转后的分析结果，这个必须选，才能看得到因素分析旋转后的因子负荷矩阵，设置结束后点击“Continue”返回主对话框。

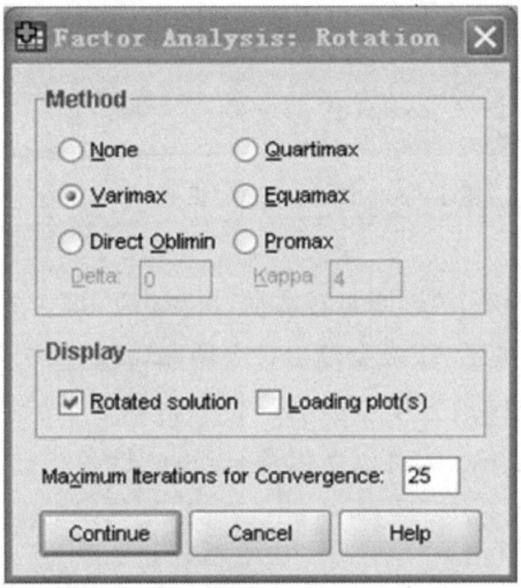

图 12-9　因素分析的“旋转”子对话框

由于“Scores...”因子得分的子对话框所分析的通常是用于理论统计分析与数理建模的（即之前讲述的回归方程式），并根据标准回归系数等方式来计算因子得分。而心理与教育统计学常用的因子得分或维度得分都不是采用此方式来计算的，因此，“因子得分”子对话框略过。

步骤 5：点击“Options...”进入“设置”子对话框（如图 12 10 所示），“Missing Values”默认即可。“Coefficient Display Format”为因子负荷矩阵中的负荷系数呈现方式，两个按钮都要打勾。其中，“Sorted by size”指负荷矩阵按负荷大小进行排序呈现，这样有利于我们确定各因子所包含的各题项，进而有利于题项筛选和因子命名；“Suppress absolute values less than”是指设定其负荷低于某一指定值的不予呈现，根据我们之前的标准：①最大因子负荷值小于 0.30（$a<0.30$）的题予以删除，②较大两个

因子负荷值相近的($d<0.10$)的题予以删除,此处通常设定为 0.20。

图 12-10　因素分析的“设置”子对话框

设置结束点击“Continue”返回主对话框,再点击“OK“,完成因素分析并输出报表结果。按上述设置操作的话,报表会输出 7 个图表,我们依次来做解释。

第一个为“KMO 取样适合度检验与巴特利特球形检验”(如图 12-11 所示)。其中,KMO 值为 0.807,大于 0.8,可以做因素分析;巴特利特球形检验达到显著性水平($p<0.001$),适宜做因素分析。

KMO and Bartlett's Test

Kaiser-Meyer-Olkin Measure of Sampling Adequacy.		.807
Bartlett's Test of Sphericity	Approx. Chi-Square	111.190
	df	21
	Sig.	.000

图 12-11　KMO 取样适合度检验与巴特利特球形检验

第二个为各题项的“共同度”(如图 12-12 所示)。我们要看的是右侧“Extraction”一列各题项的共同度,其值越大越好。可见,各题的共同度处于 0.790 至 0.927 之间,均远远大于之前提及的最低要求 0.2,说明这些题均表现良好,按此标准不需要删减题项。

Communalities

	Initial	Extraction
常识	1.000	.927
词汇	1.000	.893
算术	1.000	.878
积木	1.000	.790
拼图	1.000	.797
阅读理解	1.000	.830
图片排列	1.000	.839

Extraction Method: Principal Component Analysis.

图 12-12 共同度

第三个为所抽取的各因子的“特征值与方差解释率”(如图 12-13 所示)。这是在之前的操作是不限定因子数的情况下、因素分析按“特征值大于 1”来提取因子所得的结果。表中所呈现的数值分布大致为三大列:第一列“Initial Eigenvalues”为初始值,第二列“Extraction Sums of Squared Loadings”为按操作要求抽取出因子的值(其实其值与第一列相应的值是相同的),第三列“Rotation Sums of Squared Loadings”为抽取出的因子再旋转后的值。而每个大列又区分为三小列,分别是:“Total”特征值、“% of Variance”方差解释率、“Cumulative %”累加方差解释率。

由该表可知,该分析抽取出特征值大于 1 的因子有 2 个,在因子旋转前,第一个因子的特征值为 4.567、方差解释率为 65.242%,第二个因子的特征值为 1.387、方差解释率为 19.810%,两个因子的累加方差解释率为 85.052%。所有结果均达到因素分析所要求的通常标准:所有因子的累加方差解释率至少达到 40%(宜 60%以上),每个因子的特征值大于 1,方差解释率至少达到 5%。因子旋转后,第一个因子的特征值为 3.567、方差解释率为 48.853%,第二个因子的特征值为 2.534、方差解释率为 36.198%,累加方差解释率不变。

Total Variance Explained

Component	Initial Eigenvalues			Extraction Sums of Squared Loadings			Rotation Sums of Squared Loadings		
	Total	% of Variance	Cumulative %	Total	% of Variance	Cumulative %	Total	% of Variance	Cumulative %
1	4.567	65.242	65.242	4.567	65.242	65.242	3.420	48.853	48.853
2	1.387	19.810	85.052	1.387	19.810	85.052	2.534	36.198	85.052
3	.417	5.958	91.010						
4	.292	4.177	95.187						
5	.162	2.309	97.496						
6	.111	1.583	99.079						
7	.064	.921	100.000						

Extraction Method: Principal Component Analysis.

图 12-13 特征值与方差解释率

第四个为“碎石图”(如图 12-14 所示)。横坐标“Component Number”为成分个数,即因子个数,纵坐标“Eigenvalue”为特征值。由图可知,该陡坡折线的拐点出现在第 2 个和第 3 个因子之间，因此选择 2 个因子适宜。这也与其他表格的结果相一致。

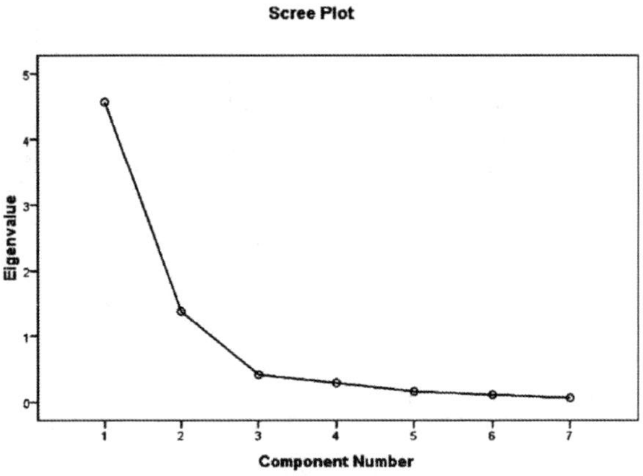

图 12-14　碎石图

第五个为“旋转前的因子负荷矩阵”（如图 12-15 所示）。在心理学和教育学的实际应用中较少使用，略过。

Component Matrix[a]

	Component	
	1	2
词汇	.908	.261
常识	.898	.349
算术	.897	.271
阅读理解	.785	.461
积木	-.766	.451
图片排列	-.690	.603
拼图	-.673	.587

a. 2 components extracted.

图 12-15　旋转前的因子负荷矩阵

第六个是整个因素分析结果中最重要的“旋转后的因子负荷矩阵”（如图 12-16 所示）。只有该表才能给出各题项的归类，才能尝试着根据归为一类的各题项的含义来进行因子命名。并且在确定适宜因素分析之后，通常每一次的因素分析，最先看的就是这个“旋转后的因子负荷矩阵”。

该表中有 2 个因子，其中“常识、阅读理解、词汇、算术”这四题在因子一上具有更高的因子负荷（0.880～0.927），因此这四题就都归到因子一这一类中。其中，各题内容整体上涉及的均与"言语知识的应用"有关，因此把该因子命名为"言语能力"。而"图片排列、拼图、积木"这三题在因子二上具有更高的因子负荷(0.820～0.896)，因此这三题就都归到因子二这一类中，其各题内容大致均为"动作操作的应用"，因此把该因子命名为"操作能力"。其实，这就是韦氏智力量表的两个分量表。

Rotated Component Matrix[a]

	Component	
	1	2
常识	.927	-.260
阅读理解	.905	
词汇	.883	-.337
算术	.880	-.322
图片排列		.896
拼图		.873
积木	-.342	.820

a. Rotation converged in 3 iterations.

图 12-16　旋转后的因子负荷矩阵

需要注意的是，表中存在着某题在某因子上的负荷为负值，其含义是该题为该因子的反向计分题。但由于因素分析之前通常先进行"项目分析"(见第十三章第一节)，而项目分析均先进行反向题的反向计分，因此，因素分析时不存在问题。所以，其负值就当无视了。

特别提醒，此处为虚拟数据，如果是实际数据的话，多数情况下不太可能一次就得到如此完美的结果，所以，通常我们还要根据之前所提到的"根据旋转后的因子负荷矩阵删减题项的标准"如下：①最大因子负荷值小于0.30；②较大两个因子负荷值相近的(如 $d<0.10$)。如果符合两条标准之一的，删除该题，对剩余的题再做一次因素分析。

另外，还包括其他标准，如果得出某维度所包含的题项不足三条时，宜删除该因子等。因此，每次删题或删因子后都要重新进行因素分析，直到得出满意结果为止。可见，因素分析的整个过程就是将所得的统计结果与已有理论构想相互磨合的过程。

最后还有第七个，大部分情形下可忽视的"因子转换矩阵"(如图 12-17 所示)。

Component Transformation Matrix

Co…	1	2
1	.800	-.601
2	.601	.800

图 12-17　因子转换矩阵

最后再介绍一下因素分析中的注意事项。

(1)在实际应用中,因素分析通常不可能一次就能得出理想结果的,尤其是问卷编制中的因素分析,通常都需要在确定因子数、筛选题项上进行多次分析,还要结合理论构想,通过对题项合理的组合来理解和解释研究结果。需要注意的是,每改变一次因子数或题项,均需要重新分析。可见,因素分析是很需要耐心和细心的。

(2)在改变因子数的情况下,之前筛选的题项需重新全部纳入到新一轮的因素分析中。比如,先分析的是5个因子,删减题项后发现5个因子的结构不成立,那就减少为4个因子,那么之前分析为5个因子时删减的题项在其后分析为4个因子时仍然要纳入一起分析。

(3)在最终的维度及题项的确认上,一定要结合理论构想,既不能完全听任于因素分析结果,也不能无视其结果,要相互磨合。在因素分析上,通常仍然是理论假设指导统计操作。

(4)如果因素分析所得各维度及所包含题项在现实命名与解释中着实存在困难,或者与预期构想出入很大,并且也得不出个合适的构想。那么建议可以跳出因素分析的限制来考虑。不少量表结构和理论构想并不是适合进行因素分析的。

本章小结

在心理学与教育学研究领域,因素分析常用于建立和检验问卷编制中的维度结构。本章主要介绍因素分析的原理与实例应用分析。

(1)因素分析是为了减少变量数目、简化数据,用较少的、更有意义的潜在构念来解释一组观测变量。从心理测量学的角度来看,就是用简洁的“维度结构”来概括与综合所测的众多题项的结果。

(2)因素分析的步骤大致为:①明确样本数据的要求和统计前提;②确定因子提取的方法;③确定因子数;④进行合适的因子旋转;⑤对各变量所属维度的确定与维度命名。但不同于之前所有章节的统计方法,因素分析不一定就是得到唯一的统计结果,它需要结合理论构想进行多次磨合以求得到一个合理的、可解释的结果。并且,在整个过程中,上述几个步骤可以多次反复进行。

(3)因素分析的SPSS操作菜单为“Analyze → Data Reduction → Factor...”。相对而言,每做一次因素分析后在分析阅读结果时,报表中的“旋转后的因子负荷矩阵”最为重要。

思考与练习题

1.名词解释:(1)因素分析;(2)共同度;(3)特征值与方差解释率;(4)因子负荷。

2.因素分析的基本前提条件有哪些?

3.确定因子数的标准主要有哪些?

4.删减题项的标准主要有哪些?

5.图 12-18 为某中学 15 名学生一次期末考试的 8 门课程成绩。试用 SPSS 进行因素分析,对这些科目进行分类,并说明这些科目所反映的学生能力结构。

	v1代数	v2几何	v3物理	v4地理	v5英语	v6语文	v7化学	v8历史
1	94.00	83.00	78.00	63.00	65.00	50.00	75.00	55.00
2	73.00	75.00	80.00	69.00	70.00	82.00	52.00	75.00
3	52.00	55.00	65.00	71.00	80.00	91.00	55.00	70.00
4	50.00	45.00	68.00	60.00	80.00	78.00	65.00	80.00
5	68.00	85.00	75.00	74.00	60.00	62.00	63.00	75.00
6	67.00	67.00	72.00	62.00	65.00	62.00	62.00	65.00
7	55.00	56.00	64.00	80.00	80.00	75.00	60.00	80.00
8	70.00	84.00	65.00	70.00	60.00	62.00	73.00	55.00
9	88.00	82.00	78.00	68.00	65.00	71.00	81.00	68.00
10	40.00	60.00	75.00	62.00	70.00	75.00	60.00	70.00
11	75.00	65.00	69.00	60.00	80.00	82.00	72.00	82.00
12	88.00	86.00	90.00	85.00	82.00	82.00	90.00	80.00
13	72.00	77.00	70.00	82.00	85.00	90.00	70.00	75.00
14	65.00	60.00	60.00	55.00	65.00	72.00	60.00	78.00
15	96.00	86.00	84.00	78.00	82.00	76.00	88.00	82.00

(注:此数据来自邓铸等编著的《心理统计学与 SPSS 应用》)

图 12-18　15 名学生的 8 门课程成绩表

第十三章　问卷编制中常用分析的统计操作

在心理学的众多专业技能中,问卷编制是大众普遍接触得到的一门技能。要做某种心理测验,就需要接触问卷。而一个可靠的、有效的问卷就需要心理学研究者借助于专业知识来编制。其中,问卷编制从无到有再到良好适宜,通常都要先后经历项目分析、信度检验和效度检验等。在问卷编制的这些环节中,问卷编制者都需要应用相应的统计方法来完成分析。本章主要介绍问卷编制中的项目分析、信度检验和效度检验这三个环节中所用到的统计方法及其 SPSS 操作。

第一节　项目分析及其统计操作

一、项目分析

项目分析是根据测试结果对组成测验的各个题目（项目）进行分析，从而评价各个题目的好坏，对题目进行筛选。此处的项目指的就是问卷编制中所得到的各个题目。而一个好的题目，应该具有高的区分度，表现为该题得分的高低与问卷总分之间有正向的联系。比如某一能力测验中，好的题目应该是能解出该题、得分高的个体，相应其能力测验总分也高；如果某题得分高低跟总分无关联，或者该题得分越高反而测验总分越低，那么我们就称该题没有区分度甚至是错误的区分度，宜删除该题。可见项目分析的目的是找出并删掉不适宜的题项，使编制出来的问卷更精简，更有区分度。

而适于进行项目分析的题目必须为程度排序上的多等级评定（如常用的李科特五点计分），并且各题与所测内容含义之间的相关为直线相关。下面有两例，假设均为符合要求的多等级评定形式，那么再确定一下，是不是都适合做项目分析呢？

例1："健康状态"问卷，其中一题为"失眠程度"。

例2："学习状态"问卷，其中一题为"学习紧张度"。

其中，例1的"失眠程度"得分与"健康状态"总分之间呈直线相关（失眠程度越高、健康状态越低），适合做项目分析。而例2的"学习紧张度"得分与"学习状态"总分之间呈倒U型关系（学习紧张度过高或过低、学习状态均不佳，而在中等适宜的学习紧张度下，学习状态才是最佳），并非直线相关，因此不适合做项目分析。

二、项目分析的统计操作

1. 项目分析的方法之一

根据之前讲述的项目分析的思路，我们很容易就想到，项目分析应该用相关分析来进行统计，其中各题及总分均可视为连续数据，因此，适宜的统计方法为皮尔逊积差相关分析。这种项目分析的方法也叫相关法。

在分析之前先提醒一句，所分析的问卷数据一定要剔除废卷，反向计分后再计算总分，并且要求样本容量达到60人以上。

按照之前讲述的，因为算总分时已反向计分，那么适宜的题，其相关系数首先必须为正的，负相关即为不正确的区分度，相关度越高越好。那么，到底相关系数低至多少，就判断为不适宜、无区分度的题目呢？这就是一个经验标准了。通常我们认为，存在显著相关，并且相关系数高于 0.3 的为有效题项，有时针对人格问卷，其标准可适度降低至 0.2。

下面我们来实例演示一下其 SPSS 操作。

(1)打开数据文件，首先用 compute 命令计算总分或总均分，见图 13-1。此处计算的是总均分。由于篇幅有限，此处仅做真实数据中前 30 题的项目分析，数据也仅为局部呈现。

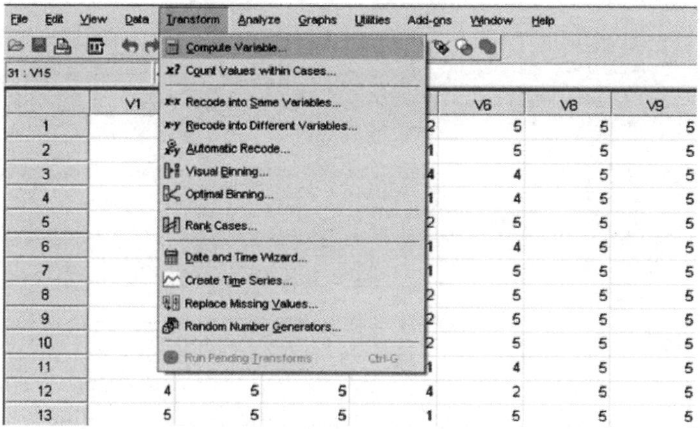

图 13-1 **计算总均分 步骤一**

点击“OK”，即得出前 30 题的总均分，变量名为“总均分”，见图 13-2。

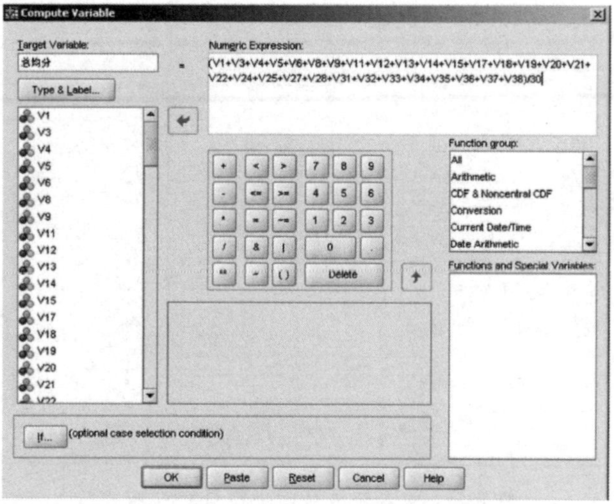

图 13-2 **计算总均分 步骤二**

(2)将前 30 题中的每题得分均与总均分进行皮尔逊积差相关分析。注意,为了 SPSS 报表结果易于阅读,宜先选入"总均分",再选入其他题项,见图 13-3。

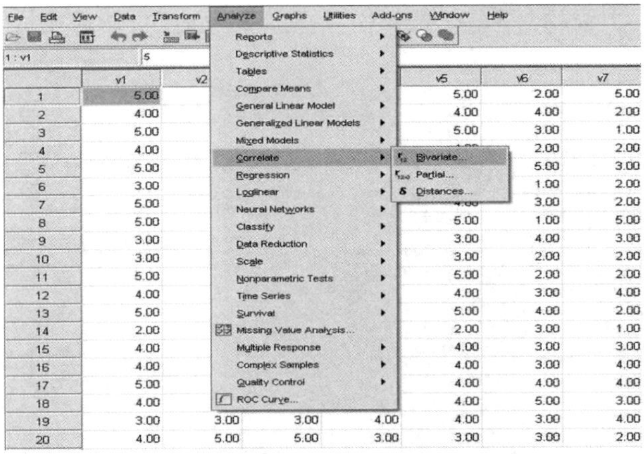

图 13-3 **求各题与总均分的相关 步骤一**

点击"OK",即得出前 30 题得分与总均分之间的相关,见图 13-4。

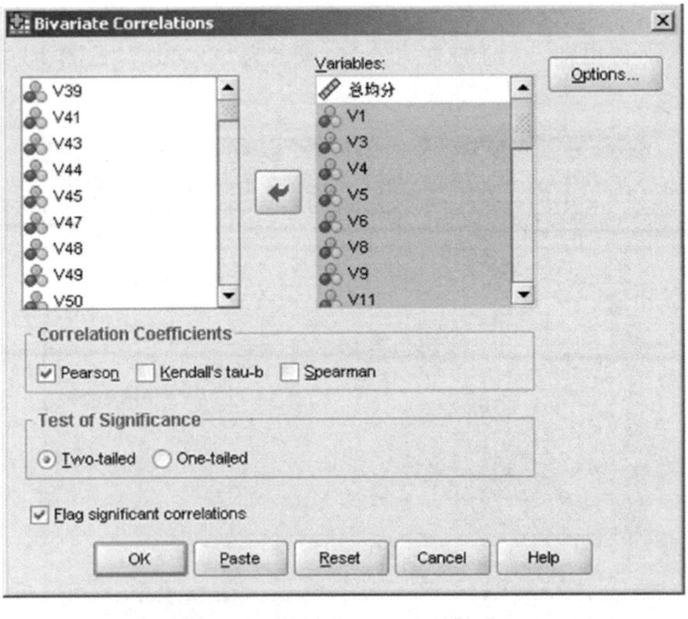

图 13-4 **求各题与总均分的相关 步骤二**

(3)查看皮尔逊积差相关分析的结果报表,并按上述标准进行筛选与报告。

由图 13-5 可知,多数题项与总均分之间的相关已达到 0.2 甚至 0.3 的标准,仅有第 5 题与总均分之间的相关为－0.057。因此,该项目分析结果表明,第 5 题为无效题项,宜删除,而其他题项均予以保留。

		总均分	V1	V3	V4	V5	V6	V8
总均分	Pearson Correlation	1	.382**	.474**	.370**	-.057	.453**	.528**
	Sig. (2-tailed)		.000	.000	.000	.265	.000	.000
	N	382	382	382	382	382	382	382
V1	Pearson Correlation	.382**	1	.228**	.220**	-.166**	.130*	.216**
	Sig. (2-tailed)	.000		.000	.000	.001	.011	.000
	N	382	382	382	382	382	382	382
V3	Pearson Correlation	.474**	.228**	1	.310**	-.011	.096	.281**
	Sig. (2-tailed)	.000	.000		.000	.828	.060	.000
	N	382	382	382	382	382	382	382
V4	Pearson Correlation	.370**	.220**	.310**	1	-.149**	.095	.157**
	Sig. (2-tailed)	.000	.000	.000		.004	.064	.002
	N	382	382	382	382	382	382	382
V5	Pearson Correlation	-.057	-.166**	-.011	-.149**	1	-.062	-.070
	Sig. (2-tailed)	.265	.001	.828	.004		.230	.171
	N	382	382	382	382	382	382	382
V6	Pearson Correlation	.453**	.130*	.096	.095	-.062	1	.282**
	Sig. (2-tailed)	.000	.011	.060	.064	.230		.000
	N	382	382	382	382	382	382	382
V8	Pearson Correlation	.528**	.216**	.281**	.157**	-.070	.282**	1
	Sig. (2-tailed)	.000	.000	.000	.002	.171	.000	
	N	382	382	382	382	382	382	382
V9	Pearson Correlation	.378**	.100	.163**	.131*	-.093	.117*	.199**
	Sig. (2-tailed)	.000	.051	.001	.010	.070	.022	.000
	N	382	382	382	382	382	382	382
V11	Pearson Correlation	.358**	.107*	.140**	.088	-.087	.278**	.138**
	Sig. (2-tailed)	.000	.036	.006	.086	.088	.000	.007
	N	382	382	382	382	382	382	382
V12	Pearson Correlation	.297**	.046	.101*	.088	-.051	.011	.053
	Sig. (2-tailed)	.000	.366	.049	.087	.321	.826	.299
	N	382	382	382	382	382	382	382
V13	Pearson Correlation	.411**	.043	.152**	.097	.033	.126*	.175**
	Sig. (2-tailed)	.000	.407	.003	.059	.522	.014	.001
	N	382	382	382	382	382	382	382

图 13-5 相关分析的结果报表(局部)

2. 项目分析的方法之二

除了相关法,项目分析还有一种方法,是用两均值之间的差异比较,叫差异法。根据之前讲述的思路,我们的统计方法也可以解释为:先用某种方式按问卷总分大小将数据区分为低分组与高分组,然后将各题在低分组与高分组上的得分进行差异检验。取高分组得分显著高于低分组的题项为有效题项。而划分低分组与高分组的方式可以是均值或中位数,以及以高低各 27% 为高低分组的等方式。适宜的统计方法为独立样本 t 检验。

同样,其分析前提也是:所分析的问卷数据一定要剔除废卷,反向计分后再计算总分,并且要求样本容量达到 80 人以上。

下面我们也举一个实例来用 SPSS 操作演示一下。

(1)打开数据文件，首先用 compute 命令计算总分或总均分(同方法一)。此处计算的是总均分。同样，此处也仅做前 30 题的项目分析，数据也仅为局部呈现。

(2)以高低各 27%为高低分组为例，那么就要先用频数分析计算出总均分的 P73 和 P27。

首先选择操作菜单(如图 13-6)，在主对话框中选入“总均分”，再点击“Statistics...”子对话框(如图 13-7)，在“Percentile(s)”处先后输入 73 和 27，并“Add”(如图 13-8)。然后“Continue→OK”。求得总均分的 P73 和 P27 分别为 4.1667 和 3.7333(如图 13-9)。

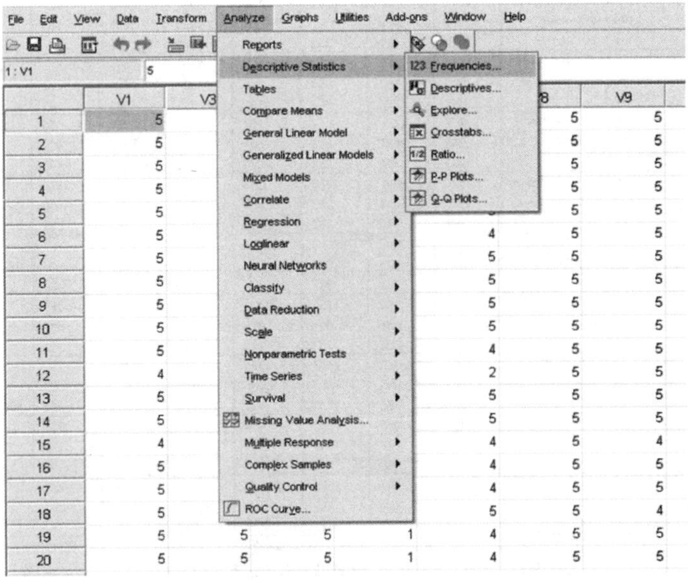

图 13-6　求总均分的 $P73$ 和 $P27$ 步骤一

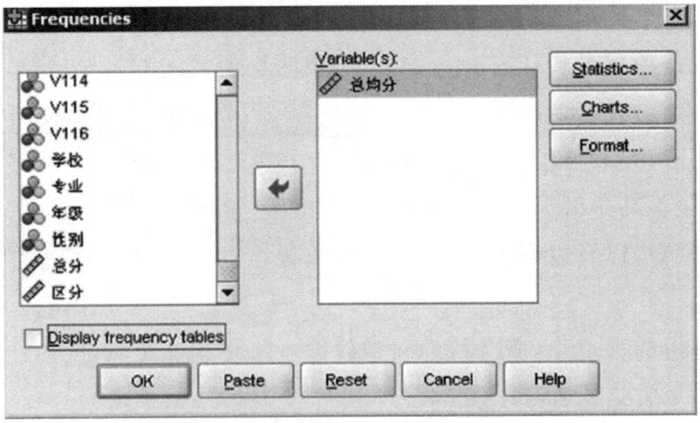

图 13-7　求总均分的 $P73$ 和 $P27$ 步骤二

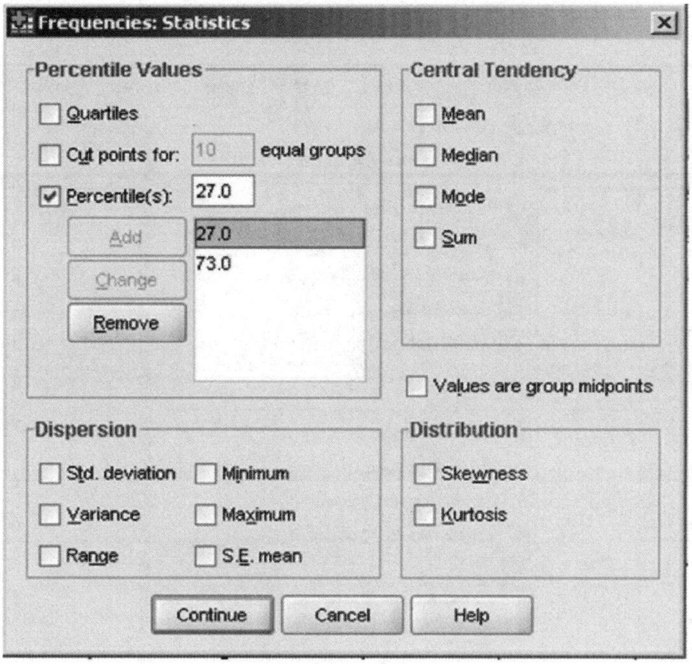

图 13-8　求总均分的 $P73$ 和 $P27$ 步骤三

Statistics

总均分

N	Valid	382
	Missing	0
Percentiles	27	3.7333
	73	4.1667

图 13-9　求得总均分的 $P73$ 和 $P27$

(3)将总均分大于等于 P73 即 4.1667 的划分为高分组，小于等于 P27 即 3.7333 的为低分组。

选择操作菜单(如图 13-10)，对“总均分”进行高低分组的“重新编码”。在主对话框中选入“总均分”，在右侧“Output Variable”中增加一个新变量用以储存分组信息，其变量可命名为“高低分组”，再点击“Change”(如图 13-11)。然后点击“Old and New Values...”子对话框，将大于等于 4.1667 的重新编码为 1(即高分)、“Add”，将小于等于 3.7333 的重新编码为 2(即低分)、“Add”(如图 13-12，注意图中没按第二次“Add”，记得要“Add”)。然后“Continue→OK”，即完成以高低各 27%为标准的高低分组。此时会多出一个新变量“高低分组”。如有需要，可以对高低分组的变量取值进行贴标签(如图 13-13)。

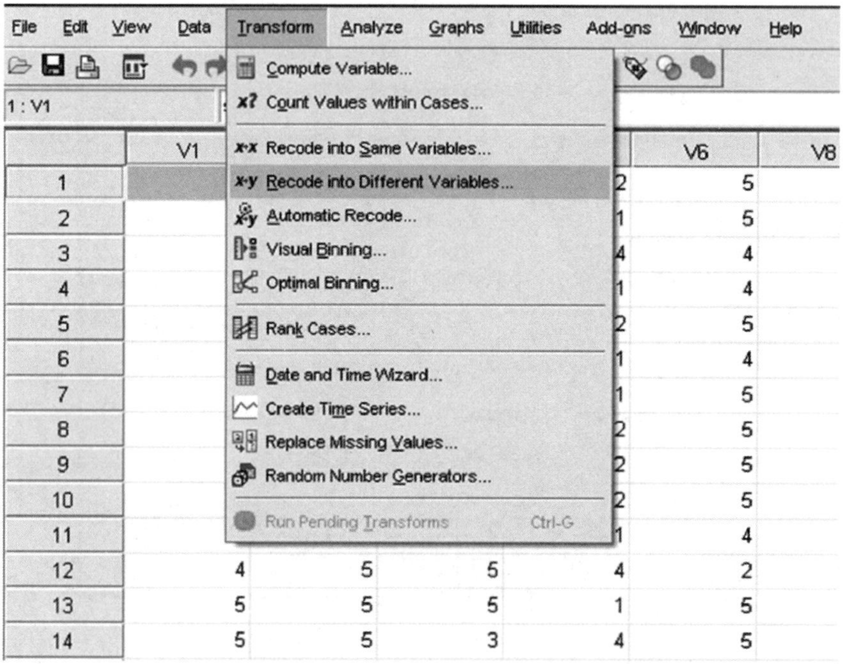

图 13-10　高低各 27％为标准的高低分组 步骤一

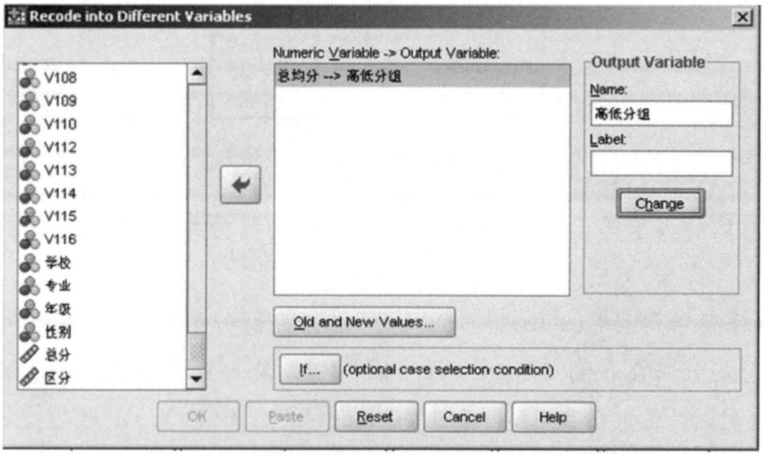

图 13-11　高低各 27％为标准的高低分组 步骤二

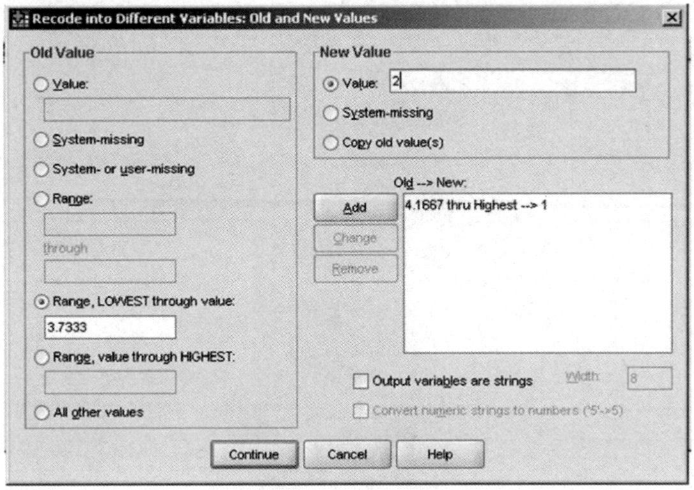

图 13-12　高低各 27%为标准的高低分组 步骤三

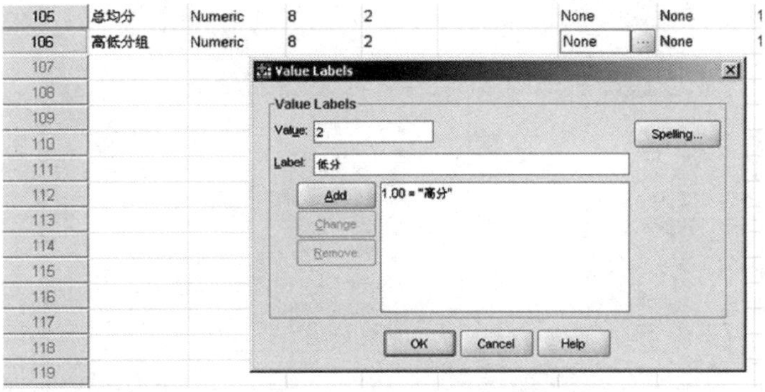

图 13-13　对"高低分组"进行变量取值的贴标签

(4)将各题得分在高低分组上进行差异检验，采用"独立样本 t 检验"。

选择操作菜单(如图 13-14)，进行"独立样本 t 检验"。在主对话框中，将"高低分组"选入"Grouping Variable"，将需要进行项目分析的各题选入"Test Variable(s)"(如图 13-15)。然后点击"Define Groups..."子对话框，分别输入 1 和 2(如图 13-16)，其含义就是高分组的各题得分与低分组的各题得分做比较。再"Continue→OK"，即完成各题得分在高低分组上的差异检验。

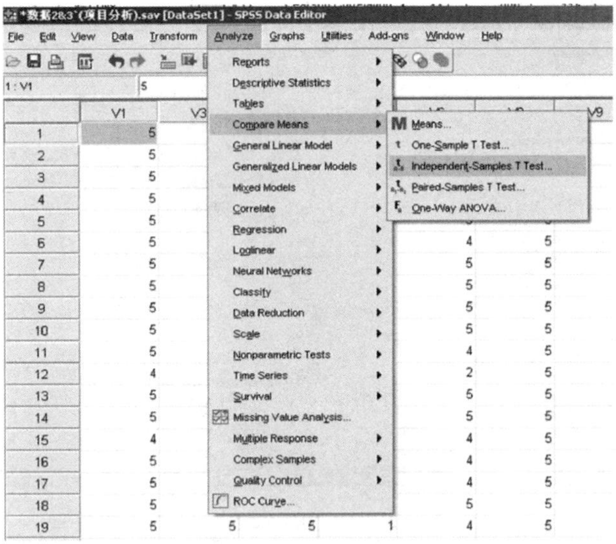

图 13-14　各题得分在高低分组上的差异检验 步骤一

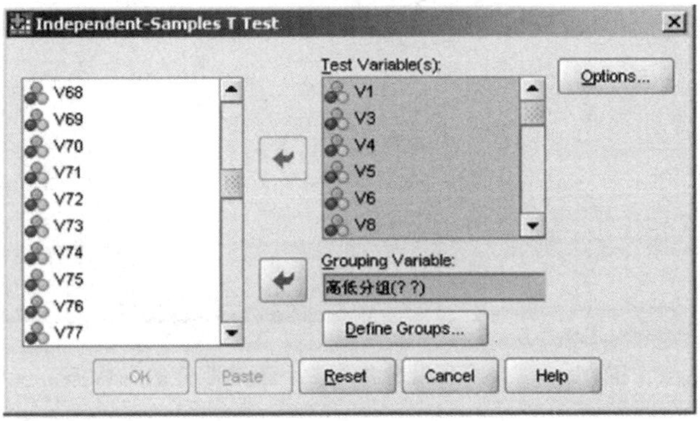

图 13-15　各题得分在高低分组上的差异检验 步骤二

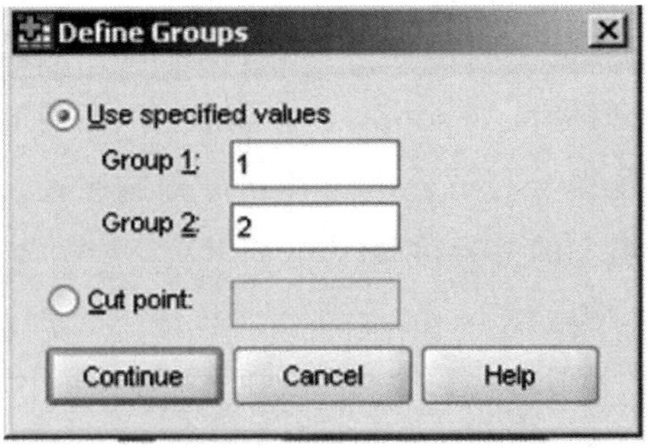

图 13-16　各题得分在高低分组上的差异检验 步骤三

(5)查看“独立样本 t 检验”的结果报表，并按上述标准进行筛选与报告。

结果中呈现了两个表，第一个表为描述统计的内容，我们主要看第二个表(如图 13-17)

Independent Samples Test

		Levene's Test for Equality of Variances				
		F	Sig.	t	df	Sig. (2-tailed)
V1	Equal variances assumed	3.504	.063	8.565	198	.000
	Equal variances not assumed			8.480	154.268	.000
V3	Equal variances assumed	19.781	.000	9.462	198	.000
	Equal variances not assumed			9.344	138.155	.000
V4	Equal variances assumed	21.678	.000	6.023	198	.000
	Equal variances not assumed			5.960	151.339	.000
V5	Equal variances assumed	2.758	.098	-.741	198	.460
	Equal variances not assumed			-.744	193.728	.458
V6	Equal variances assumed	36.877	.000	8.437	198	.000
	Equal variances not assumed			8.365	162.940	.000
V8	Equal variances assumed	30.976	.000	9.375	198	.000
	Equal variances not assumed			9.225	117.737	.000
V9	Equal variances assumed	.595	.441	6.881	198	.000
	Equal variances not assumed			6.880	197.563	.000
V11	Equal variances assumed	3.139	.078	6.624	198	.000
	Equal variances not assumed			6.646	195.080	.000
V12	Equal variances assumed	.016	.899	6.032	198	.000
	Equal variances not assumed			6.035	197.961	.000
V13	Equal variances assumed	19.102	.000	7.102	198	.000
	Equal variances not assumed			7.044	165.298	.000

图 13-17　独立样本 t 检验的结果报表(局部)

由图 13-17 可知，多数题项在高低分组上的差异均达到显著性水平，并且表现为高分组的得分明显高于低分组的得分，仅有第 5 题在高低分组上的差异未达到显著性水平。因此，该项目分析结果表明，第 5 题为无效题项，宜删除，而其他题项均予以保留。

提醒：如果是按照均值或中位数区分为低分组与高分组的话，则只需要其中的步骤一和五，并在步骤五的“Grouping Variable”子对话框的“Cut point”中输入其均值或中位数即可，其他与上述各环节相同。

第二节　信度检验及其统计操作

一、信度检验

信度是指测验工具所得结果的一致性和稳定性。比如，一个体重秤，你连续称了三次，三次都得到不一样的体重结果，那你还信得过这个体重秤吗？而心理测验通常测的是个体较为稳定的心理特征，例如能力测验、人格测验等，因此，一个好的测验工具，首先要具备高的信度，即测验结果必须要具有一致性和稳定性。

信度又区分为两大类：内部信度（lnternal reliability）与外部信度（external reliability）。其中，内部信度是指测量同一概念的不同题项之间的一致性，也叫内部一致性信度。比如，一个好的测验，其各自维度内所包含的各题应该是测相同内容的，那么各题得分之间应该具有一致性。常用的内部信度检验方法包括 Cronbach′s α 系数和折半信度（Split-half reliability，也叫分半信度）系数等。而外部信度是指采用相同或相类似的测量工具进行多次测验所得结果的一致性和稳定性。比如，相同一份能力或人格测验，先进行前测，间隔两三周后，再对同一批人进行后测，由于能力或人格为相对稳定的心理特征，那么如果该测验可信的话，那么其前后测的结果应该是相一致或相接近的，表现出测验的稳定性，该信度检验即为重测信度。另外常见的外部信度还有复本信度等。

二、信度检验的统计操作

1. 内部一致性信度检验的统计操作

内部一致性信度检验考察是测验中各维度所包含的题项之间测定的是否为相同内容或特质。如压力问卷，划分为学习压力、生活压力两维度，那测学习压力的各题之间应一致性高，测生活压力的各题之间一致性也高。特别提醒，针对多维度问卷的信度分析，各维度的信度检验远比分析总问卷的信度检验要来得更重要。

下面我们来实例演示一下其 SPSS 操作。

（1）选择菜单："Analyze→Scale→Reliability Analysis..."（如图 13-18），打开主对话框。

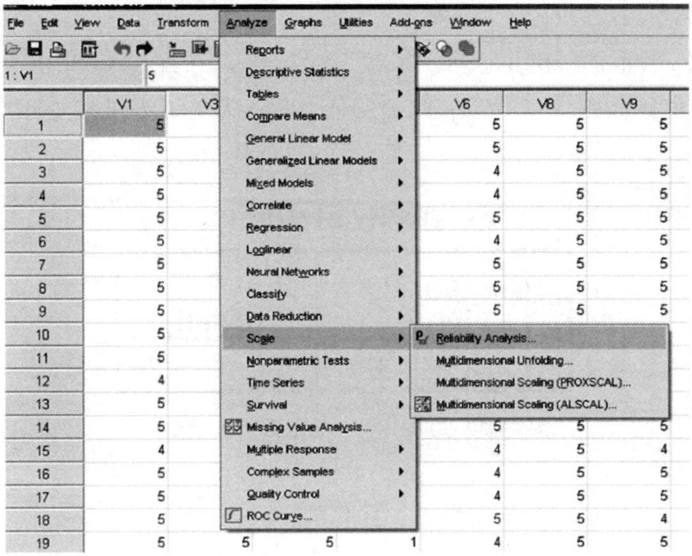

图 13-18　内部一致性信度检验 步骤一

(2)在主对话框中,选入需要分析的变量(即某维度所包含的各题项)至“Items”中。在“Model”中选定需要分析的是哪种信度系数,如 Alpha(即 Cronbach′s α 系数)、Split-half(即折半信度系数)等(如图 13-19),只能一种一种依次分析。“OK”即完成该分析。

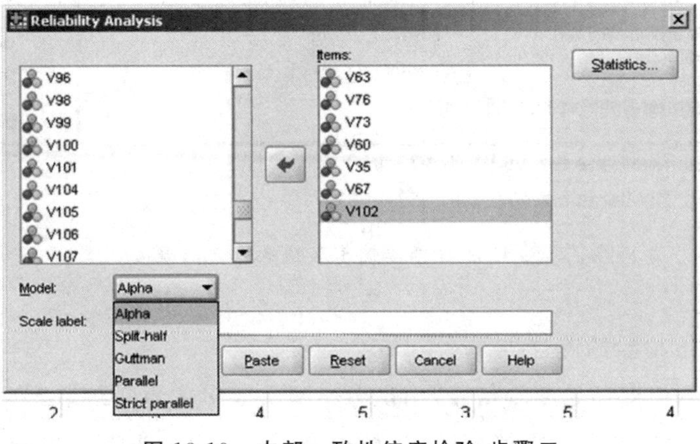

图 13-19　内部一致性信度检验 步骤二

提醒:选入该维度所含的所有题项即分析该维度的信度。千万别选入其维度分。

(3)查看结果报表。

如图 13-20 所示,“Cronbach's α 系数”为 0.689。按照 Cronbach's α 系数的可接受标准为 0.7,值越大则信度越高。此处的值 0.689 为接近于可接受标准。

Reliability Statistics

Cronbach's Alpha	N of Items
.689	7

图 13-20　Cronbach's α 系数的检验结果

如图 13-21 所示,折半信度系数为 0.594。通常折半信度系数会略低于 Cronbach's α 系数。

Reliability Statistics

Cronbach's Alpha	Part 1	Value	.674
		N of Items	4[a]
	Part 2	Value	.406
		N of Items	3[b]
	Total N of Items		7
Correlation Between Forms			.436
Spearman-Brown Coefficient	Equal Length		.607
	Unequal Length		.611
Guttman Split-Half Coefficient			.594

a. The items are: V63, V76, V73, V60.

b. The items are: V60, V35, V67, V102.

图 13-21　折半信度系数的检验结果

2. 外部信度检验的统计操作

不管是重测信度还是复本信度,均是考察两次或多次测验结果之间的一致性——通常为两次——那么所选用的统计就是相关分析。如果均为连续数据,则常用的统计方法为皮尔逊积差相关分析(其 SPSS 操作在之前内容中已多次涉及,此处略)。值得提醒的是,不管是重测信度还是复本信度,一定要记得对被试进行编号,不然两组数据找不到一一对应关系的话,根本求不了相关系数。

第三节　效度检验及其统计操作

一、效度检验

效度是指测验工具所得结果的有效性，也就是说，测验工具能否真实地、真正地测出研究者所要测的内容。比如，你的真实体重是55kg，一个体重秤，你连续称了三次，三次都得到60 kg的结果，我们可以说这个体重秤的信度是高的，因为结果相一致，但是，它却没有测出你真实的体重，那么我们说这个体重秤的效度是低的，其测定结果是无效。由此可见，信度是效度的前提条件，高信度的问卷不一定意味着就是高效度，而高效度的问卷则必须先要高信度。

同样，效度也又区分为两大类：内部效度（lnternal validity）与外部效度（external validity）。其中，内部效度是指只存在于该测量工具本身的有效性，如内容效度、结构效度等。外部效度是指采用外在标准来衡量该测量工具的有效性，如效标效度、预测效度等。

二、效度检验的统计操作

1. 内部效度检验的统计操作

内容效度涉及的是测量工具是否测到了研究者想要检测的内容，其有效性更多依赖于题项含义与研究目的之间的逻辑联系。每个题项应该是能明确表达出其所要测的内容的含义，并且所有题项必须涵盖了需要测量的那个心理特征的主要范围，超出了、缺少了均不适宜，这些均为内容效度所要检验的。由此可见，内容效度更多考虑的是整个问卷内部各环节上的逻辑论证，这方面没有什么统计方法可供应用，因此也叫逻辑效度或表面效度。

结构效度是指测量工具所依据的理论结构，而结构效度检验则非常依赖于一种统计方法——因素分析。结构效度要求问卷建立在一个合理的、可解释所测心理特征的理论结构上，并分析各维度对整个心理特征的解释力。通常，经过因素分析所得到的问卷，具有较高的结构效度。有关因素分析的统计分析，详见之前章节的相应内容。

2. 外部效度检验的统计操作

无论是效标效度，还是预测效度等外部效度，均至少同时存在一个外在指标。

效标效度（也叫效标关联效度）的检验是选择一个与该测量工具有关联的外在指标和该测量工具同时进行施测，来比较两者结果的一致性。该外在指标就是“效标”。

例如，对于一个智力测验，可以选择学业成绩作为其效标，其中的内在逻辑表现为“智力与学业成绩存在正相关”。

预测效度更多适用于各方面的潜能测验，根据测量工具能在多大程度上预示结果。其检验程序是先用该测量工具施测，经过一段时间后，再用另外一个成就测验测量实际能力(即所得的结果，为外在指标)，来比较两者的一致性。

上述两种效度的检验，根据其内在逻辑关系，很容易理解出，均为该测量工具的得分与外在指标之间的一致性考察，那么所选用的统计就是相关分析。如果均为连续数据，则常用的统计方法为皮尔逊积差相关分析(其 SPSS 操作在之前内容中已多次涉及，此处略)。

本章小结

问卷编制是心理学与教育学中非常重要的一门专业技能。本章主要从项目分析、信度检验、效度检验来介绍问卷编制过程中涉及的统计操作。

(1)项目分析的目的是找出并删掉不适宜的题项，使编制出来的问卷更精简、更有区分度。常用的两种方法为：①用相关法计算各题项与问卷总分的积差相关系数；②用差异法，以中位数或其他统计量为界对问卷总分进行高低分组，用独立样本 t 检验来检验各题项在高低分组上的差异。

(2)信度是指测验工具所得结果的一致性和稳定性。内部一致性信度检验的常用操作菜单为“Analyze→Scale→Reliability Analysis”，其中可分析 Cronbach's α 系数、折半信度系数等。

(3)效度是指测验工具所得结果的有效性，也就是说，测验工具能否真实地、真正地测出研究者所要测的内容。效标效度、预测效度等外部效度，均可选用适宜的相关分析进行检验。

思考与练习题

1.项目分析的目的是什么？可以有哪些统计方法来达成这一目的？

2.信度的含义是什么？信度分析有哪几种，相应的 SPSS 如何操作？

3.效度的含义是什么？效度分析有哪几种，相应的 SPSS 如何操作？

4.结合着第十二章思考与练习题第 5 题的因素分析结果，来进一步进行内部一致性信度检验。

参考文献

[1] [美]约翰·肖内西,尤金·泽克迈斯特,珍妮·泽克迈斯特.心理学研究方法[M].张明等,译.北京:人民邮电出版社,2010.

[2] 邴照宇.社会科学统计软件包(SPSS)相关统计术语的属性及翻译探究[J].牡丹江大学学报,2016(5):122-130.

[3] [美]查尔斯·惠伦.赤裸裸的统计学[M].曹槟译.北京:中信出版社,2013.

[4] 陈石磊.SPSS在大学英语试卷分析中的应用研究[J].重庆交通大学学报(社会科学版),2014(6):135-138.

[5] 邓铸,朱晓红.心理统计学与SPSS应用[M].上海:华东师范大学出版社,2009.

[6] 杜丽.浅析教育统计分析报告的撰写[J].科教文汇(上旬刊),2014(7):198-199.

[7] 范晓玲.教育统计学与SPSS[M].长沙:湖南师范大学出版社,2005.

[8] 符永川,陈卫京.心理统计中关于标准差的转化问题研究[J].延安教育学院学报,2006(4):68-70.

[9] 甘怡群等.心理与行为科学统计[M].北京:北京大学出版社,2005.

[10] 葛军.教育统计在教育决策中的应用[J].统计与决策,2007(19):167-168.

[11] 龚学臣.SPSS软件在交互效应方差分析中的应用[J].河北北方学院学报(自然科学版),2015(1):19-22.

[12] 顾海根.应用心理测量学[M].北京:北京大学出版社,2010.

[13] 何国民.应用统计学案例教程:以SPSS为计算工具[M].武汉:华中科技大学出版社,2013.

[14] 何立国,陈玉明,郭田友.基于SPSS软件包在心理统计实验中的开发与应用[J].实验科学与技术,2014(1):46-49.

[15] 侯杰泰,刘红云,Herbert W.Marsh.心理统计分析:趋势、契机与展望[J].中国科学院院刊,2012(S1):208-224.

[16] 黄中文.SPSS统计分析与应用(第3版)[M].北京:电子工业出版社,2016.

[17] 贾俊平.统计学基础(第4版)[M].北京:中国人民大学出版社,2016.

[18] 金瑜.心理测量[M].上海:华东师范大学出版社,2001.

[19] 金志成.心理实验设计[M].长春:长春吉林教育出版社,1991.

[20] 李红松等.统计数据分析方法与技术[M].北京:经济管理出版社,2014.

[21] 李康等.医学统计学(第6版)[M].北京:人民卫生出版社,2013.
[22] 李明.教育与心理统计中高级统计方法概要[J].统计科学与实践,2010(12):59-60.
[23] 李沛良.社会研究的统计应用[M].北京:社会科学文献出版社,2001.
[24] 李伟明.教育统计中的多维表分析[J].上海教育科研,1990(5):50-52.
[25] 卢冶飞,孙忠宝.应用统计学(第2版)[M].北京:清华大学出版社,2015.
[26] 马燕.运用Spss统计软件分析试卷[J].伊犁师范学院学报(自然科学版),2007(2):43-47.
[27] 蒙黄林,李敬维.基于SPSS软件对教育调查问卷分析中的相关应用[J].智能计算机与应用,2013(1):81-83.
[28] [美]萨尔金德.爱上统计学(第2版)[M].史玲玲,译.重庆:重庆大学出版社,2011.
[29] 秦晓晴.外语教学研究中的定量数据分析[M].武汉:华中科技大学出版社,2003.
[30] 茹鹏新,张鹏.关于问卷调查可信度计算分析方法[J].新疆广播电视大学学报,2011(1):46-50.
[31] 盛骤等.概率论与数理统计(第2版)[M].北京:高等教育出版社,1989.
[32] 舒华.心理与教育研究中的多因素实验设计[M].北京:北京师范大学出版社,1994.
[33] 舒华,张学民,韩在柱.实验心理学的理论、方法与技术[M].北京:人民教育出版社,2006.
[34] 郃志艳.多媒体技术与SPSS软件在医学统计学教学中的应用[J].中国新通信,2015(24):85-86.
[35] 王孝玲.教育统计学[M].上海:华东师范大学出版社,2001.
[36] 王亚南,刘昌.斯皮尔曼:从智力二因素论的创立到方法论上的突破[J].南京师大学报(社会科学版),2011(6):95-101.
[37] 韦娜,苏萍.统计方法在教育与心理研究中的应用综述[J].现代企业教育,2007(20):193-194.
[38] 温忠麟.心理与教育统计[M].广州:广东高等教育出版社,2006.
[39] 温忠麟,吴艳.屡遭误用和错批的心理统计[J].华南师范大学学报(社会科学版),2010(1):47-158.
[40] 翁定军.社会定量研究的数据处理——原理与方法[M].上海:上海大学出版社,2002.

[41] 吴海霞.SPSS在试卷相关性分析和再测信度计算中的应用[J].电脑知识与技术,2008(S2):148-149.
[42] 吴明隆.SPSS统计应用实务[M].北京:中国铁道出版社,2000.
[43] 吴明隆.SPSS统计应用实务[M].北京:科学出版社,2003.
[44] 武松等.SPSS统计分析大全[M].北京:清华大学出版社,2014.
[45] 向蓉美,王青华.统计学学习指导及应用实践[M].成都:西南财经大学出版社,2013.
[46] 肖玮,苗丹民.SPSS在心理数据检查与筛选中的应用[J].第四军医大学学报,2002(1):93-94.
[47] 辛自强.有关心理统计的三个疑问[J].华南师范大学学报(社会科学版),2010(1):39-46.
[48] 薛薇.统计分析与SPSS的应用(第4版)[M].北京:中国人民大学出版社,2014.
[49] 杨克瑞.教育统计学教材比较与改革设想[J].沈阳师范大学学报(自然科学版),2011(4):574-577.
[50] 游正林.社会统计学:对问卷调查数据的统计分析[M].北京:社会科学文献出版社,2010.
[51] 张厚粲,徐建平.现代心理与教育统计学(第4版)[M].北京:北京师范大学出版社,2009.
[52] 张敏强.教育与心理统计学[M].北京:人民教育出版社,2001.
[53] 张文彤.SPSS11统计分析教程(基础篇+高级篇)[M].北京:北京邮电大学出版社,2002.
[54] 张懿菁.培养学生"数据分析观念"的现状及反思[J].基础教育研究,2015(18):43-44.
[55] 赵小军,祁禄.SPSS数据分析:问题提出与实例导学[M].北京:中国水利水电出版社,2009.
[56] 郑杰.SPSS统计分析从入门到精通[M].北京:中国铁道出版社,2015.
[57] 郑晋.谈SPSS在教学质量评价体系中的应用[J].长春教育学院学报,2014(19):59-60.
[58] 朱滢.心理实验研究基础[M].北京:北京大学出版社,2006.

附　　录

附表1　标准正态分布表

（Z 栏为 Z 分数值，Y 为标准正态分布曲线的纵高，P 为曲线下的面积，如图阴影部分。）

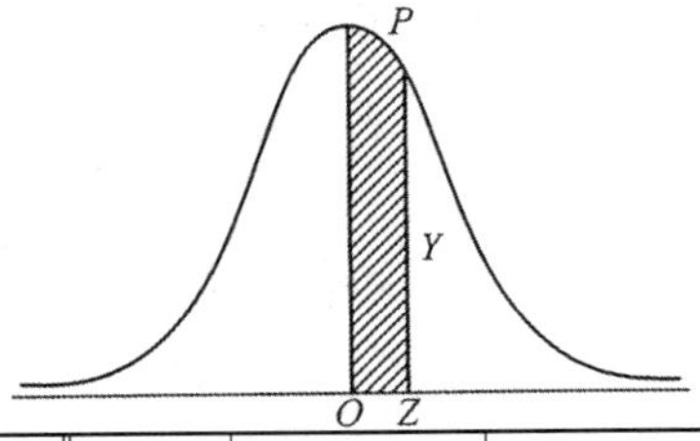

Z	Y	P	Z	Y	P	Z	Y	P
0.00	0.39894	0.00000	0.30	0.38139	0.11791	0.60	0.33322	0.02575
0.01	0.39892	0.00399	0.31	0.38023	0.12172	0.61	0.33121	0.22907
0.02	0.39886	0.00798	0.32	0.37903	0.12552	0.62	0.32918	0.23237
0.03	0.39876	0.01197	0.33	0.37780	0.12930	0.63	0.32713	0.23565
0.04	0.39862	0.01595	0.34	0.37654	0.13307	0.64	0.32506	0.23891
0.05	0.39844	0.01994	0.35	0.37524	0.13683	0.65	0.32297	0.24215
0.06	0.39822	0.02392	0.36	0.37391	0.14058	0.66	0.32086	0.24537
0.07	0.39797	0.02790	0.37	0.37255	0.14431	0.67	0.31874	0.24857
0.08	0.39767	0.03188	0.38	0.37115	0.14803	0.68	0.31659	0.25175
0.09	0.39733	0.03586	0.39	0.36973	0.15173	0.69	0.31443	0.25490
0.10	0.39695	0.03983	0.40	0.36827	0.15542	0.70	0.31225	0.25804
0.11	0.39654	0.04380	0.41	0.36678	0.15910	0.71	0.31006	0.26115
0.12	0.39608	0.04776	0.42	0.36526	0.16276	0.72	0.30785	0.26424
0.13	0.39559	0.05172	0.43	0.36371	0.1640	0.73	0.30563	0.26730
0.14	0.39505	0.05567	0.44	0.36213	0.17003	0.74	0.30339	0.27035
0.15	0.39448	0.05962	0.45	0.36053	0.17364	0.75	0.30114	0.27337
0.16	0.39387	0.06356	0.46	0.35889	0.17724	0.76	0.29887	0.27637
0.17	0.39322	0.06749	0.47	0.35723	0.18082	0.77	0.29659	0.27935
0.18	0.39253	0.07142	0.48	0.35553	0.18439	0.78	0.29431	0.28230
0.19	0.39181	0.07535	0.49	0.35381	0.18793	0.79	0.29200	0.28524
0.20	0.39104	0.07926	0.50	0.35207	0.19146	0.80	0.28969	0.28814
0.21	0.39024	0.08317	0.51	0.35029	0.19497	0.81	0.28737	0.29103
0.22	0.38940	0.08706	0.52	0.34849	0.19847	0.82	0.28504	0.29389
0.23	0.38853	0.09095	0.53	0.34667	0.20194	0.83	0.28269	0.29673
0.24	0.38762	0.09483	0.54	0.34482	0.20540	0.84	0.28034	0.29955
0.25	0.38667	0.09871	0.55	0.34294	0.20884	0.85	0.27798	0.30234
0.26	0.38568	0.10257	0.56	0.34105	0.21226	0.86	0.27562	0.30511
0.27	0.38466	0.10642	0.57	0.33912	0.21566	0.87	0.27324	0.30785
0.28	0.38361	0.11086	0.58	0.33718	0.21904	0.88	0.27086	0.31057
0.29	0.38251	0.11409	0.59	0.33521	0.22240	0.89	0.28848	0.31327

(续表)

Z	Y	P	Z	Y	P	Z	Y	P
0.90	0.26609	0.31594	1.30	0.17137	0.40320	1.70	0.09405	0.45543
0.91	0.26369	0.31859	1.31	0.16915	0.40490	1.71	0.09246	0.45637
0.92	0.26129	0.32121	1.32	0.16694	0.40658	1.72	0.09089	0.45728
0.93	0.25888	0.32381	1.33	0.16474	0.40824	1.73	0.08933	0.45818
0.94	0.25647	0.32639	1.34	0.16256	0.40988	1.74	0.08780	0.45907
0.95	0.25406	0.32894	1.35	0.16038	0.41149	1.75	0.08628	0.45994
0.96	0.25164	0.33147	1.36	0.15822	0.41309	1.76	0.08478	0.46080
0.97	0.24923	0.33398	1.37	0.15608	0.41466	1.77	0.08329	0.46164
0.98	0.24681	0.33646	1.38	0.15395	0.41621	1.78	0.08183	0.46246
0.99	0.24439	0.33891	1.39	0.15183	0.41774	1.79	0.08038	0.46327
1.00	0.24197	0.34134	1.40	0.14973	0.41924	1.80	0.07895	0.46407
1.01	0.23955	0.34375	1.41	0.14764	0.42073	1.81	0.07754	0.46485
1.02	0.23713	0.34614	1.42	0.14556	0.42220	1.82	0.07614	0.46562
1.03	0.23471	0.34850	1.43	0.14350	0.42364	1.83	0.07477	0.46638
1.04	0.23230	0.35083	1.44	0.14146	0.42507	1.84	0.07341	0.46712
1.05	0.22988	0.35314	1.45	0.13943	0.42647	1.85	0.07206	0.46784
1.06	0.22747	0.35543	1.46	0.13742	0.42786	1.86	0.07074	0.46856
1.07	0.22506	0.35769	1.47	0.13542	0.42922	1.87	0.06943	0.46926
1.08	0.22265	0.35993	1.48	0.13344	0.43056	1.88	0.06814	0.46995
1.09	0.22025	0.36214	1.49	0.13147	0.43189	1.89	0.06687	0.47062
1.10	0.21785	0.36433	1.50	0.12952	0.43319	1.90	0.06562	0.47128
1.11	0.21546	0.36650	1.51	0.12758	0.43448	1.91	0.06439	0.47193
1.12	0.21307	0.36864	1.52	0.12566	0.43574	1.92	0.06316	0.47257
1.13	0.21069	0.37076	1.53	0.12376	0.43699	1.93	0.06195	0.47320
1.14	0.20831	0.37286	1.54	0.12188	0.43822	1.94	0.06077	0.47381
1.15	0.20594	0.37493	1.55	0.12001	0.43943	1.95	0.05959	0.47441
1.16	0.20357	0.37698	1.56	0.11816	0.44062	1.96	0.05844	0.47500
1.17	0.20121	0.37900	1.57	0.11632	0.44179	1.97	0.05730	0.47558
1.18	0.19886	0.38100	1.58	0.11450	0.44295	1.98	0.05618	0.47615
1.19	0.19652	0.38298	1.59	0.11370	0.44408	1.99	0.05508	0.47670
1.20	0.19419	0.38493	1.60	0.11092	0.44520	2.00	0.05399	0.47725
1.21	0.19186	0.38686	1.61	0.10915	0.44630	2.01	0.05292	0.47778
1.22	0.18954	0.38877	1.62	0.10741	0.44738	2.02	0.05186	0.47831
1.23	0.18724	0.39065	1.63	0.10567	0.44845	2.03	0.05082	0.47882
1.24	0.18494	0.39251	1.64	0.10396	0.44950	2.04	0.04980	0.47932
1.25	0.18265	0.39435	1.65	0.10226	0.45053	2.05	0.04879	0.47982
1.26	0.18037	0.39617	1.66	0.10059	0.45154	2.06	0.04780	0.48030
1.27	0.17810	0.39796	1.67	0.09893	0.45254	2.07	0.04682	0.48077
1.28	0.17585	0.39973	1.68	0.09728	0.45352	2.08	0.04586	0.48124
1.29	0.17360	0.40147	1.69	0.09566	0.45449	2.09	0.04491	0.48169

(续表)

Z	Y	P	Z	Y	P	Z	Y	P
2.10	0.04398	0.48214	2.50	0.01753	0.49379	2.90	0.00595	0.49813
2.11	0.04307	0.48257	2.51	0.01709	0.49396	2.91	0.00578	0.49819
2.12	0.04217	0.48300	2.52	0.01667	0.49413	2.92	0.00562	0.49825
2.13	0.04128	0.48341	2.53	0.01625	0.49430	2.93	0.00545	0.49831
2.14	0.04041	0.48382	2.54	0.01585	0.49446	2.94	0.00530	0.49836
2.15	0.03955	0.48422	2.55	0.01545	0.49461	2.95	0.00514	0.49841
2.16	0.03871	0.48461	2.56	0.01506	0.49477	2.96	0.00499	0.49846
2.17	0.03788	0.48500	2.57	0.01468	0.49492	2.97	0.00485	0.49851
2.18	0.03706	0.48537	2.58	0.01431	0.49506	2.98	0.00471	0.49856
2.19	0.03626	0.48574	2.59	0.01394	0.49520	2.99	0.00457	0.49861
2.20	0.03547	0.48610	2.60	0.01358	0.49534	3.00	0.00443	0.49865
2.21	0.03470	0.48645	2.61	0.01323	0.49547	3.01	0.00430	0.49869
2.22	0.03394	0.48679	2.62	0.01289	0.49560	3.02	0.00417	0.49874
2.23	0.03319	0.48713	2.63	0.01256	0.49573	3.03	0.00405	0.49878
2.24	0.03246	0.48745	2.64	0.01223	0.49585	3.04	0.00393	0.49882
2.25	0.03174	0.48778	2.65	0.01191	0.49598	3.05	0.00381	0.49886
2.26	0.03103	0.48809	2.66	0.01160	0.49609	3.06	0.00370	0.49889
2.27	0.03034	0.48840	2.67	0.01130	0.49621	3.07	0.00358	0.49893
2.28	0.02965	0.48870	2.68	0.01100	0.49632	3.08	0.00348	0.49897
2.29	0.02898	0.48899	2.69	0.01071	0.49643	3.09	0.00337	0.49900
2.30	0.02833	0.48928	2.70	0.01042	0.49653	3.10	0.00327	0.49903
2.31	0.02768	0.48956	2.71	0.01014	0.49664	3.11	0.00317	0.49906
2.32	0.02705	0.48983	2.72	0.00987	0.49674	3.12	0.00307	0.49910
2.33	0.02643	0.49010	2.73	0.00961	0.49683	3.13	0.00298	0.49913
2.34	0.02582	0.49036	2.74	0.00935	0.49693	3.14	0.00288	0.49916
2.35	0.02522	0.49061	2.75	0.00909	0.49702	3.15	0.00279	0.49918
2.36	0.02463	0.49086	2.76	0.00885	0.49711	3.16	0.00271	0.49921
2.37	0.02406	0.49111	2.77	0.00861	0.49720	3.17	0.00262	0.49924
2.38	0.02349	0.49134	2.78	0.00837	0.49728	3.18	0.00254	0.49926
2.39	0.02294	0.49158	2.79	0.00814	0.49736	3.19	0.00246	0.49929
2.40	0.02239	0.49180	2.80	0.00792	0.49744	3.20	0.00238	0.49931
2.41	0.02186	0.49202	2.81	0.00770	0.49752	3.21	0.00231	0.49934
2.42	0.02134	0.49224	2.82	0.00748	0.49760	3.22	0.00224	0.49936
2.43	0.02083	0.49245	2.83	0.00727	0.49767	3.23	0.00216	0.49938
2.44	0.02033	0.49266	2.84	0.00707	0.49774	3.24	0.00210	0.49940
2.45	0.01984	0.49286	2.85	0.00687	0.49781	3.25	0.00203	0.49942
2.46	0.01936	0.49305	2.86	0.00668	0.49788	3.26	0.00196	0.49944
2.47	0.01889	0.49324	2.87	0.00649	0.49795	3.27	0.00190	0.49946
2.48	0.01842	0.49343	2.88	0.00631	0.49801	3.28	0.00184	0.49948
2.49	0.01797	0.49361	2.89	0.00613	0.49807	3.29	0.00178	0.49950

（续表）

Z	Y	P	Z	Y	P	Z	Y	P
3.30	0.00172	0.49952	3.70	0.00042	0.49989			
3.31	0.00167	0.49953	3.71	0.00041	0.49990			
3.32	0.00161	0.49954	3.72	0.00039	0.49990			
3.33	0.00156	0.49956	3.73	0.00038	0.49990			
3.34	0.00151	0.49957	3.74	0.00037	0.49991			
3.35	0.00146	0.49960	3.75	0.00035	0.49991			
3.36	0.00141	0.49961	3.76	0.00034	0.49992			
3.37	0.00136	0.49962	3.77	0.00033	0.49992			
3.38	0.00132	0.49964	3.78	0.00031	0.49992			
3.39	0.00127	0.49965	3.79	0.00030	0.49992			
3.40	0.00123	0.49966	3.80	0.00029	0.49993			
3.41	0.00119	0.49968	3.81	0.00028	0.49993			
3.42	0.00115	0.49969	3.82	0.00027	0.49993			
3.43	0.00111	0.49970	3.83	0.00026	0.49994			
3.44	0.00107	0.49971	3.84	0.00025	0.49994			
3.45	0.00104	0.49972	3.85	0.00024	0.49994			
3.46	0.00100	0.49973	3.86	0.00023	0.49994			
3.47	0.00097	0.49974	3.87	0.00022	0.49995			
3.48	0.00094	0.49975	3.88	0.00021	0.49995			
3.49	0.00090	0.49976	3.89	0.00021	0.49995			
3.50	0.00087	0.49977	3.90	0.00020	0.49995			
3.51	0.00084	0.49978	3.91	0.00019	0.49995			
3.52	0.00080	0.49978	3.92	0.00018	0.49996			
3.53	0.00079	0.49979	3.93	0.00018	0.49996			
3.54	0.00076	0.49980	3.94	0.00017	0.49996			
3.55	0.00073	0.49981	3.95	0.00016	0.49996			
3.56	0.00071	0.49981	3.96	0.00016	0.49996			
3.57	0.00068	0.49982	3.97	0.00015	0.49996			
3.58	0.00066	0.49983	3.98	0.00014	0.49997			
3.59	0.00063	0.49983	3.99	0.00014	0.49997			
3.60	0.00061	0.49984						
3.61	0.00059	0.49985						
3.62	0.00057	0.49985						
3.63	0.00055	0.49986						
3.64	0.00053	0.49986						
3.65	0.00051	0.49987						
3.66	0.00049	0.49987						
3.67	0.00047	0.49988						
3.68	0.00046	0.49988						
3.69	0.00044	0.49989						

附表 2　*t* 分布数值表

df	大于 *t* 值的概率(双侧界限)								
	0.5	0.4	0.3	0.2	0.1	0.05	0.02	0.01	0.001
1	1.000	1.376	1.963	3.078	6.314	12.706	31.821	63.657	636.619
2	0.816	1.061	1.386	1.886	2.920	4.303	6.965	9.925	31.598
3	0.765	0.978	1.250	1.638	2.353	3.182	4.541	5.841	12.941
4	0.741	0.941	1.190	1.533	2.132	2.776	3.747	4.604	8.610
5	0.727	0.920	1.156	1.476	2.015	2.571	3.365	4.032	6.859
6	0.718	0.906	1.134	1.440	1.943	2.447	3.143	3.707	5.959
7	0.711	0.896	1.119	1.415	1.896	2.365	2.998	3.499	5.405
8	0.706	0.889	1.108	1.397	1.860	2.306	2.896	3.355	5.041
9	0.703	0.883	1.100	1.383	1.833	2.262	2.821	3.250	4.781
10	0.700	0.879	1.093	1.372	1.812	2.228	2.764	3.169	4.587
11	0.697	0.876	1.088	1.363	1.796	2.201	2718	3.106	4.437
12	0.695	0.873	1.083	1.356	1.782	2.179	2.681	3.055	
13	0.694	0.870	1.079	1.350	1.771	2.160	2.650	3.012	4.221
14	0.692	0.868	1.076	1.345	1.761	2.145	2.624	2.977	4.140
15	0.691	0.866	1.074	1.341	1.753	2.131	2.602	2.947	4.073
16	0.690	0.865	1.071	1.337	1.746	2.120	2.583	2.921	4.015
17	0.689	0.863	1.069	1.333	1.740	2.110	2.567	2.898	3.965
18	0.688	0.862	1.067	1.330	1.734	2.101	2.552	2.878	3.922
19	0.688	0.861	1.066	1.328	1.729	2.093	2.539	2.861	3.883
20	0.687	0.860	1.064	1.325	1.725	2.086	2.528	2.845	3.850
21	0.686	0.859	1.063	1.323	1.721	2.080	2.518	2.831	3.819
22	0.686	0.858	1.061	1.321	1.717	2.074	2.508	2.819	3.792
23	0.685	0.858	1.060	1.319	1.714	2.069	2.500	2.807	3.767
24	0.685	0.857	1.059	1.318	1.711	2.064	2.492	2.797	3.745
25	0.684	0.856	1.058	1.316	1.708	2.060	2.485	2.787	3.725
26	0.684	0.856	1.058	1.315	1.706	2.056	2.479	2.779	3.707
27	0.684	0.855	1.057	1.314	1.703	2.052	2.473	2.771	3.690
28	0.683	0.855	1.056	1.313	1.701	2.048	2.467	2.763	3.674
29	0.683	0.854	1.055	1.311	1.699	2.045	2.462	2.756	3.659
30	0.683	0.854	1.055	1.310	1.697	2.042	2.457	2.750	3.646
40	0.681	0.851	1.050	1.303	1.684	2.021	2.423	2.704	3.551
60	0.679	0.848	1.046	1.296	1.671	2.000	2.390	2.60	3.460
120	0.677	0.845	1.041	1.289	1.658	1.980	2.358	2.617	3.373
∞	0.674	0.842	1.036	1.282	1.645	1.960	2.326	2.576	3.291
df	0.25	0.2	0.15	0.1	0.05	0.025	0.01	0.005	0.005
	大于 *t* 值的概率(单侧界限)								

附表3　F 分布数值表(双侧检验)

（表内横行数值上面α =0.05，下面α =0.01）

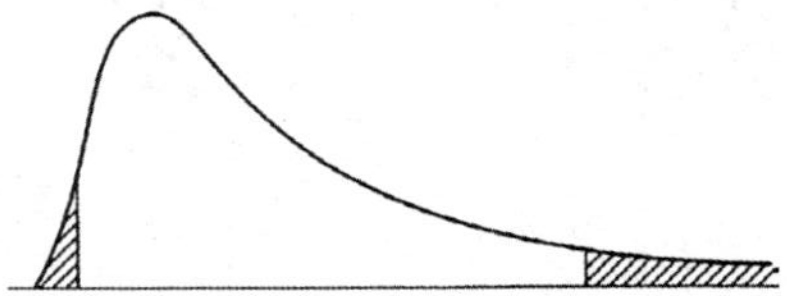

分母 df	分子自由度 df 1	2	3	4	5	6	7	8	9	10	12	15	20	30	40	60	120	∞
1	647.8	799.5	864.2	899.6	921.8	937.1	948.2	956.7	963.3	968.6	976.7	984.9	993.1	1001	1006	1010	1014	1018
	16211	20000	21615	22500	23056	23437	23715	23925	24091	24224	24426	24630	24836	25044	25148	25253	25359	25465
2	38.51	39.00	39.17	39.25	39.30	39.33	39.36	39.37	39.39	39.40	39.41	39.43	39.45	39.46	39.47	39.48	39.49	39.50
	199.5	199.0	199.2	199.2	199.3	199.3	199.3	199.4	199.4	199.4	199.4	199.4	199.4	199.5	199.5	199.5	199.5	199.5
3	17.44	16.04	15.44	15.10	14.88	14.73	14.62	14.54	14.47	14.42	14.34	14.25	14.17	14.08	14.04	13.99	13.95	13.90
	55.55	49.80	47.47	46.19	45.39	44.84	44.43	44.13	43.88	43.69	43.39	43.08	42.78	42.47	42.31	42.15	41.99	41.83
4	12.22	10.65	9.96	9.60	9.36	9.20	9.07	8.98	8.90	8.84	8.75	8.66	8.56	8.46	8.41	8.36	8.31	8.26
	31.33	26.28	24.26	23.15	22.46	21.97	21.62	21.35	21.14	20.97	20.70	20.44	20.17	19.89	19.75	19.61	19.47	19.32
5	10.01	8.43	7.76	7.39	7.15	6.98	6.85	6.76	6.68	6.62	6.52	6.43	6.33	6.23	6.18	6.12	6.07	6.02
	22.78	18.31	16.53	15.56	14.94	14.51	14.20	13.96	13.77	13.62	13.38	13.15	12.90	12.66	12.53	12.40	12.27	12.14
6	8.81	7.26	6.60	6.23	5.99	5.82	5.70	5.60	5.52	5.46	5.37	5.27	5.17	5.07	5.01	4.96	4.90	4.85
	18.63	14.54	12.92	12.03	11.46	11.07	10.79	10.57	10.39	10.25	10.03	9.81	9.59	9.36	9.24	9.12	9.00	8.88
7	8.07	6.54	5.89	5.52	5.20	5.12	4.99	4.90	4.82	4.76	4.67	4.57	4.47	4.36	4.31	4.25	4.20	4.14
	16.24	12.40	10.88	10.05	9.52	9.16	8.89	8.68	8.51	8.38	8.18	7.97	7.75	7.53	7.42	7.31	7.19	7.08
8	7.57	6.06	5.42	5.05	4.82	4.65	4.53	4.43	4.36	4.30	4.20	4.10	4.00	3.89	3.84	3.78	3.73	3.67
	14.69	11.04	9.60	8.81	8.30	7.95	7.69	7.50	7.34	7.21	7.01	6.81	6.61	6.40	6.29	6.18	6.06	5.95
9	7.21	5.71	5.08	4.72	4.48	4.32	4.20	4.10	4.03	3.96	3.87	3.77	3.67	3.56	3.51	3.45	3.39	3.33
	13.61	10.11	8.72	7.96	7.47	7.13	6.88	6.69	6.54	6.42	6.23	6.03	5.83	5.62	5.52	5.41	5.30	5.19
10	6.94	5.46	4.83	4.47	4.24	4.07	3.95	3.85	3.78	3.72	3.62	3.52	3.42	3.31	3.26	3.20	3.14	3.08
	12.83	9.43	8.08	7.34	6.87	6.54	6.30	6.12	5.97	5.85	5.66	5.47	5.27	5.07	4.97	4.86	4.75	4.64

(续表)

分母 df	分子自由度 df																	
	1	2	3	4	5	6	7	8	9	10	12	15	20	30	40	60	120	∞
12	6.55 11.75	5.10 8.51	4.47 7.23	4.12 6.52	3.89 6.07	3.73 5.76	3.61 5.52	3.51 5.35	3.44 5.20	3.37 5.09	3.28 4.91	3.18 4.72	3.07 4.53	2.96 4.33	2.91 4.23	2.85 4.12	2.79 4.01	2.72 3.90
15	6.20 10.80	4.77 7.79	4.15 6.48	3.80 5.80	3.58 5.37	3.41 5.07	3.29 4.85	3.20 4.67	3.12 4.54	3.06 4.42	2.96 4.25	2.86 4.07	2.76 3.88	2.64 3.69	2.59 3.58	2.52 3.48	2.46 3.37	2.40 3.26
20	5.87 9.94	4.46 6.99	3.86 5.82	3.51 5.17	3.29 4.76	3.13 4.47	3.01 4.26	3.91 4.09	2.84 3.96	2.77 3.85	2.68 3.68	2.57 3.50	2.46 3.30	2.35 3.12	2.29 3.02	2.22 2.92	2.16 2.81	2.09 2.69
30	5.57 9.18	4.18 6.35	3.59 5.24	3.25 4.62	3.03 4.23	2.87 3.95	2.75 3.74	2.65 3.58	2.57 3.45	2.51 3.34	2.41 3.18	2.31 3.01	2.20 2.82	2.07 2.63	2.01 2.52	1.94 2.42	1.87 2.30	1.79 2.18
40	5.42 8.83	4.05 6.07	3.46 4.98	3.13 4.37	2.90 3.99	2.74 3.71	2.62 3.51	2.53 3.35	2.45 3.22	2.39 3.12	2.29 2.95	2.18 2.78	2.07 2.60	1.94 2.40	1.88 2.30	1.80 2.18	1.72 2.06	1.64 1.93
60	5.29 8.49	3.93 5.79	3.34 4.73	3.01 4.14	2.79 3.76	2.63 3.49	2.51 3.29	2.41 3.13	2.33 3.01	2.27 2.90	2.17 2.74	2.06 2.57	1.94 2.39	1.82 2.19	1.74 2.08	1.67 1.96	1.58 1.83	1.48 1.69
120	5.15 2.18	3.80 5.54	3.23 4.50	2.89 3.92	2.67 3.55	2.52 3.28	2.39 3.09	2.30 2.93	2.22 2.81	2.16 2.71	2.05 2.54	1.94 2.37	1.82 2.19	1.69 1.98	1.61 1.87	1.53 1.75	1.43 1.61	1.31 1.43
∞	5.02 7.88	3.69 5.30	3.12 4.28	2.79 3.72	2.57 3.35	2.41 3.09	2.29 2.90	2.19 2.74	2.11 2.62	2.05 2.52	1.94 2.36	1.83 2.19	1.71 2.00	1.57 1.79	1.48 1.67	1.39 1.53	1.27 1.36	1.00 1.00

附表4　F 分布数值表(单侧检验)

（表内横行数值上面α ＝0.05,下面α ＝0.01）

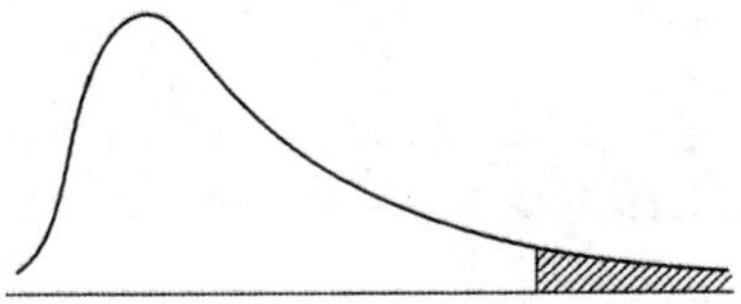

分母 df	分子自由度 df											
	1	2	3	4	5	6	7	8	9	10	11	12
1	161	200	216	225	230	234	237	239	241	242	243	244
	4052	4999	5403	5626	5764	5859	5928	5981	6022	6056	6082	6016
2	18.51	19.00	19.16	19.25	19.30	19.33	19.36	19.37	19.38	19.39	19.40	19.41
	98.49	99.01	99.17	99.25	99.30	99.33	99.34	99.36	99.38	99.40	99.41	99.42
3	10.13	9.55	9.28	9.12	9.01	8.94	8.88	8.84	8.81	8.78	8.76	8.74
	34.12	30.81	29.46	28.71	28.24	27.91	27.67	27.49	27.34	27.23	27.13	27.05
4	7.71	6.94	9.59	6.39	6.26	6.16	6.09	6.04	6.00	5.96	5.93	5.91
	21.20	18.00	16.69	15.98	15.52	15.21	14.98	14.80	14.66	14.54	14.45	14.37
5	6.61	5.79	5.41	5.19	5.05	4.95	4.88	4.82	4.78	4.74	4.70	4.68
	16.26	13.27	12.06	11.39	10.97	10.67	10.45	10.27	10.15	10.05	9.96	9.89
6	5.99	5.14	4.76	4.53	4.39	4.28	4.21	4.15	4.10	4.06	4.03	4.00
	13.74	10.92	9.78	9.15	8.75	8.47	8.26	8.10	7.98	7.87	7.79	7.72
7	5.59	4.74	4.35	4.12	3.97	3.87	3.79	3.73	3.68	3.63	3.60	3.57
	12.25	9.55	8.45	7.85	7.46	7.19	7.00	6.84	6.71	6.62	6.54	6.47
8	5.32	4.46	4.07	3.84	3.69	3.58	3.50	3.44	3.39	3.34	3.31	3.28
	11.26	8.65	7.59	7.01	6.63	6.37	6.17	6.03	5.91	5.82	5.74	5.67
9	5.12	4.26	3.86	3.63	3.48	3.37	3.29	3.23	3.18	3.13	3.10	3.07
	10.56	8.02	6.99	6.42	6.06	5.80	5.62	5.47	5.35	5.26	5.18	5.11
10	4.96	4.10	3.71	3.48	3.33	3.22	3.14	3.07	3.02	2.97	2.94	2.91
	10.04	7.56	6.55	5.99	5.64	5.39	5.21	5.26	4.95	4.85	4.78	4.71
11	4.84	3.98	3.59	3.36	3.20	3.09	3.01	2.95	2.90	2.86	2.82	2.79
	9.65	7.20	6.22	5.67	5.32	5.07	4.88	4.74	4.63	4.54	4.46	4.40
12	4.75	3.88	3.49	3.26	3.11	3.00	2.92	2.85	2.80	2.76	2.72	2.66
	9.33	6.93	5.95	5.41	5.06	4.82	4.65	4.50	4.39	4.30	4.22	4.16
13	4.67	3.80	3.41	3.18	3.02	2.92	2.84	2.77	2.72	2.67	2.63	2.60
	9.07	6.70	5.74	5.20	4.86	4.62	4.44	4.30	4.19	4.10	4.02	3.96
14	4.60	3.74	3.34	3.11	2.96	2.85	2.77	2.70	2.65	2.60	2.56	2.53
	8.86	6.51	5.56	5.03	4.69	4.46	4.28	4.14	4.03	3.94	3.86	3.80
15	4.54	3.68	3.29	3.00	2.90	2.79	2.70	2.64	2.59	2.55	2.51	2.48
	8.68	6.36	5.42	4.89	4.56	4.32	4.14	4.00	3.89	3.80	3.73	3.67
16	4.49	3.63	3.24	3.01	2.85	2.74	2.66	2.59	2.54	2.49	2.45	2.42
	8.53	6.23	5.29	4.77	4.44	4.20	4.03	3.89	3.78	3.69	3.61	3.55
17	4.45	3.59	3.20	2.96	2.81	2.70	2.62	2.55	2.50	2.45	2.41	2.38
	8.40	6.11	5.18	4.67	4.34	4.10	3.93	3.79	3.68	3.59	3.52	3.45
18	4.41	3.55	3.16	2.93	2.77	2.66	2.58	2.51	2.46	2.41	2.37	2.34
	8.28	6.01	5.09	4.58	4.25	4.01	3.85	3.71	3.60	3.51	3.51	3.37

（续表）

分母 df	分子自由度 df											
	1	2	3	4	5	6	7	8	9	10	11	12
19	4.38 8.18	3.52 3.93	3.13 5.04	2.90 4.50	2.74 4.17	2.63 3.94	2.55 3.77	2.48 3.63	2.43 3.52	2.38 3.43	2.34 3.36	2.31 3.30
20	4.35 8.10	3.49 5.85	3.10 4.94	2.87 4.43	2.71 4.10	2.60 3.87	2.52 3.71	2.45 3.56	2.40 3.45	2.35 3.37	2.31 3.30	2.28 3.23
21	4.32 8.02	3.47 5.78	3.07 4.87	2.84 4.37	2.68 4.04	2.57 3.81	2.49 3.65	2.42 3.51	2.37 3.40	2.32 3.31	2.28 3.24	2.25 3.17
22	4.30 7.94	3.44 5.72	3.05 4.82	2.82 4.31	2.66 3.99	2.55 3.76	2.47 3.59	2.40 3.45	2.35 3.35	2.30 3.26	2.26 3.18	2.23 3.12
23	4.28 7.88	3.42 5.66	3.03 4.76	2.80 4.26	2.64 3.94	2.53 3.71	2.45 3.54	2.38 3.41	2.32 3.30	2.28 3.21	2.24 3.14	2.20 3.07
24	4.26 7.82	3.40 5.61	3.01 4.72	2.78 4.22	2.62 3.90	2.51 3.67	2.43 3.50	2.36 3.36	2.30 3.25	2.26 3.17	2.22 3.09	2.18 3.03
25	4.24 7.77	3.38 5.57	2.99 4.68	2.76 4.18	2.60 3.86	2.49 3.63	2.41 3.46	2.34 3.32	2.28 3.21	2.24 3.13	2.20 3.05	2.16 2.99
26	4.22 7.72	3.37 5.53	2.89 4.64	2.74 4.14	2.59 3.82	2.47 3.59	2.39 3.42	2.32 3.29	2.27 3.17	2.22 3.09	2.18 3.02	2.15 2.96
27	4.21 7.68	3.35 5.49	2.96 4.60	2.73 4.11	2.57 3.79	2.46 3.56	2.37 3.39	2.30 3.26	2.25 3.14	2.20 3.06	2.16 2.98	2.13 2.93
28	4.20 7.64	3.34 5.45	2.95 4.57	2.71 4.07	2.56 3.76	2.44 3.53	2.36 3.36	2.29 3.23	2.24 3.11	2.19 3.03	2.15 2.95	2.12 2.90
29	4.18 7.60	3.33 5.52	2.93 4.54	2.70 4.04	2.54 3.73	2.43 3.50	2.35 3.33	2.28 3.20	2.22 3.08	2.18 3.00	2.14 2.92	2.10 2.87
30	4.17 7.56	3.32 5.39	2.92 4.51	2.69 4.02	2.53 3.70	2.42 3.47	2.34 3.30	2.27 3.17	2.21 3.06	2.16 2.98	2.12 2.90	2.09 2.84
32	4.15 7.50	3.30 5.34	2.90 4.46	2.67 3.97	2.51 3.66	2.40 3.42	2.32 3.25	2.25 3.12	2.19 3.01	2.14 2.94	2.10 2.86	2.07 2.80
34	4.13 7.44	3.28 5.29	2.88 4.42	2.65 3.93	2.49 3.61	2.38 3.38	2.30 3.21	2.23 3.08	2.17 2.97	2.12 2.89	2.08 2.82	2.05 2.76
36	4.11 7.39	3.26 5.25	2.86 4.38	2.63 3.89	2.48 3.58	2.36 3.35	2.28 3.18	2.21 3.04	2.15 2.94	2.10 2.86	2.06 2.78	2.03 2.72
38	4.10 7.35	3.25 5.21	2.85 4.34	2.62 3.86	2.46 3.54	2.35 3.32	2.26 3.15	2.19 3.02	2.14 2.91	2.09 2.82	2.05 2.75	2.02 2.69
40	4.08 7.31	3.23 5.18	842. 434.	261. 3.83	2.45 3.51	2.34 3.29	2.25 3.12	2.18 2.99	2.12 2.88	2.07 2.80	2.04 2.73	2.00 2.66
42	4.07 7.27	3.22 5.15	2.83 4.29	2.59 3.80	2.44 3.49	2.32 3.26	2.24 3.10	2.17 2.96	2.11 2.86	2.06 2.86	2.06 2.77	1.99 2.64
44	4.06 7.24	3.21 5.12	2.82 4.26	2.58 3.78	2.43 3.46	2.31 3.24	2.23 3.07	2.16 2.94	2.10 2.84	2.05 2.75	2.01 2.68	1.98 2.62

(续表)

分母 df	分子自由度 df											
	1	2	3	4	5	6	7	8	9	10	11	12
46	4.05 7.21	3.20 5.10	2.81 4.24	2.57 3.76	2.42 3.44	2.30 3.22	2.22 3.05	2.14 2.92	2.09 2.82	2.04 2.73	2.00 2.66	1.97 2.60
48	4.04 7.79	3.19 5.08	2.80 4.22	2.56 3.74	2.41 3.42	2.30 3.20	2.21 3.04	2.14 2.90	2.08 2.80	2.03 2.71	1.99 2.64	1.96 2.58
50	4.03 7.17	3.18 5.06	2.79 4.20	2.56 3.72	2.40 3.41	2.29 3.18	2.20 2.02	2.13 2.88	2.07 2.78	2.02 2.70	1.98 2.62	1.95 2.56
55	4.02 7.12	3.17 5.01	2.78 4.16	2.54 3.68	2.38 3.37	2.27 3.15	2.18 2.98	2.11 2.85	2.05 2.75	2.00 2.66	1.97 2.59	1.93 2.53
60	4.00 7.08	3.15 4.98	2.76 4.13	2.52 3.65	2.37 3.34	2.25 3.12	2.17 2.95	2.10 2.82	2.04 2.72	1.99 2.63	1.95 2.56	1.92 2.50
65	3.99 7.04	3.14 4.95	2.75 4.10	2.51 3.62	2.36 3.31	2.24 3.09	2.15 2.93	2.08 2.79	2.02 2.70	1.98 2.61	1.94 2.54	1.90 2.47
70	3.98 7.01	3.13 4.92	2.74 4.08	2.50 3.60	2.35 3.29	2.32 3.07	2.14 2.91	2.07 2.77	2.01 2.67	1.97 2.59	1.93 2.51	1.89 2.45
80	3.96 6.96	3.11 4.88	2.72 4.04	2.48 3.56	2.33 3.25	2.21 3.04	2.12 2.87	2.05 2.74	1.99 2.64	1.95 2.55	1.91 2.48	1.88 2.41
100	3.94 6.90	3.09 4.82	2.70 3.98	2.46 3.51	2.30 3.20	2.19 2.99	2.10 2.82	2.03 2.69	1.97 2.59	1.92 2.51	1.88 2.43	1.85 2.36
125	3.92 6.84	3.07 4.78	2.68 3.94	2.44 3.47	2.29 3.17	2.17 2.95	2.08 2.79	2.01 2.65	1.95 2.56	1.90 2.47	1.86 2.40	1.83 2.33
150	3.81 6.81	3.06 4.75	2.67 3.91	2.43 3.44	2.27 3.13	2.16 2.92	2.07 2.76	2.00 2.62	1.94 2.53	1.89 2.44	1.85 2.37	1.82 2.30
200	3.89 6.76	3.04 4.71	2.65 3.88	2.41 3.41	2.26 3.11	2.14 2.90	2.05 2.73	1.98 2.60	1.92 2.50	1.87 2.41	1.83 2.34	1.80 2.28
400	3.86 6.70	3.02 4.66	2.62 3.83	2.39 3.36	2.23 3.06	2.12 2.85	2.03 2.69	1.96 2.55	1.90 2.46	1.85 2.37	1.81 2.29	1.78 2.23
1000	3.85 6.66	3.00 4.62	2.61 3.80	2.38 3.34	2.22 3.04	2.10 2.82	2.02 2.66	1.95 2.53	1.89 2.43	1.84 2.34	1.80 2.26	1.76 2.20
∞	3.84 6.64	2.99 4.60	2.60 3.78	2.37 3.32	2.21 3.02	2.09 2.80	2.01 2.64	1.94 2.51	1.88 2.41	1.83 2.32	1.79 2.24	1.75 2.18

（续表）

分母 df	分子自由度 df											
	14	16	20	24	30	40	50	75	100	200	500	∞
1	245	246	248	249	250	251	252	253	253	254	254	254
	6142	6169	6208	6234	6258	6286	6302	6323	6334	6352	6361	6366
2	19.42	19.43	19.44	19.45	19.46	19.47	19.47	19.48	19.49	19.49	19.50	19.50
	99.43	99.44	99.45	99.46	99.47	99.48	99.48	99.49	99.49	99.49	99.50	99.50
3	8.71	8.69	8.66	8.64	8.62	8.60	8.58	8.57	8.56	8.54	8.54	8.53
	26.92	26.83	26.69	26.60	26.50	26.41	26.30	26.27	26.23	26.18	26.14	26.12
4	5.87	5.84	5.80	5.77	5.74	5.71	5.70	5.68	5.66	5.65	5.64	5.63
	14.24	14.15	14.02	13.93	13.83	13.74	13.69	13.61	13.57	13.52	13.48	13.46
5	4.64	4.60	4.56	4.53	4.50	4.46	4.44	4.42	4.40	4.38	4.40	4.36
	9.77	9.68	9.55	9.47	9.38	9.29	9.24	9.17	9.13	9.07	9.04	9.02
6	3.96	3.92	3.87	3.84	3.81	3.77	3.75	3.72	3.71	3.69	3.68	3.67
	7.60	7.52	7.39	7.31	7.23	7.14	7.09	7.02	6.99	6.94	6.90	6.88
7	3.52	3.49	3.44	3.41	3.38	3.34	3.32	3.29	3.28	3.25	3.24	3.23
	6.35	6.27	6.15	6.07	5.98	5.90	5.85	5.78	5.75	5.70	5.67	5.65
8	3.23	3.20	3.15	3.12	3.08	3.05	3.03	3.00	2.98	2.96	2.94	2.93
	5.56	5.48	5.36	5.28	5.20	5.11	5.06	5.00	4.96	4.91	4.88	4.86
9	3.02	2.98	2.93	2.90	2.86	2.82	2.80	2.77	2.76	2.73	2.72	2.71
	5.00	4.92	4.80	4.73	4.64	4.56	4.51	4.45	4.41	4.36	4.33	4.31
10	2.86	2.82	2.77	2.74	2.70	2.67	2.64	2.61	2.59	2.56	2.55	2.54
	4.60	4.52	4.41	4.33	4.25	4.17	4.12	4.05	4.01	3.96	3.93	3.91
11	2.74	2.70	2.65	2.61	2.57	2.53	2.50	2.47	2.45	2.42	2.41	2.40
	4.29	4.21	4.10	4.02	3.94	3.86	3.80	3.74	3.70	3.66	3.62	3.60
12	2.64	2.60	2.54	2.50	2.46	2.42	2.40	2.36	2.35	2.32	2.31	2.30
	4.05	3.98	3.86	3.78	3.70	3.61	3.56	3.49	3.46	3.41	3.38	3.36
13	2.55	2.51	2.46	2.42	2.38	2.34	2.32	2.28	2.26	2.24	2.22	2.21
	3.85	3.78	3.67	3.59	3.51	3.42	3.37	3.30	3.27	3.21	3.18	3.16
14	2.48	2.44	2.39	2.35	2.31	2.27	2.24	2.21	2.19	2.16	2.14	2.13
	3.70	3.62	3.51	3.43	3.34	3.26	3.21	3.14	3.11	3.06	3.02	3.00
15	2.43	2.39	2.33	2.29	2.25	2.21	2.18	2.15	2.12	2.10	2.08	2.07
	3.56	3.48	3.36	3.29	3.20	3.12	3.07	3.00	2.97	2.92	2.89	2.87
16	2.37	2.33	2.28	2.24	2.20	2.16	2.13	2.09	2.07	2.04	2.02	2.01
	3.45	3.37	3.25	3.18	3.10	3.01	2.96	2.89	2.86	2.80	2.77	2.75
17	2.33	2.29	2.23	2.19	2.15	2.11	2.08	2.04	2.02	1.99	1.97	1.96
	3.35	3.27	3.16	3.08	3.00	2.92	2.86	2.79	2.76	2.70	2.67	2.65
18	2.29	2.25	2.19	2.15	2.11	2.07	2.04	2.00	1.98	1.95	1.93	1.92
	3.27	3.19	3.07	3.00	2.91	2.83	2.78	2.71	2.68	2.62	2.59	2.57

(续表)

分母 df	分子自由度 df											
	14	16	20	24	30	40	50	75	100	200	500	∞
19	2.26 3.19	2.21 3.12	2.15 3.00	2.11 2.92	2.07 2.84	2.02 2.76	2.00 2.70	1.96 2.63	1.94 2.60	1.91 2.54	1.90 2.51	1.88 2.49
20	2.23 3.13	2.18 3.05	2.12 2.94	2.08 2.86	2.04 2.77	1.99 2.69	1.96 2.63	1.92 2.56	1.90 2.53	1.87 2.47	1.85 2.44	1.84 2.42
21	2.20 3.07	2.15 2.99	2.09 2.88	2.05 2.80	2.00 2.72	1.96 2.63	1.93 2.58	1.89 2.51	1.87 2.47	1.84 2.42	1.82 2.38	1.81 2.36
22	2.18 3.02	2.13 2.94	2.07 2.83	2.03 2.75	1.95 2.67	1.93 2.58	1.91 2.53	1.87 2.46	1.84 2.42	1.81 2.37	1.80 2.33	1.78 2.31
23	2.14 2.97	2.10 2.89	2.04 2.78	2.00 2.70	1.96 2.62	1.91 2.53	1.88 2.48	1.84 2.41	1.82 2.37	1.79 2.32	1.77 2.28	1.76 2.26
24	2.13 2.93	2.09 2.85	2.02 2.74	1.98 2.66	1.94 2.58	1.89 2.49	1.86 2.44	1.82 2.36	1.80 2.33	1.76 2.27	1.74 2.23	1.73 2.21
25	2.11 2.89	2.06 2.81	2.00 2.70	1.96 2.62	1.92 2.54	1.87 2.45	1.84 2.40	1.80 2.32	1.77 2.29	1.74 2.23	1.72 2.19	1.71 2.17
26	2.10 2.86	2.05 2.77	1.99 2.66	1.95 2.58	1.90 2.50	1.85 2.41	1.82 2.36	1.78 2.28	1.76 2.25	1.72 2.19	1.70 2.15	1.69 2.13
27	2.08 2.83	2.03 2.74	1.97 2.63	1.93 2.55	1.88 2.47	1.84 2.38	1.80 2.33	1.76 2.25	1.74 2.21	1.71 2.16	1.68 2.12	1.67 2.10
28	2.06 2.80	2.02 2.71	1.96 2.60	1.91 2.52	1.87 2.44	1.81 2.35	1.78 2.30	1.75 2.22	1.72 2.18	1.69 2.13	1.67 2.09	1.65 2.06
29	2.05 2.77	2.00 2.68	1.94 2.57	1.90 2.49	1.85 2.41	1.80 2.32	1.77 2.27	1.73 2.19	1.71 2.15	1.68 2.10	1.65 2.06	1.64 2.03
30	2.04 2.74	1.99 2.66	1.93 2.55	1.89 2.47	1.84 2.38	1.79 2.29	1.76 2.24	1.72 2.16	1.69 2.13	1.66 2.07	1.64 2.03	1.62 2.01
32	2.02 2.70	1.97 2.62	1.91 2.51	1.86 2.42	1.82 2.34	1.76 2.25	1.74 2.20	1.69 2.12	1.67 2.08	1.64 2.02	1.61 1.98	1.59 1.96
34	2.00 2.66	1.95 2.58	1.89 2.47	1.84 2.38	1.80 2.30	1.74 2.21	1.71 2.15	1.67 2.08	1.64 2.04	1.61 1.98	1.59 1.94	1.57 1.91
36	1.89 2.62	1.93 2.54	1.87 2.43	1.82 2.35	1.78 2.26	1.72 2.17	1.69 2.12	1.65 2.04	1.62 2.00	1.59 1.94	1.56 1.90	1.55 1.87
38	1.96 2.59	1.92 2.51	1.85 2.40	1.80 2.32	1.76 2.22	1.71 2.14	1.67 2.08	1.63 2.00	1.60 1.97	1.57 1.90	1.54 1.86	1.53 1.84
40	1.95 2.56	1.90 2.49	1.84 2.37	1.79 2.29	1.74 2.20	1.69 2.11	1.66 2.05	1.61 1.97	1.59 1.94	1.55 1.88	1.53 1.84	1.51 1.81
42	1.94 2.54	1.89 2.46	1.82 2.35	1.78 2.26	1.73 2.17	1.68 2.08	1.64 2.02	1.60 1.94	1.57 1.91	1.54 1.85	1.51 1.80	1.49 1.78
44	1.92 2.52	1.88 2.44	1.81 2.32	1.76 2.24	1.72 2.15	1.66 2.06	1.63 2.00	1.58 1.92	1.56 1.78	1.52 1.82	1.50 1.78	1.48 1.75

（续表）

分母 df	分子自由度 df											
	14	16	20	24	30	40	50	75	100	200	500	∞
46	1.91 2.50	1.87 2.42	1.80 2.30	1.75 2.22	1.71 2.13	1.65 2.04	1.62 1.98	1.57 1.90	1.54 1.86	1.51 1.80	1.48 1.76	1.46 1.72
48	1.90 2.48	1.86 2.40	1.79 2.28	1.74 2.20	1.70 2.11	1.64 2.02	1.61 1.96	1.56 1.88	1.53 1.84	1.50 1.78	1.47 1.73	1.45 1.70
50	1.90 2.46	1.85 2.39	1.78 2.26	1.74 2.18	1.69 2.10	1.63 2.00	1.60 1.94	1.55 1.86	1.52 1.82	1.48 1.76	1.46 1.71	1.44 1.68
55	1.88 2.43	1.83 2.35	1.76 2.23	1.72 2.15	1.67 2.06	1.61 1.96	1.58 1.90	1.52 1.82	1.50 1.78	1.46 1.71	1.43 1.66	1.41 1.64
60	1.86 2.40	1.81 2.32	1.75 2.20	1.70 2.12	1.65 2.03	1.59 1.93	1.56 1.87	1.50 1.79	1.48 1.74	1.44 1.68	1.41 1.63	1.39 1.60
65	1.85 2.37	1.80 2.30	1.73 2.18	1.68 2.09	1.63 2.00	1.57 1.90	1.54 1.84	1.49 1.76	1.46 1.71	1.42 1.64	1.39 1.60	1.37 1.56
70	1.84 2.35	1.79 2.28	1.72 2.15	1.67 2.07	1.62 1.98	1.56 1.88	1.53 1.82	1.47 1.74	1.45 1.69	1.40 1.62	1.37 1.56	1.35 1.53
80	1.82 2.32	1.77 2.24	1.70 2.11	1.65 2.03	1.60 1.94	1.54 1.84	1.51 1.78	1.45 1.70	1.42 1.65	1.38 1.57	1.35 1.52	1.32 1.49
100	1.79 2.26	1.75 2.19	1.68 2.06	1.63 1.98	1.57 1.89	1.51 1.79	1.48 1.73	1.42 1.64	1.39 1.59	1.34 1.51	1.30 1.46	1.28 1.43
125	1.77 2.23	1.72 2.15	1.65 2.03	1.60 1.94	1.55 1.85	1.49 1.75	1.45 1.68	1.39 1.59	1.36 1.54	1.31 1.46	1.27 1.40	1.25 1.37
150	1.76 2.20	1.71 2.12	1.64 2.00	1.59 1.91	1.54 1.83	1.47 1.72	1.44 1.66	1.37 1.56	1.34 1.51	1.29 1.43	1.25 1.37	1.22 1.33
200	1.74 2.17	1.69 2.09	1.62 1.97	1.57 1.88	1.52 1.79	1.45 1.69	1.42 1.62	1.35 1.53	1.32 1.48	1.26 1.39	1.22 1.33	1.19 1.28
400	1.72 2.12	1.67 2.04	1.60 1.92	1.54 1.84	1.49 1.74	1.42 1.64	1.38 1.57	1.32 1.47	1.28 1.42	1.22 1.32	1.16 1.24	1.13 1.19
1000	1.70 2.09	1.05 2.01	1.58 1.89	1.53 1.81	1.47 1.71	1.41 1.61	1.36 1.54	1.30 1.44	1.26 1.38	1.19 1.28	1.13 1.19	1.08 1.11
∞	1.69 2.07	1.64 1.99	1.57 1.87	1.52 1.79	1.46 1.69	1.40 1.59	1.35 1.52	1.28 1.41	1.24 1.36	1.17 1.25	1.11 1.15	1.00 1.00

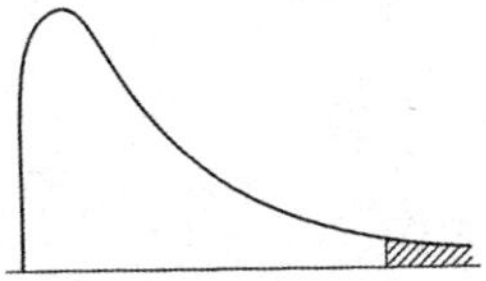

附表 5　χ^2 分布数值表

df	大于表内所列 χ^2 值的概率							
	0.995	0.990	0.975	0.95	0.05	0.025	0.010	0.005
1	0.00004	0.00016	0.00098	0.0039	3.84	5.02	6.63	7.88
2	0.0100	0.0201	0.0506	0.103	5.99	7.38	9.21	10.6
3	0.0717	0.115	0.216	0.352	7.81	9.35	11.3	12.8
4	0.207	0.297	0.484	0.711	9.49	11.1	13.3	14.9
5	0.412	0.554	0.831	1.15	11.1	12.8	15.1	16.7
6	0.676	0.872	1.24	1.64	12.6	14.4	16.8	18.5
7	0.989	1.24	1.69	2.17	14.1	16.0	18.5	20.3
8	1.34	1.65	2.18	2.73	15.5	17.5	20.1	22.0
9	1.73	2.09	2.70	3.33	16.9	19.0	21.7	23.6
10	2.16	2.56	3.25	3.94	18.3	20.5	23.2	25.2
11	2.60	3.05	3.82	4.57	19.7	24.9	24.7	26.8
12	3.07	3.57	4.40	5.23	21.0	23.3	26.2	28.3
13	3.57	4.11	5.01	5.89	22.4	24.7	27.7	29.8
14	4.07	4.66	5.63	6.57	23.7	26.1	29.1	31.3
15	4.60	5.23	6.26	7.26	25.0	27.5	30.6	32.8
16	5.14	5.81	6.91	7.96	26.3	28.8	32.0	34.3
17	5.70	6.41	7.56	8.67	27.6	30.2	33.4	35.7
18	6.26	7.01	8.23	9.39	28.9	31.5	34.8	37.2
19	6.84	7.63	8.91	10.1	30.1	32.9	36.2	38.6
20	7.43	8.29	9.59	10.9	31.4	34.2	37.6	40.0
21	8.03	8.90	10.3	11.6	32.7	35.5	38.9	41.4
22	8.64	9.54	11.0	12.3	33.9	36.8	40.3	42.8
23	9.26	10.2	11.7	13.1	35.2	38.1	41.6	44.2
24	9.89	10.9	12.4	13.8	36.4	39.4	43.0	45.6
25	10.5	11.5	13.1	14.6	37.7	40.6	44.3	46.9
26	11.2	12.2	13.8	15.4	38.9	41.9	45.6	48.3
27	11.8	12.9	15.6	16.2	40.1	43.2	47.0	49.6
28	12.5	13.6	15.3	16.9	41.3	44.5	48.3	51.0
29	13.1	14.3	16.0	17.7	42.6	45.7	49.6	52.3
30	13.8	15.0	16.8	18.5	43.8	47.0	50.9	53.7
40	20.7	22.2	24.4	26.5	55.8	59.3	63.7	66.8
50	28.0	29.7	32.4	34.8	67.5	71.4	76.2	79.5
60	35.5	37.5	40.5	43.2	79.1	83.3	88.4	92.0